AF723674

Finanzplaner Beamte

Thomas Öchsner

Finanzplaner Beamte

Private Krankenversicherung, Beihilfe, Pension, Geldanlage, Steuern optimieren

Stiftung Warentest

Inhaltsverzeichnis

115
Versicheru
gen prüfen
was ich hab
was ich bra
ch

Was wollen Sie wissen?

Ob als Verwaltungsbeamter oder Lehrerin, als Feuerwehrmann, Polizistin, Richterin oder Soldat: Bei wichtigen Finanzthemen sind Sie im Vergleich zu Angestellten in einer besonderen Position – etwa wenn es um die Unterstützung für Gesundheitsleistungen durch den Dienstherren oder um die finanzielle Versorgung im Alter geht. Doch wie können Sie aus dieser Situation das Beste machen? Nehmen Sie sich die Zeit für einen ersten Überblick.

Im Sommer werde ich verbeamtet. Um welche Finanzthemen muss ich mich kümmern?

Rund um Ihre Finanzen kommen mit der Verbeamtung einige Veränderungen auf Sie zu, doch vieles davon passiert automatisch.

Neu ist zum Beispiel, dass Sie anders als bisher als Arbeitnehmer kein Gehalt mehr bekommen, sondern Bezüge. Sie zahlen keine Pflichtbeiträge an die Rentenkasse, sondern erwerben den Anspruch auf ein Ruhegehalt, im alltäglichen Sprachgebrauch eher als Pension bezeichnet. Und als Beamter haben Sie Anspruch auf Beihilfe, also darauf, dass Ihr Dienstherr Sie bei Gesundheitsausgaben finanziell unterstützt.

Um ein großes Thema müssen Sie sich allerdings kümmern, um die Frage, wie Sie sich künftig krankenversichern wollen, denn die Beihilfe allein reicht nicht aus. Informationen zum Thema „Beihilfe und Krankenversicherung" stellen wir ab S. 35 zusammen.

Es heißt, Beamte sollen sich nun besser gesetzlich krankenversichern können. Soll ich wechseln?

Es stimmt, die gesetzliche Krankenversicherung ist für mehr Beamte ein Thema geworden, allerdings nicht für Sie, wenn Sie bereits verbeamtet sind: Für Sie kommt ein Wechsel von der privaten in die gesetzliche Krankenversicherung überhaupt nicht infrage.

Es gibt zwar in mehreren Bundesländern – Hamburg war hier der Vorreiter – eine neue Regelung, die für Beamte den Weg in die gesetzliche Krankenversicherung attraktiver gemacht hat, doch diese Chance haben nur diejenigen, die neu verbeamtet werden. Für Beamte in niedrigen Besoldungsgruppen und für kinderreiche Familien kann der Weg in die gesetzliche Krankenversicherung interessant werden (siehe „Die Beihilfe ergänzen", S. 44).

Für viele Beamte ist und bleibt allerdings die private Krankenversicherung erste Wahl, um die Beihilfeleistungen des Dienstherren zu ergänzen. Um welche Verträge Sie sich hier kümmern sollten, lesen Sie unter „Den passenden privaten Schutz zusammenstellen", S. 45.

Stimmt es, dass sich auch für uns Beamte Zahlungen an die gesetzliche Rentenversicherung lohnen?

Ja, es stimmt, für Beamte können freiwillige Zahlungen an die gesetzliche Rentenversicherung tatsächlich attraktiv sein. Wenn Sie freiwillige Rentenbeiträge leisten, können Sie sich fürs Alter neben der Pension den Anspruch auf eine gesetzliche Rente sichern. Und diese Zahlung ist Ihnen sicher, Sie gehen kein Anlagerisiko ein.

Die Rendite der gesetzlichen Rentenversicherung kann sich im Vergleich zu anderen privaten Vorsorgeprodukten durchaus sehen lassen. Die genauen Bedingungen für die freiwilligen Beitragszahlungen stellen wir ab S. 86 unter „Mit privater Vorsorge die Pension sinnvoll ergänzen" vor. Hier nennen wir auch weitere Alternativen für die Altersvorsorge.

Ich konnte in den vergangenen Jahren 20 000 Euro zur Seite legen. Wie soll ich das Geld anlegen?

Das kommt darauf an: Wann brauchen Sie das Geld wieder? Der Zeithorizont ist ein wichtiger Faktor für Ihre weitere Geldanlage. Können Sie das angelegte Geld beispielsweise für die nächsten zehn oder besser 15 Jahre entbehren? Dann kann zum Beispiel die Investition in ETF – das sind börsengehandelte Indexfonds – für Sie interessant sein (siehe „Fonds und mehr", S. 96). Wichtig dabei: Sie sollten finanziell so flexibel sein, dass Sie ein Börsentief wie etwa im Zuge der Corona-Krise aussitzen können und möglichst nicht zu einem bestimmten Tag X Ihr Geld zurück benötigen.

Haben Sie hingegen auf kurze bis mittlere Sicht ein festes Sparziel, etwa die eigene Immobilie in gut drei Jahren, sollten Sie eher auf sichere Geldanlagen setzen und das Geld zum Beispiel auf Festgeldkonten parken. Mehr dazu unter „Sicher sparen", S. 106.

Ich überlege, in Frühpension zu gehen. Was kostet mich das?

Wenn Sie vorzeitig aus dem Dienst ausscheiden, sorgen gleich mehrere Faktoren dafür, dass Ihre Pension – im Fachjargon Ihr „Ruhegehalt" – niedriger ausfällt. Zum einen kommen Sie auf weniger Dienstjahre, wenn Sie vorzeitig aussteigen. Weniger Dienstjahre bedeuten niedrigere Pensionsansprüche.

Ein weiterer Nachteil: Für jeden Monat der vorgezogenen Pensionszahlung werden Ihnen 0,3 Prozent von Ihren eigentlich erworbenen Versorgungsansprüchen abgezogen – maximal 14,4 Prozent. Dieses Minus gilt auf Dauer.

Im Kapitel „Pension – die sichere Basis" erfahren Sie ab S. 59, wie die Höhe Ihrer Versorgungsansprüche ermittelt wird, unter „Ruhestand in Sicht" finden Sie ab S. 137 weitere Tipps für Ihre Entscheidung über die Frühpensionierung.

Kann es sein, dass ich trotz Beihilfe und Krankenversicherung mehrere Hundert Euro für Zahnersatz zahlen muss?

Ja, das kann sein. Die Beihilfe erstattet ihren Anteil an den Behandlungskosten. Einen Großteil der Ausgaben machen aber oft die Material- und Laborkosten aus, und an denen beteiligt sich die Beihilfestelle nicht komplett: Bei Bundesbeamten sind davon zum Beispiel nur 60 Prozent beihilfefähig (siehe „Beihilfeleistungen im Einzelnen“, S. 39).

Doch über die private Krankenversicherung können Sie die Lücke im Schutz komplett oder weitgehend schließen. Welche Tarife dafür notwendig sind, erfahren Sie im Kapitel „Die Beihilfe ergänzen“, S. 44. Denn für einen möglichst umfassenden Schutz benötigen Sie oft einen „Beihilfegrundtarif“ plus weitere Ergänzungsangebote.

Als Angestellter bekam ich automatisch die Renteninfo – auf solche Post warte ich als Beamter noch. Kommt da nichts?

Doch, auch Sie können Post bekommen. Aber ob und wann Sie diese automatisch erhalten, hängt davon ab, wer Ihr Dienstherr ist. Es gibt Dienstherren, die sich automatisch melden und einen Überblick zu Ihren Versorgungsansprüchen erstellen. Andere Bundesländer stellen diese Auskunft erst auf Antrag und ab einem bestimmten Alter. Informieren Sie sich am besten bei der für Ihre Versorgungsbezüge zuständigen Stelle, ob und wann Sie Auskunft erhalten.

Wollen Sie vorher einen Überblick bekommen, finden Sie im Internet einige Möglichkeiten, zumindest unverbindlich die Höhe Ihrer Versorgungsansprüche zu ermitteln (siehe Kasten „Wer kennt sich aus?“, S. 71).

Man hat mir angeboten, nebenbei für die Lokalzeitung zu schreiben. Wer sollte etwas dagegen haben?

Klären Sie auf jeden Fall, ob Ihr Dienstherr damit einverstanden ist. Wenn Sie einen Nebenjob antreten, müssen Sie darüber informieren. Ihr Dienstherr kann gegen den Nebenjob etwas einwenden, etwa wenn er fürchtet, dass Sie Ihrer eigentlichen Dienstpflicht nicht mehr nachkommen können oder dass es Interessenskonflikte mit Ihrer Tätigkeit gibt. Im Interview „Nebentätigkeit – keine unnötigen Geheimnisse“ auf S. 32/33 lesen Sie, was es noch zu beachten gibt.

Übrigens: Auch wenn Sie bereits im Ruhestand sind, haben Sie noch eine Informationspflicht gegenüber dem Dienstherren. Worauf Sie finanziell bei Ihrem Nebenjob achten sollten, erfahren Sie unter „Im (Un-)Ruhestand“, S. 155.

Welche Abzüge von meiner Bruttopension muss ich demnächst im Ruhestand einplanen?

Wenn Sie in Pension gehen, werden weiterhin automatisch Lohnsteuer und eventuell Kirchensteuer von Ihrem Monatsbrutto abgezogen. Über die Steuererklärung können Sie sich aber eventuell einen Teil davon zurückholen. Entscheidend ist unter anderem, welche Posten Sie dann steuermindernd beim Finanzamt geltend machen. Dazu zählen zum Beispiel Spenden, Ausgaben für Ihre Gesundheit und für private Versicherungen. Außerdem müssen Sie als Pensionär auf jeden Fall Beiträge zur Kranken- und Pflegeversicherung einplanen. Viele von Ihnen haben allerdings den Vorteil, dass der Beihilfesatz im Ruhestand von 50 auf 70 Prozent steigt. Wenn Sie privat versichert sind, müssen Sie somit weniger über den Krankenversicherer absichern. Dadurch sinken die Beiträge. Mehr zu den Finanzen als Pensionär lesen Sie im Kapitel „Ruhestand in Sicht“ ab S. 137.

Wir sind seit vielen Jahren gut abgesichert. Müssen wir uns trotzdem mal wieder um Versicherungen kümmern?

Ja, unbedingt, denn es kann sein, dass der Versicherungsschutz nicht mehr so gut ist, wie er einmal war. Oder er passt einfach nicht mehr zu Ihrer aktuellen Lebenssituation.

Prüfen Sie zunächst, ob Sie alle wichtigen Verträge haben, darunter zum Beispiel eine Privathaftpflicht- und Berufsunfähigkeitsversicherung (siehe Tabelle „Versicherungs-Check", S. 118/119).

Doch ist der Schutz wirklich ausreichend? Welche Versicherungssumme ist beispielsweise in Ihrer Haftpflichtpolice vermerkt? Heute sollten es mindestens zehn Millionen Euro sein – gut möglich, dass in älteren Verträgen noch ein deutlich niedrigerer Wert steht. Dann wird es Zeit, hier nachzubessern.

Hinzu kommt, dass sich die Vertragsbedingungen bei vielen Versicherungen in den vergangenen Jahren zum Teil deutlich verbessert haben, sie sind kundenfreundlicher geworden. Deshalb kann es sich lohnen, nach einem neuen, eventuell günstigeren Tarifangebot zu suchen.

Vielleicht hat sich seit Vertragsabschluss Ihre persönliche Situation verändert, zum Beispiel weil Sie Nachwuchs bekommen haben? Dann sollten Sie prüfen, ob etwa die vertraglich vereinbarte Rente mit einem privaten Berufsunfähigkeitsversicherer noch ausreichend ist – jetzt, wo Sie nicht mehr nur für sich selbst finanziell sorgen müssen. Klären Sie, zu welchen Bedingungen Sie die Rente erhöhen können.

Holen Sie einfach ab und zu den Versicherungsordner aus dem Schrank. Es lohnt sich. Mehr Tipps rund um Ihre Absicherung und zu den einzelnen Versicherungsarten lesen Sie im Kapitel „Gut versichert zu jeder Zeit", S. 115.

Im Öffentlichen Dienst

Mit der Verbeamtung profitieren Sie von speziellen Rechten, haben aber auch besondere Pflichten. Auch finanziell ist für Sie vieles anders als für andere Berufsgruppen. Hier erhalten Sie einen Überblick über das, was für Sie wichtig ist – ob zu Beginn Ihrer Laufbahn, nach einer familiären Auszeit oder vor dem Ausscheiden aus dem Dienst.

Stehen Sie als Berufseinsteiger kurz vor der Verbeamtung? Oder haben Sie Ihre ersten Dienstjahre bereits hinter sich? Vielleicht liebäugeln Sie – derzeit als Angestellter oder Selbstständiger – mit einer zweiten Karriere im Öffentlichen Dienst? Oder sind Sie bereits deutlich weiter in Ihrer Laufbahn und planen so langsam den Übergang in den Ruhestand?

Ganz gleich, wo Sie derzeit beruflich stehen: Wer verbeamtet ist oder wird, bindet sich unweigerlich an besondere gesetzliche Vorgaben und Verordnungen. Gleichzeitig können Sie von Leistungen und Vorteilen profitieren, die Arbeitnehmern und Selbstständigen verwehrt sind. So haben Sie etwa im Normalfall einen sicheren Arbeitsplatz mit sicheren Bezügen. Sie können ziemlich genau planen, wann Ihre Einnahmen steigen. Sie erwerben durch Ihre Arbeit Pensionsansprüche, die sich im Vergleich zur gesetzlichen Rente meist gut sehen lassen können. Und Sie erhalten über die Beihilfe Zuschüsse zu Gesundheitsausgaben, sodass sich eigene Ausgaben für eine Krankenversicherung in Grenzen halten.

3 WICHTIGE AUFGABEN MIT DER VERBEAMTUNG

Rechte und Pflichten

Informieren Sie sich, was sich mit Ihrem neuen Status ändert. Welche Meldepflichten haben Sie beispielsweise gegenüber Ihrem Dienstherrn, welche Formulare und Anträge müssen Sie je nach Situation ausfüllen?

Krankenversicherung

Sie haben Anspruch auf Beihilfe oder freie Heilfürsorge. Kümmern Sie sich um den passenden Schutz, um die Leistungen zu ergänzen: Wollen Sie sich privat krankenversichern oder eventuell in einer gesetzlichen Kasse?

Formalitäten

Sinnvoll ist, wenn Sie gleich nach der Verbeamtung die für die Vordienstzeiten erforderlichen Nachweise wie Studien- und Arbeitsbescheinigungen mit Angabe des zeitlichen Umfangs zur Personalakte nehmen lassen.

Trotz dieser günstigen Voraussetzungen stehen auch Sie vor Finanzfragen, die längst nicht immer einfach zu beantworten sind:

- Trotz Beihilfe benötigen Sie eine Krankenversicherung – doch welche ist die richtige?
- Trotz Versorgungsansprüchen sollten Sie zusätzlich fürs Alter vorsorgen – aber was eignet sich dafür am besten?
- Trotz des sicheren Arbeitsplatzes sind die finanziellen Spielräume je nach Höhe der monatlichen Bezüge begrenzt – wie können Sie mehr herausholen und wie dafür sorgen, dass am Monatsende netto möglichst viel übrig bleibt?

Je nach Ihrer persönlichen beruflichen Situation werden diese und andere Finanzfragen für Sie unterschiedlich wichtig sein. Für Berufseinsteiger dürfte die Suche nach der passenden Krankenversicherung weit oben stehen. Bei niedriger Besoldungsstufe ist es hilfreich, wenn Sie wissen, wie Sie am Monatsende brutto wie netto möglichst gut dastehen. Und wenn Sie nach vielen Dienstjahren mehr finanzielle Spielräume haben, stellt sich zum Beispiel die Frage, wie Sie Ihr Geld mit etwas Risiko erfolgreich anlegen können.

In der Übersicht auf Seite 16 finden Sie den Musterlebenslauf von Lehrerin Lara. An ihrem Beispiel zeigen wir einige Stationen auf, an denen es sich lohnt, finanzielle Themen neu oder wieder einmal in Angriff zu nehmen. Daran können sich auch viele Beamte in anderen Berufen orientieren. In bestimmten Berufen, etwa als Polizistin oder Feuerwehrmann, gelten jedoch einige Besonderheiten, etwa der Anspruch auf freie Heilfürsorge. Solche Aspekte bleiben im Muster außen vor, wir greifen sie aber im weiteren Verlauf des Ratgebers auf.

Unterschiedliche Regeln je nach Dienstherr

Auch wenn wir in diesem Ratgeber viele Tipps und Informationen für Beamte in verschiedenen Lebens- und Arbeitssituationen zusammenstellen: An diversen Stellen ist es nicht möglich, die eine, für alle Beamten gleichermaßen geltende Antwort zu geben. Dafür sorgen die unterschiedlichen Gesetze und Verordnungen, die für Beamte des Bundes und für diejenigen in den 16 Bundesländern gelten.

Geht es beispielsweise um den Anspruch auf Beihilfe oder um die Voraussetzungen für eine vorzeitige Pensionierung, gibt es zwar viele Parallelen, aber auch kleine und größere Unterschiede. Wir werden somit die jeweiligen Informationen am Beispiel einzelner Dienstherren vorstellen. Wenn Ihr Dienstherr nicht genannt ist, sollten Sie zur Sicherheit bei der für Sie zuständigen Stelle nachhaken, was für Sie gilt. Die jeweils zuständigen Behörden bieten im Internet zahlreiche Merkblätter und Info-Broschüren an. Weitere Hintergrundinformationen erhalten Sie beispielsweise beim Deutschen Beamtenbund (dbb.de).

30 SEKUNDEN FAKTEN

5,2 MIO.

Menschen sind im Öffentlichen Dienst beschäftigt*.

33,6 %

Diese Prozentzahl sagt: Von diesen 5,2 Millionen sind rund 1,7 Millionen Beamtinnen und Beamte sowie Richterinnen und Richter. Frauen sind mit 933 900 leicht in der Überzahl.

1,3 MIO.

Beamte und Beamtinnen sind derzeit auf Landesebene beschäftigt. Die Zahl der Bundesverbeamteten ist mit rund 198 600 deutlich niedriger. Auf kommunaler Ebene sind etwa 188 400 Personen verbeamtet.

* beim Bund, bei den Ländern, Kommunen oder Sozialversicherungsträgern
Quelle: Statistisches Bundesamt, Stand 30. Juni 2022

Laufbahn im Überblick

Lara ist 32 Jahre alt, hat Mathe und Geschichte auf Lehramt studiert, ist mittlerweile verbeamtet und unterrichtet an einer Schule in Nordrhein-Westfalen. Sie ist verheiratet und möchte gerne in absehbarer Zeit eine Familie gründen. Die folgende Checkliste nennt Finanzthemen, mit denen sie sich schon beschäftigen musste oder die in Zukunft noch auf sie zukommen können.

Abitur/Studium

- Versicherungs-Check: Welchen Schutz brauche ich, welche Absicherung ist weiter über die Eltern möglich? → S. 118
- Geld übrig? Notfallpolster auf Tagesgeldkonto ansparen. → S. 106
- Nebenjobs: Möglichst viel netto rausholen, eventuell werden Versicherungszeiten für gesetzliche Rente gesammelt.

Referendariat – „Beamtin auf Widerruf"

- Krankenversicherung: Anspruch auf Beihilfe, private Versicherung meist erste Wahl. → S. 35
- Versicherungs-Check: Welche neuen Verträge sind notwendig? → S. 118
- Geld anlegen: Notfallpolster ansparen, mögliche BAFöG-Rückforderung einplanen.

Angestellt als Lehrerin

- Achtung: Als Angestellte kein Anspruch auf Beihilfeleistungen.
- Krankenversicherung: gesetzliche Krankenkasse suchen, Anwartschaftsversicherung beim privaten Krankenversicherer abschließen.
- Finanzcheck: Wie viel kann ich vom ersten richtigen Einkommen beiseite legen? → S. 83
- Altersvorsorge: Um ergänzende Absicherung kümmern, etwa VBL-Rente. → S. 86

Verbeamtung auf Lebenszeit

- Krankenversicherung: Anspruch auf Beihilfeleistungen besteht wieder, private Krankenversicherung wieder aufleben lassen. ➔ S. 35
- Versicherungs-Check: Neue Verträge nötig, etwa zum Schutz bei Dienstunfähigkeit. ➔ S. 120
- Bei Wunsch nach Nebentätigkeit: Prüfen, welche Formalitäten notwendig sind. ➔ S. 32
- Finanzcheck: Ausgaben für Geldanlagen und private Vorsorge je nach Einkommen anpassen.

Schwangerschaft und Elternzeit

- Steuerklasse: Wechsel interessant für höheres Elterngeld? ➔ S. 22
- Zukunftspläne: Wie lange aussetzen? Welche beruflichen Folgen hätte eine längere Auszeit?
- Krankenversicherung für den Nachwuchs: gesetzlich oder privat krankenversichern? ➔ S. 54
- Versicherungs-Check: Neue Verträge für die junge Familie. ➔ S. 128
- Altersvorsorge: bestehende Verträge prüfen, eventuell Vorsorgestrategie anpassen. ➔ S. 86

Rückkehr in den Schuldienst

- Arbeitszeit planen: Wie viel Teilzeit können Sie sich leisten? ➔ S. 28
- Finanzcheck: Geldanlage jeweils an sich ändernde Einkommenssituation anpassen. ➔ S. 83
- Sparen für die Kinder: Anlegen auf lange Sicht. ➔ S. 96
- Immobilienerwerb: Projekt Eigenheim gut vorbereiten, Geldanlagen danach ausrichten. ➔ S. 109

Der Ruhestand rückt näher

- Pensionsplanung: Wann können/wollen Sie aus dem Dienst aussteigen? Können Sie sich die Frühpensionierung leisten? ➔ S. 137
- Geldanlage im Blick: Eventuell aus riskanteren Anlagen in sichere umschichten. ➔ S. 106

In Pension

- Finanzcheck: Einnahmen und Ausgaben im Vergleich.
- Versicherungs-Check: Verträge an neue Situation anpassen. ➔ S. 118
- Steuererklärung: Abzüge einplanen, Sparmöglichkeiten kennen.
- Nebenjob: Formalitäten gegenüber dem Dienstherren beachten, Netto-Verdienst vorab ausrechnen lassen. ➔ S. 155

Finanzen im Griff – Zeit für einen Überblick

Die Bandbreite bei der Beamtenbesoldung ist enorm. Wo stehen Sie mit Ihren monatlichen Bezügen, und welche weiteren finanziellen Spielräume haben Sie?

Der Musterlebenslauf von Lehrerin Lara auf den Seiten 16/17 zeigt, dass es einige berufliche wie private Veränderungen gibt, die Sie als Anlass für einen Finanzcheck nehmen können. Welche finanziellen Spielräume haben Sie derzeit? Welches Einkommen steht Ihnen zur Verfügung, und welche Ausgaben stehen dem gegenüber?

Solange Sie im Dienst sind, sind Ihre monatlichen Bezüge der entscheidende Faktor dabei, Ihre Spielräume auszuloten. Je nach persönlicher Situation können auf der Einnahmenseite weitere Posten hinzukommen, etwa regelmäßige Mieteinnahmen, Kapitalerträge oder ein Verdienst aus einem Nebenjob. Aber Vorsicht, längst nicht jeder Zusatzjob ist erlaubt, und schon gar nicht, ohne den Dienstherrn vorab zu informieren (siehe Interview, S. 32).

Die wichtigsten Posten auf der Ausgabenseite sind beispielsweise Ihre Ausgaben für Miete oder für ein laufendes Immobiliendarlehen. Hinzu kommen unter anderem die Ausgaben für Kranken- und Pflegeversicherung, Ausgaben für Lebenshaltung, Hobbys, Reisen und Auto.

An manchen Ausgaben können Sie nichts oder wenig machen, etwa wenn es um die Krankenversicherung geht – Beiträge dafür müssen Sie einplanen. Ausgaben für andere private Versicherungen sind zumindest sehr sinnvoll (siehe „Gut versichert zu jeder Zeit“, S. 115). Aber eventuell können Sie diese deckeln und zum Beispiel die Ausgaben für Ihre Sachversicherungen drücken. Wenn diese schon lange laufen, kann es sein, dass Sie bei einem anderen Versicherer günstigeren Schutz bekommen.

Ähnlich ist es mit anderen Verträgen: Wissen Sie genau, wie viel Sie fürs Internet zu Hause, für Handy und Strom zahlen? Wenn Sie Ihre Verträge bereits vor Jahren abgeschlossen haben, schauen Sie sich am Markt um: Gut möglich, dass es längst günstigere Angebote gibt.

Solche Vergleiche mögen mühsam erscheinen – doch nehmen Sie sich einmal die Zeit und notieren Sie Ihre regelmäßigen Einnahmen und Ausgaben. Sie können mit diesem Überblick sehen, was wirkliche Kostenfresser sind und wo es sich lohnt, nach günstigeren Alternativen zu suchen.

Bei Ihren monatlichen Bezügen als Haupteinnahmequelle haben Sie dagegen häufig nur wenige Gestaltungsmöglichkeiten. Es ist klar geregelt, wie viel Sie für Ihren Dienst – in der Regel je nach Dienstherr und Alter zwischen 40 und 42 Arbeitsstunden in der Woche – an Grundgehalt und Zulagen erhalten und wann die nächste Erhöhung ansteht.

Die Besoldung folgt dem sogenannten Alimentationsprinzip. Demnach, so erklärt es das Bundesinnenministerium, ist der Dienstherr durch das Grundgesetz verpflichtet, der Beamtin und dem Beamten während des aktiven Dienstes, bei Invalidität und im Alter einen dem Amt oder früheren Amt angemessenen Lebensunterhalt zu gewähren. Die Bezüge sind so zu bemessen, dass sie einen Lebensunterhalt ermöglichen, der der Bedeutung des Amtes angemessen ist. Die Bezahlung müsse der erforderlichen Ausbildung entsprechen und für qualifizierte Kräfte attraktiv sein. Außerdem müssen die aktuelle wirtschaftliche und die finanzielle Entwicklung bei der Höhe der Bezüge beachtet werden.

Wer kennt sich aus?

Eine Übersicht über alle aktuellen Besoldungstabellen und die der vorherigen Jahre finden Sie zum Beispiel auf der Internetseite des Deutschen Beamtenbundes, dbb.de, im „Lexikon" unter „Besoldungstabellen". Oder Sie gehen über die Seiten der für Ihre Besoldung und Versorgung zuständigen Behörde. Hier finden Sie zum Beispiel Merkblätter zu den einzelnen Themen, etwa zur Zahlung des Familienzuschlags, zu Nebentätigkeiten oder Fragen rund um eine Teilzeitbeschäftigung.

Die Abrechnung

Wie hoch Ihre Bezüge, die monatlich im Voraus gezahlt werden, brutto tatsächlich ausfallen, hängt von verschiedenen Faktoren ab. So ist es zum Beispiel maßgebend, ob Sie im einfachen, mittleren, gehobenen oder höheren Dienst sind und wie viele Dienstjahre Sie aufweisen können – welche „Erfahrungsstufe" Sie demnach mittlerweile erreicht haben. Danach richtet sich Ihr Grundgehalt. Entscheidend ist darüber hinaus, ob Sie – je nach Dienstherr – eine einmalige Sonderzahlung („Weihnachtsgeld") erhalten oder ob diese Sonderzahlung in das monatliche Grundgehalt integriert wird.

Arbeiten Sie Teilzeit, wird Ihr Grundgehalt entsprechend der Arbeitszeit anteilig gezahlt.

Auch Ihre familiäre Situation spielt eine Rolle, denn neben dem „Grundgehalt" stehen Ihnen Familienzuschläge zu. So gilt etwa für Bundesbeamte, dass sie einen Zuschlag der Stufe 1 erhalten, wenn sie verheiratet sind oder in einer eingetragenen

Lebenspartnerschaft stehen. Stufe 2 gilt für Verheiratete oder Lebenspartner, wenn sie Kinder haben. Die einzelnen Bundesländer haben die Familienzuschläge zum Teil anders gestaltet. Neben den Familienzuschlägen können Ihnen je nach Position zusätzlich Amtszulagen zustehen, wenn Sie etwa die Position als stellvertretender Schulleiter übernommen haben.

→ Änderungen mitteilen

Informieren Sie die Behörde, die sich um die Abrechnung Ihrer Bezüge kümmert, wenn sich etwas an den Voraussetzungen für die Familienzuschläge ändert, etwa, wenn Sie für eines Ihrer Kinder keinen Anspruch mehr auf Kindergeld haben.

Möglichst viel netto vom Brutto

Für Ihren Bruttoverdienst wird Lohnsteuer fällig. Häufig lässt sich mit kleineren Veränderungen dafür sorgen, dass gleich am Monatsende der Abzug möglichst passend ist.

Die Brutto-Summen, die in den Besoldungstabellen genannt werden oder die Ihnen je nach Umfang der Arbeitszeit anteilig zustehen, werden Ihnen nicht komplett ausgezahlt. Die für Sie zuständige Behörde zieht Ihnen vorher die dafür fällige Lohnsteuer ab. Zusätzlich müssen Sie eventuell Kirchensteuer zahlen. Der Solidaritätszuschlag ist mittlerweile entfallen, jedenfalls für die meisten Bürgerinnen und Bürger. Den Soli zahlen müssen nur noch Top-Verdiener.

Anders als bei Arbeitnehmern fehlt in Ihrer Mitteilung über die Bezüge allerdings ein großer Abzugsposten: die Pflichtbeiträge zur gesetzlichen Sozialversicherung. Während Arbeitnehmer beispielsweise gut 9 Prozent ihres Bruttoverdienstes als Pflichtbeiträge an die gesetzliche Rentenkasse leisten, wird Ihnen diese Summe nicht abgezogen. Schließlich ist der Dienstherr, wie bereits oben erwähnt, dazu verpflichtet, Ihnen sowie Ihrer Familie lebenslang einen angemessenen Lebensunterhalt zu gewähren.

Somit müssen Sie nicht in die Rentenkasse einzahlen, sondern erwerben durch Ihren Dienst Anspruch auf Versorgungsleistungen im Alter und bei Dienstunfähigkeit. Die genauen Regeln zu diesen Ruhegehaltsleistungen – im alltäglichen Sprachgebrauch eher als Pension bekannt – finden Sie im Kapitel „Pension – die sichere Basis“, S. 59.

Auch mit der Krankenversicherung läuft es bei Ihnen anders: Während vom Arbeitnehmerverdienst meist ein Teil an die gesetzliche Kasse fließt, müssen Sie im Regelfall selbst Ihre Beiträge an eine private Krankenversicherung überweisen (siehe „Beihilfe und Krankenversicherung“, S. 35).

Gleich passend Lohnsteuer zahlen

Wollen Sie netto möglichst viel aus Ihren Bruttobezügen herausholen, bleibt Ihnen die Möglichkeit, Ihre Lohnsteuer etwas zu drücken, sodass Sie jeden Monat mehr Geld ausgezahlt bekommen. Das ist dann aber kein Geschenk vom Finanzamt: Mit kleinen Eingriffen können Sie dafür sorgen, dass gleich in einigermaßen passender Höhe Lohnsteuer einbehalten wird und Sie nicht bis nach der Steuererklärung auf eine Erstattung vom Fiskus warten müssen.

Hintergrund: Die für Ihr Einkommen fällige Lohnsteuer zieht die für sie zuständige Behörde, in Nordrhein-Westfalen etwa das Landesamt für Besoldung und Versorgung, gleich vom Monatsbrutto ab und überweist sie an das Finanzamt. Die Höhe der Lohnsteuer wird anhand Ihrer persönlichen „Elektronischen Lohnsteuerabzugsmerkmale“ (ELStAM) ermittelt. Diese Daten sind beim Bundeszentralamt für Steuern gespeichert. Dort ist unter anderem die Steuerklasse registriert, ob Sie einer Kirche angehören und Ihre Kinderfreibeträge.

Anhand der ELStAM-Daten zieht der Dienstherr je nach Steuerklasse automatisch einige Steuerfreibeträge und Pauschalen von den Bruttobezügen ab, wenn er die Lohnsteuer ermittelt. Berücksichtigt werden im Jahr 2024 zum Beispiel 11784 Euro Grundfreibetrag sowie Pauschalen für Werbungskosten und Sonderausgaben. In Steuerklasse III werden automatisch die meisten Freibeträge angerechnet.

Beim Punkt Freibeträge können Sie nun selbst ansetzen: Sie können sich weitere Freibeträge in Ihre Lohnsteuerabzugsmerkmale eintragen lassen, sodass noch mehr von Ihren Bruttobezügen steuerfrei bleibt. Sie bekommen solche zusätzlichen Freibeträge für Ausgaben, die Sie sonst über die Steuererklärung beim Finanzamt abrechnen würden, etwa für Ihre Ausgaben für den Weg zur Dienststelle oder auch für einen dienstbedingten Umzug. Für Kinderbetreuungskosten oder für die Ausgaben für eine bereits bezahlte Handwerkerrechnung können Sie ebenfalls Freibeträge beim Finanzamt beantragen.

Stimmt das Finanzamt zu, bleibt mehr von Ihrem Einkommen steuerfrei, Sie müssen jeden Monat weniger Lohnsteuer zahlen und haben gleich mehr auf dem Konto – Sie müssen also nicht bis zur nächsten Einkommensteuererklärung auf eine Rückzahlung vom Finanzamt warten.

Beispiel: Der junge Familienvater Thomas hat sein Studium in Köln absolviert. Dann hat er das Angebot bekommen, ab Februar in der Landesverwaltung in Düsseldorf zu arbeiten. Im Januar 2023 ist die Familie umgezogen. Die Kosten für den berufsbedingten Umzug kann er in der Steuererklärung als Werbungskosten geltend machen. Oder er stellt für diese Umzugskosten einen „Antrag auf Lohnsteuerermäßigung".

Angenommen, er macht 3030 Euro Umzugskosten geltend. Dafür hat er im Februar 2023 die Lohnsteuerermäßigung beantragt. Das Finanzamt hat ihm daraufhin einen zusätzlichen Freibetrag von 1800 Euro für den Umzug in seine Lohnsteuerdaten eingetragen: 1800 und nicht 3030 Euro deshalb, weil das Versorgungsamt bereits automatisch die Werbungskostenpauschale in Höhe von 1230 Euro im Jahr 2023 beim Steuerabzug berücksichtigt. Nur für die restlichen Ausgaben hat Thomas den Freibetrag bekommen. Dieser hat sich bereits im März bemerkbar gemacht: Von März bis Dezember 2023 werden nun zusätzlich zu allen automatischen Abzügen weitere 180 Euro steuerfrei bleiben (1/10 von 1800 Euro). Hat er ein Monatsbrutto von 5000 Euro, spart er dank Extrafreibetrag je nach Steuerklasse immerhin zwischen 53 und 62 Euro Lohnsteuer im Monat.

Achtung: Steuerklasse!

Eine zweite Möglichkeit, an der Lohnsteuer zu drehen und das Monatsnetto zu steigern, haben Sie, wenn Sie verheiratet sind, in einer eingetragenen Partnerschaft stehen oder alleinerziehend sind. Dann können Sie eventuell mit einem Steuerklassenwechsel ebenfalls Ihre Lohnsteuer drücken. Denn mit einem Steuerklassenwechsel können Sie dafür sorgen, dass mehr Steuerfreibeträge für Sie berücksichtigt werden müssen.

Das funktioniert folgendermaßen: Sind Sie alleinstehend oder unverheiratet, gehören Sie Steuerklasse I an. Für Alleinerziehende gibt es die besondere Steuerklasse II, in der ein zusätzlicher Steuerfreibetrag – der „Entlastungsbetrag für Alleinerziehende" – berücksichtigt wird. Wenn Sie verheiratet sind, können Sie mit Ihrem Partner zusammen weitere Steuerklassen kombinieren:

Nach der Trauung rutschen Sie automatisch aus den Klassen I oder II in die Steuerklasse IV. Dort können Sie bleiben, oder Sie wechseln – entweder so, dass ein Partner die Klasse III, der andere Klasse V nimmt. Oder Sie wählen beide Steuerklasse IV + Faktor. Je nach Steuerklasse berücksichtigt der Dienstherr unterschiedlich viele „automatische" Freibeträge, wenn er ermittelt, wie viel Lohnsteuer er dem Beschäftigten vom Bruttolohn abziehen muss.

Je nach Steuerklassenkombination können Paare dafür sorgen, dass zumindest erst einmal insgesamt eher wenig Lohnsteuer abgezogen wird. Für den Fall ist die Kombination der Klassen III/V am günstigsten. Bei dieser Kombination hat der Beschäftigte in Steuerklasse III den großen Vorteil: Wenn sein Arbeitgeber am Monatsende die fällige Lohnsteuer ermittelt, rechnet er auch Freibeträge mit an, die eigentlich dem Partner zustehen – zum Beispiel dessen Grundfreibetrag und dessen halbe Kinderfreibeträge. So wird vom Einkommen des Hauptverdieners weniger Lohnsteuer abgezogen.

Im Gegenzug muss der Partner in Steuerklasse V zwar auf diese Freibeträge verzichten und damit etwas höhere Abzüge und etwas weniger Netto hinnehmen. Doch das Minus ist meist kleiner als das Plus beim Partner in Klasse III, sodass es vielen Paaren mit dieser Kombination gelingt, sich jeden Monat ein besonders hohes gemeinsames Nettoeinkommen zu sichern.

Endabrechnung per Steuererklärung

So attraktiv das Monatsnetto zunächst erscheint: Die Abrechnung ist leider nicht endgültig! Paare mit der Steuerklassenkombination III/V sind verpflichtet, eine Steuererklärung einzureichen. Und diese Jahresabrechnung kann eine unschöne Überraschung und je nach Einkommenssituation eine Fiskus-Nachforderung von mehreren Hundert Euro bescheren, da die Paare im Laufe des Kalenderjahres zu wenig Lohnsteuer bezahlt haben. Das sollten Sie im Hinterkopf behalten, wenn Sie sich für diese Steuerklassenkombination entscheiden.

Wer kennt sich aus?

Für manche Beamten ist die Steuererklärung Pflicht, etwa wenn Sie und Ihr Partner die Steuerklassen III und V kombinieren. Doch selbst wenn Sie nicht in der Pflicht sind, lohnt es sich meist, die Formulare freiwillig auszufüllen, damit Sie sich vorab zu viel gezahlte Steuern zurückholen. Was dabei zu beachten ist, welche Steuersparmöglichkeiten Sie haben und welche aktuellen Streitfragen das Steuerrecht bietet, bündelt das jährlich erscheinende Finanztest-Spezial Steuern, erhältlich unter test.de/shop. Für fachliche Unterstützung wenden Sie sich an einen Steuerberater oder an einen Lohnsteuerhilfeverein.

Wählen beide Partner Steuerklasse IV, ist es in der Regel eher so, dass das Paar jeden Monat insgesamt etwas zu viel Lohnsteuer zahlt. Hier stehen die Chancen gut auf eine attraktive Erstattung vom Finanzamt.

→ Wechsel beantragen

Sie dürfen Ihre Steuerklasse mehrmals im Kalenderjahr wechseln, letztmalig zum 30. November. Stellen Sie beim Finanzamt den „Antrag auf Steuerklassenwechsel bei Ehegatten/Lebenspartnern", zu finden unter Formulare-bfinv.de („Formularcenter", „Steuerformulare", „Lohnsteuer").

Im Laufe der Jahre: Berufliche und private Veränderungen

Solange Sie Vollzeit im Dienst stehen, können Sie Ihre finanziellen Spielräume auch vorausschauend gut kalkulieren. Zu besonderen Anlässen, etwa bei Familiengründung, müssen Sie aber oftmals neu rechnen.

Die Planungssicherheit – wie viel bekomme ich monatlich heute und im Laufe der Jahre – hilft Ihnen, wenn es beispielsweise darum geht, Entscheidungen in Finanzfragen zu treffen. Sie können gut überschlagen, wie viel Geld Sie beispielsweise jeden Monat übrig haben und für Ihre private Altersvorsorge oder Ihren Traum vom eigenen Haus zur Seite legen können. Doch so genau nach Plan verläuft natürlich längst nicht jede Laufbahn: Auszeiten für die Familie, längere Teilzeitphasen, der Wunsch nach einem Sabbatical – all das sind Einschnitte, die Ihre bisherige Finanzplanung zum Teil gehörig durcheinanderwirbeln können.

Familiengründung – vorübergehend nicht im Dienst

Wenn Sie Eltern werden, wird Ihr bisheriges Leben nicht nur organisatorisch, sondern auch finanziell häufig komplett auf den Kopf gestellt. In den allermeisten Fällen wird mindestens ein Elternteil zumindest vorübergehend beruflich kürzertreten, um sich um den Nachwuchs zu kümmern. Oder beide Elternteile wollen sich die neuen Aufgaben teilen, sodass eventuell beide (vorübergehend) Arbeitsstunden reduzieren.

Grundsätzlich hat jeder Elternteil ab der Geburt eines Kindes bis zur Vollendung des dritten Lebensjahres Anspruch auf Elternzeit. Während der Elternzeit ruht das Arbeitsverhältnis, Beamte haben keinen Anspruch auf Ihre Besoldung, solange ihr Beamtenverhältnis ruht und sie nicht arbeiten. Die Phase der beruflichen Auszeit wird auch nicht angerechnet, wenn es um ihre Dienstjahre und den Wechsel in eine höhere Erfahrungsstufe geht. Sie bleibt ebenfalls außen vor bei der Berechnung ihrer ruhegehaltsfähigen Dienstzeit.

Allerdings – und das ist die gute Nachricht – sind Sie während der Elternzeit weiterhin beihilfeberechtigt. Ihre bisherige Krankenversicherung läuft weiter wie vorher. Unter bestimmten Bedingungen können Sie für die Dauer der Elternzeit monatlich 31 Euro für die Beiträge zur Kranken- und Pflegeversicherung erstattet bekom-

Vollzeit, Auszeit, Teilzeit

Der Spagat zwischen Beruf und Familie ist oft eine besondere Herausforderung. Pro Kind dürfen beide Elternteile bis zu drei Jahre Elternzeit nehmen – am Stück oder in mehreren Blöcken.

men. Wenn Sie in einer unteren Besoldungsgruppe sind, können Sie auch eine Erstattung bis zur vollen Höhe der Krankenversicherungsbeiträge beantragen.

Es ist möglich, dass nur ein Elternteil die Elternzeit nimmt, oder Sie teilen sie auf. Es ist übrigens nicht zwingend notwendig, die Elternzeit für bis zu drei Jahre nach der Geburt an einem Stück zu nehmen. Sie können sich auch dafür entscheiden, den Anspruch auf mehrere Abschnitte zu splitten und bis zu 24 Monate zu einem späteren Zeitpunkt zu nehmen, wenn die Kinder zwischen drei und acht Jahre alt sind. Aber Achtung: Wollen Sie die Elternzeit auf mehr als drei Abschnitte verteilen, benötigen Sie ab dem vierten Abschnitt die Zustimmung des Dienstherren.

Bei Kindern, die vor dem 1. Juli 2015 geboren wurden, war und ist die Regelung noch etwas anders. In dem Fall kann nur ein Anteil von bis zu zwölf Monaten in die Zeit nach dem dritten Geburtstag übertragen werden.

Elternzeit, die Sie in den ersten drei Jahren nach der Geburt nehmen wollen, müssen Sie spätestens sieben Wochen vorher bei Ihrem Dienstherren anmelden. Für einen Elternzeit-Block, den Sie erst nach dem dritten Geburtstag nehmen wollen, müssen Sie etwas mehr Vorlauf einplanen: Sie sind verpflichtet, diese Elternzeit 13 Wochen vor Beginn anzumelden.

Wenn die Elternzeit endet, haben Sie Anspruch darauf, zu Ihrer früheren Anzahl der Arbeitsstunden zurückzukehren. Eine Garantie, Ihre bisherige Position wieder einzunehmen, haben Sie allerdings nicht. Der Dienstherr ist lediglich verpflichtet, Ihnen einen Ihrer vorherigen Position vergleichbaren Dienstposten zu übertragen.

→ Vorab genau besprechen

Klären Sie frühzeitig mit Ihrer Dienststelle, wann und wie der Wiedereinstieg aussehen kann. Planen Sie in Ihre Entscheidungen für die Länge der Auszeit zum Beispiel mit ein, ob und ab wann Sie damit rechnen müssen, Ihren Dienst in einem anderen Bereich fortsetzen zu müssen.

Nach der Geburt bald zurück in den Job

Während der Elternzeit ist eine Teilzeitbeschäftigung von bis zu 32 Stunden in der Woche möglich. In den Beamtengesetzen ist dafür ein Anspruch auf Teilzeitbeschäftigung ausgestaltet, um ein minderjähriges Kind zu betreuen oder zu pflegen.

Waren Sie vor der Geburt in Vollzeit beschäftigt und wollen Sie während der Elternzeit in Teilzeit arbeiten, beantragen Sie dies bei Ihrem Dienstherrn. Meist sind es immer noch die Frauen, so die Daten des Statistischen Bundesamtes, die nach einer beruflichen Auszeit erst einmal in Teilzeit in den Job zurückkehren (siehe Kasten „30 Sekunden Fakten", S. 29).

Der Dienstherr darf die Teilzeitbeschäftigung oder Beurlaubung nur im Ausnahmefall, wenn zwingende dienstliche Belange entgegenstehen, ablehnen.

Wenn Beamte während der Elternzeit arbeiten, haben sie natürlich wieder Besoldungsansprüche, und diese Zeit wird auch als ruhegehaltsfähige Dienstzeit berücksichtigt, wenn später die Höhe Ihrer Pension ermittelt wird.

Elterngeld: Ersatz für den Verdienstausfall

Während Sie Ihre berufliche Auszeit für die Familie nehmen oder weniger arbeiten als vorher, können Sie als Ausgleich Elterngeld bekommen. Entweder Sie entscheiden sich für das sogenannte Basiselterngeld oder für das Elterngeld Plus. Sie können auch beides miteinander kombinieren.

Ein Elternteil kann das Basiselterngeld für höchstens zwölf Monate bekommen. Übernimmt auch der Partner für wenigstens zwei Monate die Betreuung, verlängert sich die Bezugsdauer auf bis zu 14 Monate. Alleinerziehende können die Leistung für bis zu 14 Monate in Anspruch nehmen. Das Basiselterngeld beträgt meist 65 Prozent des Nettoeinkommens vor der Geburt, es liegt aber mindestens bei 300 und höchstens bei 1800 Euro im Monat.

Das bereits 2015 eingeführte Elterngeld Plus ist höchstens halb so hoch wie das Basiselterngeld, das Mutter oder Vater bekommen würden, wenn sie nach der Geburt gar nicht arbeiten. Dafür wird es länger gezahlt – ein Monat Basiselterngeld entspricht somit zwei Monaten Elterngeld Plus.

Auf den ersten Blick sieht es so aus, als gäbe es nur diese organisatorische Besonderheit – halb so hoch, dafür doppelt so lang. Doch bei genauem Hinsehen zeigt sich, dass das Elterngeld Plus gerade für Eltern interessant ist, die im Laufe der Elternzeit bereits wieder in den Arbeitsalltag zurückkehren. Bis zu 32 Arbeitsstunden in der Woche sind während des Bezugs von Elterngeld erlaubt. Allerdings wird eigenes Einkommen auf die Höhe der Leistung angerechnet. Rechnen Sie daher genau: Da das Elterngeld Plus doppelt so lang gezahlt wird, lohnt es sich oft, vom Basiselterngeld auf das Elterngeld Plus umzuschwenken.

Teilt sich ein Elternpaar die Aufgaben rund ums Kind und nehmen beide dafür eine Auszeit, sind weitere Leistungen möglich: Sie können vom sogenannten Partnerschaftsbonus profitieren und für bis zu vier weitere Monate Elterngeld bekommen. Voraussetzung dafür ist, dass beide Elternteile in diesen Monaten zwischen 24 und 32 Stunden pro Woche im Monatsdurchschnitt in Teilzeit arbeiten. Für jeden Monat, in dem das Paar diese Bedingung erfüllt hat, haben sowohl die Mutter als auch der Vater Anspruch auf Elterngeld Plus.

Aber Vorsicht – halten Sie sich an die Vorgaben: Arbeitet nur ein Partner in einem beantragten Partnerschaftsbonus-Monat zu viel oder zu wenig, müssen beide Elternteile das für diesen Monat ausgezahlte Elterngeld zurückzahlen. Schafft das Paar es nicht, wenigstens zeitgleich in zwei Lebensmonaten des Kindes den Arbeitszeit-Zeitkorridor von minimal 24, maximal 32 Wochenstunden einzuhalten, muss der Partnerschaftsbonus sogar komplett zurückgezahlt werden.

Wer kennt sich aus?

Zum Anspruch auf Elterngeld und Elterngeld Plus können Sie sich bei der Elterngeldstelle Ihrer Kommune beraten lassen. Außerdem liefert eine Broschüre des Bundesfamilienministeriums – „Elterngeld, Elterngeld Plus und Elternzeit" – zahlreiche Antworten. Die Höhe Ihres Elterngeldes können Sie vorab zumindest grob im Internet unter familienwegweiser.de ausrechnen.

Mehr netto vor der Geburt – mehr Elterngeld nachher

Die Höhe des Elterngeldes richtet sich nach dem vorherigen Nettoverdienst. Überlegen Sie deshalb frühzeitig, ob ein Steuerklassenwechsel möglich ist und etwas bringt.

Beispiel: Jette und Chris sind verheiratet und wünschen sich in absehbarer Zeit Kinder. Sollte es mit dem Nachwuchs klappen, wird voraussichtlich nur Jette eine berufliche Auszeit nehmen. Sie ist verbeamtet und arbeitet im mittleren Dienst in der Kommunalverwaltung. Da sie weniger verdient als Chris, hat sich das Paar bisher dafür entschieden, dass Jette die ungünstige Steuerklasse V nimmt. Hier zahlt sie bei ihrem Monatsbrutto von rund 2800 Euro rund 600 Euro Lohnsteuer, der Solidaritätszuschlag wird bei ihr nicht fällig. Wechselt sie nun in Steuerklasse III, zahlt sie nur noch rund 50 Euro im Monat. Sollte es mit dem Nachwuchs klappen, steigt ihr Elterngeldanspruch um etwa 350 Euro im Monat.

Wechselt Jette in Steuerklasse III, rutscht ihr Mann automatisch in Klasse V. Von seinem Bruttoeinkommen bleibt dann zwar erst einmal deutlich weniger netto übrig, weil er mehr Lohnsteuer zahlt, als er eigentlich müsste. Aber dieses Minus ist nur vorübergehend: Über die Steuererklärung kann sich das Paar die zu viel gezahlte Lohnsteuer zurückholen.

Früh genug wechseln

Damit der Steuerklassenwechsel tatsächlich mehr Elterngeld bringt, sollten Sie ihn möglichst früh angehen. Als Beamtin haben Sie allerdings etwas mehr Zeit als Arbeitnehmerinnen: Sie müssen den Antrag auf Wechsel in die günstigere Steuerklasse erst im siebten Kalendermonat vor dem Geburtsmonat gestellt haben, damit sich die günstigere Steuerklasse auswirkt.

Das liegt daran, dass Beamtinnen kein Mutterschaftsgeld erhalten, sondern bis zur Geburt weiter ihre Bezüge bekommen. Eventuell können diese aber etwas sinken, wenn eine zuvor gezahlte Mehrarbeitsvergütung wegfällt. Ihren Anspruch auf Zulagen verlieren Sie aber nicht.

Für Angestellte ist hingegen nicht der Geburtsmonat entscheidend, sondern der Beginn der Mutterschutzfrist, sodass sie sich etwas mehr sputen müssen, um beim Elterngeld von der günstigeren Steuerklasse zu profitieren.

Mutterschutz kurz vor und nach der Geburt

Auch wenn Sie kein Mutterschaftsgeld beziehen, sondern weiter Ihre Bezüge bekommen: Für Beamtinnen, die ein Kind erwarten, gelten auch Mutterschutzbestimmungen. Dazu gehört etwa, dass Sie als schwangere Beamtin in den letzten sechs Wochen vor dem errechneten Geburtstermin nicht beschäftigt werden dürfen. Es sei denn, Sie erklären sich in dieser Zeit freiwillig bereit, weiterzuarbeiten. Kommt Ihr Kind später als ärztlich errechnet auf die Welt, verlängert sich die Schutzfrist automatisch.

Nach der Geburt gilt für Sie im Regelfall für acht Wochen ein absolutes Beschäftigungsverbot. Sie dürfen nicht arbeiten – auch wenn Sie wollten. Bei Früh- oder Mehrlingsgeburten gilt ein Beschäftigungsverbot von zwölf Wochen.

Die Monate des Mutterschutzes gelten als Dienstzeit. Das heißt, sie werden angerechnet, etwa auf die Erprobungszeiten, die für eine Beförderung notwendig sind, und sie zählen auch für Ihre ruhegehaltsfähige Dienstzeit.

Nicht nur für junge Eltern: Wunsch nach Teilzeit

Auch nach Ablauf der Elternzeit sind Teilzeitvereinbarungen möglich. Die jeweiligen Regelungen zu Teilzeitbeschäftigungen sind je nach Bundesland und auf Bundesebene zum Teil unterschiedlich ausgestaltet. Dazu heißt es zum Beispiel im Bundesbeamtengesetz, dass Bundesbeamtinnen und -beamten eine Teilzeitbeschäftigung oder eine Beurlaubung ohne Besoldung bis zur Dauer von 15 Jahren zu bewilligen ist. Eine Voraussetzung ist, dass mindestens ein Kind unter 18 Jahren oder ein nach ärztlichem Gutachten pflegebedürftiger sonstiger Angehöriger tatsächlich betreut oder gepflegt wird.

Liegen keine familiären Gründe vor, sondern beispielsweise einfach der Wunsch, mehr Freizeit zu haben oder Raum für eine Nebentätigkeit zu schaffen? Dann kann es allerdings schwieriger werden, den Wunsch auf reduzierte Arbeitszeit gegenüber dem Dienstherrn durchzusetzen. Es ist eine Kann-Regel – kein Muss.

So heißt es etwa im Landesbeamtengesetz in Hessen, „Beamten mit Dienstbezügen kann auf Antrag Teilzeitbeschäftigung bis zur Hälfte der regelmäßigen Arbeitszeit und bis zur jeweils beantragten Dauer bewilligt werden, soweit dienstliche Belange nicht entgegenstehen." Und weiter: „Die zuständige Dienstbehörde kann auch nachträglich die Dauer der Teilzeitbeschäftigung beschränken oder den Umfang der zu leistenden Arbeitszeit erhöhen, soweit zwingende dienstliche Belange dies erfordern."

Mit anderen Worten: Der Dienstherr ist im Regelfall zwar gehalten, den Teilzeitantrag eines Beamten wohlwollend zu prüfen, doch je nach aktueller Situation – etwa bei akutem Lehrermangel – kann er den Antrag auf Teilzeit auch ablehnen.

Altersteilzeit als Auslaufmodell

Eine besondere Teilzeitregelung für ältere Beamte – per Altersteilzeit früher in den Ruhestand gleiten zu können – hat in den vergangenen Jahren deutlich an Bedeutung

30 SEKUNDEN FAKTEN

64 %

aller Mütter mit Kindern von zwei bis drei Jahren waren 2022 erwerbstätig. 2005 lag der Anteil noch bei 40 Prozent. Die Erwerbstätigkeit von Vätern stieg leicht an.

27 %

der Paare mit minderjährigen Kindern entscheiden sich für das Modell „Beide arbeiten Vollzeit". Häufiger ist das Modell „Vater arbeitet Vollzeit, Mutter Teilzeit".

40,6 %

der Lehrerinnen und Lehrer arbeitete im Schuljahr 2021/22 in Teilzeit. Über alle Wirtschaftsbereiche hinweg liegt die Teilzeitquote bei 29,9 Prozent.

Quelle: Statistisches Bundesamt

und Attraktivität verloren. Wer sich bis Ende 2009 zum Beispiel für eine sechsjährige Altersteilzeit im Blockmodell (drei Jahre voller Dienst, drei Jahre Freistellungsphase) entschieden hatte, musste weder bei den Nettobezügen noch bei den Pensionsansprüchen allzu große Einbußen hinnehmen. So galt etwa, dass 9/10 der vereinbarten Altersteilzeit auf die ruhegehaltsfähige Dienstzeit angerechnet wurden.

Für seit 2010 angetretene Altersteilzeitvereinbarungen haben sich die Bedingungen geändert, sodass zum Beispiel weniger ruhegehaltsfähige Dienstzeit angerechnet wird – je nach Bundesland kann es sogar sein, dass gar keine Altersteilzeit mehr möglich ist.

Wenn Sie sich für den gleitenden Ausstieg aus dem Dienst interessieren, erkundigen Sie sich bei Ihrem Dienstherrn. Lassen Sie sich ausrechnen, mit welchen Einbußen Sie beim Monatsnetto und bei den Pensionsansprüchen rechnen müssen.

Sabbatical: Einmal komplett raus aus dem Arbeitsalltag

Eine weitere besondere Form der Teilzeit liegt vor, wenn Sie ein Sabbatical, also eine vorübergehende berufliche Auszeit, einlegen wollen, ohne dabei auf Ihre Bezüge verzichten zu müssen – zum Beispiel für eine Fortbildung oder Reisen. Ihre Chance: Sie vereinbaren für einen bestimmten Zeitraum Teilzeit mit Ihrem Dienstherrn, erhalten also nur reduzierte Bezüge. Trotzdem arbeiten Sie für einige Zeit Vollzeit wie bisher, sammeln so ein Polster an Arbeitsstunden an. Dieses bummeln Sie dann während der Freistellungsphase ab.

Beispiel: Karstens Traum war es schon immer, mit einem Bulli quer durch Europa zu reisen. Er will es unbedingt machen, bevor seine zwei kleinen Kinder in vier beziehungsweise fünf Jahren zur Schule kommen. Deshalb beginnen er und seine Frau kurz nach der Geburt des zweiten Kindes mit der Planung. Letztlich vereinbart Karsten für vier Jahre eine Teilzeitbeschäftigung für eine ¾-Stelle. Trotzdem arbeitet er drei Jahre lang in Vollzeit weiter. Das Zeitpolster ist danach so groß, dass er im vierten Jahr nicht arbeiten muss, sondern die Europareise mit seiner Familie antreten kann.

> **“ Ein Sabbatical erfordert eine Menge Vorbereitung. Informieren Sie sich frühzeitig über die Regelungen für die berufliche Auszeit bei Ihrem Dienstherrn.**

Die Gesetzgebung im Bund und den Bundesländern erlaubt es grundsätzlich, solche Teilzeitphasen für ein Sabbatical in Angriff zu nehmen. Die jeweiligen Regelungen sind allerdings unterschiedlich ausgestaltet, etwa wenn es um die Dauer geht oder um die

Frage, ob die Freistellungsphase zwingend am Ende der Teilzeitphase liegen muss oder schon früher möglich ist.

Wenn Sie sich für so eine berufliche Auszeit interessieren, können Sie einplanen, dass Sie während der gesamten Dauer – auch während der Freistellungsphase – Anspruch auf Besoldung haben, allerdings werden Ihre Bezüge natürlich aufgrund der Teilzeitvereinbarung niedriger sein als zuvor. Der Anspruch auf Beihilfeleistungen bleibt ebenfalls bestehen.

Von langer Hand geplant

Dennoch erfordert so eine berufliche Auszeit eine Menge Planung und Vorbereitung. Informieren Sie sich frühzeitig über die genauen Regelungen für ein Sabbatical, die für Sie bei Ihrem Dienstherrn gelten. Stellen Sie den Antrag auf die Teilzeitbeschäftigung zeitig, sodass Sie möglichst früh Planungssicherheit haben.

Machen Sie sich auch Gedanken darüber, ob und wie Sie mit den reduzierten Bezügen zurechtkommen. Reichen sie aus, zum Beispiel in Kombination mit Ersparnissen, um Ihren Lebensalltag zu bestreiten?

Hilfreich ist es, wenn Sie Ihre bisherigen Geldanlagen an das geplante Projekt Sabbatical anpassen: Schauen Sie zum Beispiel, wann und wie Ihre Ersparnisse verfügbar sind. Schichten Sie Ihre Anlagen wenn nötig um, zum Beispiel in mehr sichere Investments, damit Sie wenn nötig kurzfristig auf das Geld zurückgreifen können. Auch für diese Vorbereitungen zahlt sich eine frühzeitige Planung aus.

Ein Punkt, der bei Ihren Überlegungen nicht außen vor bleiben sollte, ist die Frage, wie es nach Ihrer Auszeit weitergeht. Ist dann eine Rückkehr auf Ihren bisherigen Dienstposten möglich, oder müssen Sie sich auf einen Wechsel des Postens oder der zu erledigenden Aufgaben einstellen?

Teilzeit – Freiraum für Nebentätigkeiten?

Entscheiden Sie sich, Ihre Zeit im Dienst zu reduzieren, schafft das eventuell weitere Freiräume – zum Beispiel, um sich in einem anderen Job auszuprobieren. Doch Vorsicht: Eine Nebentätigkeit ist zwar grundsätzlich erlaubt, doch dafür gelten besondere Bedingungen. Das gilt auch, wenn Sie zu Ihrem Vollzeitdienst eine zusätzliche Beschäftigung annehmen wollen.

So gilt unter anderem, dass Sie bei einer Nebentätigkeit Zeitgrenzen einhalten müssen, und Sie müssen diese Nebentätigkeit vor Aufnahme anzeigen und gegebenenfalls genehmigen lassen. Informieren Sie sich über die genauen Pflichten, die Sie gegenüber Ihrem Dienstherrn haben. Wichtig dabei: Kommen Sie Ihren Informationspflichten lieber einmal zu viel nach als einmal zu wenig, empfiehlt Professor Klaus Herrmann, Experte für Verwaltungsrecht aus Potsdam (siehe Interview auf den nachfolgenden Seiten „Nebentätigkeit – keine unnötigen Geheimnisse“).

Interview: Nebentätigkeit – keine unnötigen Geheimnisse

Beamten wird längst nicht jeder Nebenjob gestattet. Der Dienstherr kann sein Veto einlegen, wenn er seine eigenen Interessen verletzt sieht, erklärt **Prof. Dr. Klaus Herrmann** aus Potsdam, Fachanwalt für Verwaltungsrecht, Honorarprofessor und Lehrbeauftragter für Beamtenrecht.

Herr Professor Herrmann, ein Polizist möchte nach Dienstschluss als Trainer im Fitnessstudio arbeiten. Was spricht dagegen, einfach loszulegen?

Klaus Herrmann: Seine Dienstpflichten. Anders als Arbeitnehmer im öffentlichen Dienst sind Beamte gesetzlich verpflichtet, ihre volle Arbeitskraft dem Dienstherrn zur Verfügung zu stellen. Will ein Beamter nebenbei eine andere Beschäftigung ausüben, ist er verpflichtet, den Dienstherrn darüber vorab zu informieren. Wenn der Dienstherr keine Kenntnis hat, kann die Nebentätigkeit jedenfalls mit besonderen Risiken verbunden sein. Die allgemeine Anzeigepflicht gilt übrigens regelmäßig auch für genehmigungsfreie Nebentätigkeiten, zum Beispiel schriftstellerische, künstlerische oder Vortragstätigkeiten.

Was könnte der Dienstherr denn gegen eine Nebentätigkeit haben?

Eine Nebentätigkeit kann dienstliche Belange dadurch beeinträchtigen, dass sich der Beamte überlastet. Was, wenn ein Beamter oder eine Beamtin aufgrund einer Nebentätigkeit so erschöpft ist, dass es nicht mehr möglich ist, dem Hauptdienst nachzugehen? Der Gesetzgeber hat dafür die Vermutung einer Unverträglichkeit aufgestellt, wenn die Nebentätigkeit ein Fünftel der regelmäßigen wöchentlichen Arbeitszeit – also acht Stunden wöchentlich – überschreitet. Zum anderen könnte die Nebentätigkeit – abstrakt formuliert – den Interessen des Dienstherrn entgegenstehen. Wenn ein Lehrer eigenen Schülern Privatunterricht gibt oder ein Gerichtsvollzieher Immobilien vermakelt, liegt ein Interessenwiderstreit auf der Hand. Die Entscheidung, ob eine Nebenbeschäftigung dienstlichen Interessen zuwiderläuft, die Unparteilichkeit oder dienstliche Verwendbarkeit beeinflusst, kann nur der Dienstherr selbst treffen.

Aber Nebentätigkeiten sind Beamten nicht generell verboten?

Nein, wenn sie der Anzeigepflicht nachkommen und der Dienstherr sie genehmigt, kann etwa eine Lehrerin als Lokaljournalistin schreiben oder ein Polizist Fitnesskurse geben. Manche Aufgaben kommen dagegen nicht infrage: Ein Architekt, der im Bauamt über Baugenehmigungen entscheidet, kann nicht selbst Entwürfe einreichen oder als Gutachter für Immobilienprojekte fungieren.

Und wenn jemand nicht richtig handelt – seine Nebentätigkeit zu spät oder gar nicht anzeigt?

Dann ist mit einer disziplinarischen Untersuchung zu rechnen. Welche Disziplinarmaßnahmen dabei zu erwarten sind, hängt vom Einzelfall ab, etwa von Dauer, Art und Umfang oder der Vergütung der Nebentätigkeit. Auch ist entscheidend, ob die Nebentätigkeit genehmigungsfähig gewesen wäre, wenn sie denn früh genug angezeigt worden wäre. Besonders kritisch wird es übrigens, wenn jemand seine Nebentätigkeit – selbst wenn sie vorab angezeigt und genehmigt wurde – trotz Erkrankung ausübt. Es gab Fälle, in denen die Beamten dafür aus dem Dienst entfernt wurden. In so einem Fall verlieren sie nicht nur die Besoldungs-, sondern auch Versorgungsansprüche.

Welche Tätigkeiten müssen außerdem angezeigt werden? Was ist, wenn jemand zu Hause seine pflegebedürftige Mutter unterstützt? Dann besteht ja auch eine Erschöpfungsgefahr?

Das stimmt, aber das ist eine private Angelegenheit. Aber wer denkt daran, dass die Stromeinspeisung aus der Solaranlage auf dem heimischen Dach eine gewerbliche Nebentätigkeit darstellt? Manche verbringen auch viel Zeit als Übungsleiter im Sportverein, mit der Vermietung von Ferienwohnungen oder betreiben einen Internetshop. Das mag auf den ersten Blick ebenfalls als Privatangelegenheit empfunden werden, dienstrechtlich handelt es sich um eine Nebentätigkeit, die Sie anzeigen sollten. Besser einmal zu viel den Dienstherrn informieren als einmal zu wenig.

Und wann endet die Anzeigepflicht – mit Ausscheiden aus dem aktiven Dienst?

Nein, auch Beamte im Ruhestand haben Informationspflichten. Will der Pensionär eine Nebentätigkeit aufnehmen, entfällt zwar das Risiko der Überlastung, da er keine Dienstpflichten mehr hat. Doch es kann natürlich noch zu Interessenskonflikten kommen. Wenn etwa der Beamte aus dem Bauamt als Pensionär plötzlich bei einem Bauunternehmer als Berater einsteigt, mutet das seltsam an und wirft Fragen zur Organisation des Dienstbetriebs auf, wenn er seinen ehemaligen Kollegen jetzt als Antragsteller gegenübersteht. Deshalb ist in den Beamtengesetzen eine Informationspflicht nach Ausscheiden aus dem Dienst geregelt. So heißt es etwa im Bundesbeamtengesetz, dass die ehemaligen Beamten in den drei Jahren nach Ausscheiden aus dem Dienst eine Nebentätigkeit anzeigen müssen, wenn diese den Bereich berührt, in dem sie in den letzten fünf Dienstjahren tätig waren.

Beihilfe und Krankenversicherung

Einen Teil Ihrer Gesundheitskosten übernimmt der Dienstherr. Für den Rest ist oft der Abschluss eines Beihilfetarifs bei einem privaten Krankenversicherer die erste Wahl. Doch damit ist nicht jede Lebenssituation abgesichert. Zusatzversicherungen können hier Lücken schließen.

Die Rechnung erscheint ganz einfach: Wenn Sie etwa als unverheirateter Beamter aktiv im Dienst stehen und keine Kinder haben, gilt ein Beihilfesatz von 50 Prozent. Für die restlichen 50 Prozent schließen Sie einen Beihilfetarif bei einem privaten Krankenversicherer ab – das ist meist immer noch die erste Wahl für Beamte. 50 plus 50 Prozent ergeben 100 Prozent. Es bleibt also keine Lücke, oder doch?

Ganz so einfach ist es mit der Krankenversicherung für Beamte nicht: Trotz der Beihilfeleistungen und des breiten Leistungsspektrums vieler privater Krankenversicherungen birgt ihre Absicherung einige Tücken. Und – das haben Sie vielleicht bereits selbst erlebt – sie ist längst nicht immer so komplett und umfassend wie anfänglich vermutet. So zeigt sich, je nachdem in welchem Bundesland Sie leben, etwa beim Thema Chefarztbehandlung im Krankenhaus, beim Zahnersatz oder beim Kauf einer neuen Brille, dass Sie allein über die Beihilfe und einen Beihilfegrundtarif eines privaten Versicherers nicht auf 100 Prozent Kostenübernahme für all Ihre Gesundheitsausgaben kommen. Es bleiben Lücken im Schutz, sodass Sie aus eigener Tasche einen Teil der Ausgaben drauflegen müssen. Wollen Sie Ihre eigenen Ausgaben klein halten oder möglichst komplett umgehen, benötigen Sie neben der Grundabsicherung noch zusätzliche Ergänzungstarife.

Steht Ihnen die Verbeamtung noch bevor, haben Sie alle Freiräume, sich Ihren Versicherungsschutz selbst zusammenzustellen. Dabei werden Ihnen die Informationen auf den folgenden Seiten helfen.

Sind Sie bereits verbeamtet, sind die Themen Beihilfe und Krankenversicherung längst Alltag für Sie. Trotzdem sollten auch Sie mit den folgenden Informationen etwas anfangen können. Sie erfahren zum Beispiel, anhand welcher Kriterien Sie Ihre bestehende private Krankenversicherung überprüfen können und was bei familiären Veränderungen zu beachten ist. Denn je nach persönlicher Situation geht es nicht nur um den passenden Schutz für Sie selbst, sondern auch für Kinder und Partner.

Beihilfe und freie Heilfürsorge: Das steht Ihnen zu

Jedes Bundesland hat seine eigenen Beihilferegelungen. Informieren Sie sich frühzeitig, was Ihnen zusteht und wofür Sie zusätzlichen Versicherungsschutz benötigen.

Sobald Sie im Beamtenverhältnis stehen, hat Ihr Dienstherr eine besondere Fürsorgepflicht. Dazu gehört unter anderem die Pflicht, für Sie im Rahmen der sogenannten Beihilfe im Krankheits- oder Pflegefall oder bei einer Geburt einen Teil der Kosten zu übernehmen. Für Berufsgruppen, deren Angehörige einem besonderen Risiko bei der Berufsausübung unterliegen, gilt die freie Heilfürsorge. Das heißt, sie bekommen nicht nur einen Teil der Gesundheitskosten erstattet, sondern für bestimmte Leistungen die vollen Kosten.

Anspruch auf freie Heilfürsorge

Für bestimmte Beamtengruppen, etwa für Bundespolizisten und je nach Bundesland für weitere Polizisten und Feuerwehrleute, gilt die freie Heilfürsorge. Soldaten wird die truppenärztliche Versorgung gewährt.

Wem genau diese Leistungen zustehen und welchen Umfang sie haben, regeln die Länder und der Bund in ihren Versorgungsverordnungen. Grundsätzlich umfasst der Leistungsanspruch die ambulante und stationäre ärztliche Behandlung, zahnärztliche Behandlung, häusliche Krankenpflege, die Heilbehandlung während Auslandsaufenthalten sowie die vorbeugende Gesundheitsvorsorge.

Absicherung für den Pflegefall bietet die Heilfürsorge allerdings nicht. Sie selbst schließen dazu eine zusätzliche Pflegepflichtversicherung ab.

Beamte mit Anspruch auf freie Heilfürsorge sollten so früh wie möglich eine „große Anwartschaftsversicherung" abschließen.

Eine zusätzliche Krankenversicherung müssen Sie selbst zwar per Gesetz nicht abschließen, dennoch ist es sinnvoll, wenn Sie sich um zusätzlichen Schutz bemühen.

Zum einen geht es um Zusatzleistungen: Für Ihre aktive Zeit im Dienst kann eine private Krankenzusatzversicherung sinnvoll sein, mit der Sie sich mehr Leistungen sichern, als die Heilfürsorge bietet, etwa bessere Leistungen beim Zahnersatz oder die Chefarztbehandlung im Krankenhaus.

Ein weiteres wichtiges Thema ist die sogenannte Anwartschaft: Die freie Heilfürsorge gilt höchstens bis zum Ende der aktiven Dienstzeit. Spätestens im Ruhestand, je nach Beruf und Bundesland auch schon deutlich früher, haben Sie „nur" noch Anspruch auf den Beihilfesatz, der für Versorgungsempfänger meist bei 70 Prozent liegt. Spätestens im Ruhestand benötigen Sie also wie die Beamten ohne Anspruch auf Heilfürsorge eine Krankenversicherung, die für den Kostenanteil aufkommt, den die Beihilfestelle nicht zahlt.

Würden Sie diese zusätzliche Versicherung erst im Alter von 60 oder mehr abschließen, wäre der Abschluss deutlich teurer, eventuell sogar unmöglich aufgrund bereits vorhandener Erkrankungen. Deshalb ist es unbedingt sinnvoll, wenn Sie schon in möglichst jungen Jahren eine „große Anwartschaftsversicherung" bei einem privaten Krankenversicherer abschließen. Das bedeutet, die Beiträge bei Eintritt in den Ruhestand werden so bemessen, als hätten Sie im Ruhestand noch den Gesundheitszustand und das Alter wie bei Abschluss der Anwartschaft.

Für diese Anwartschaftsversicherung verlangen die Versicherer im Regelfall einen bestimmten Prozentsatz der normalen Versicherungsbeiträge. Selbst wenn Sie diesen Beitrag über viele Jahre zahlen müssen, ist das immer noch günstiger, als wenn Sie erst bei Ruhestandsbeginn eine private Versicherung abschließen würden.

→ Kleine in große Anwartschaft umwandeln

Sie haben sich während Ihrer Ausbildung, etwa als Polizeianwärter, für eine „kleine Anwartschaft" entschieden? Haben Sie nach der Ausbildung weiter Anspruch auf die Heilfürsorge, empfiehlt es sich oft, die kleine in eine große Anwartschaft umzuwandeln. Sonst würden im Ruhestand die Beiträge zwar nach dem Gesundheitszustand bei Vertragsabschluss bemessen, nicht aber nach dem jungen Eintrittsalter. So wäre der Schutz deutlich teurer. Sprechen Sie mit Ihrem Versicherer, um die Veränderungen vorzunehmen.

Wichtig ist außerdem zu beachten: Angehörige von Empfängern freier Heilfürsorge haben nur einen normalen Beihilfeanspruch (siehe unten). Sie benötigen daher den zusätzlichen Schutz einer privaten Krankenversicherung.

Anspruch auf Beihilfeleistungen

Während die freie Heilfürsorge bestimmte Gesundheitsausgaben für Beamte in gefährlichen Berufen komplett übernimmt, steht den übrigen Beamten „nur" eine teilweise Übernahme der Kosten, die Beihilfe, für Gesundheit und Pflege zu. Für den Rest ihrer Heilkosten müssen Beamte und Pensionäre den Schutz einer Krankenversicherung nachweisen.

Die Beihilfesätze liegen für Bundesbeamte und für Beamte in den meisten Bundesländern bei

- 50 Prozent für aktive Beamte ohne oder mit höchstens einem Kind,
- 70 Prozent für aktive Beamte mit zwei oder mehr Kindern,
- 70 Prozent für Versorgungsempfänger. Nach der aktiven Dienstzeit steigt also der Beihilfesatz an.
- 70 Prozent für den Ehepartner, vorausgesetzt sein Einkommen bleibt unter einer bestimmten Grenze, die in den jeweiligen Beihilfeverordnungen festgelegt ist.
- 80 Prozent für Kinder oder Waisen.

Der persönliche Beihilfesatz kann steigen, sobald Sie Nachwuchs bekommen. Die genauen Regelungen, die für Angehörige gelten, gehen aus den jeweils geltenden Beihilfeverordnungen hervor (siehe „Krankenversicherung für die Familie", S. 54).

Eine Besonderheit beim Beihilfeanspruch gilt unter anderem in Baden-Württemberg. Für alle, die von 2011 an verbeamtet wurden oder noch werden, bleibt es als Pensionär bei den 50 Prozent Beihilfe. Das bedeutet, dass man hier als Pensionär weiter 50 Prozent der Krankheitskosten privat versichern muss. Da die Beiträge für die private Krankenversicherung im Laufe der Jahre steigen, empfiehlt es sich, dafür entsprechend finanziell vorzusorgen und in jüngeren Jahren Geld zurückzulegen.

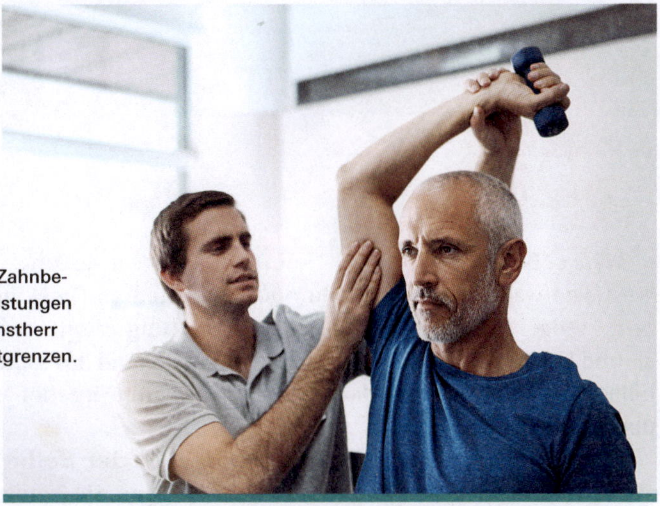

Fit für den Alltag
Ob Reha, Physiotherapie oder Zahnbehandlung: Viele Gesundheitsleistungen sind beihilfefähig. Je nach Dienstherr gelten unterschiedliche Höchstgrenzen.

Beihilfeleistungen im Einzelnen

Der Dienstherr übernimmt einen Großteil der Gesundheitsausgaben – aber an welchen Leistungen beteiligt er sich überhaupt mit 50, 70 oder 80 Prozent? Gerade an diesem Punkt gibt es leider keine einheitliche Antwort für alle Beamten in Deutschland. Was er zahlt und was nicht, regelt jeder Dienstherr für sich. Hier ergeben sich zum Teil deutliche Unterschiede, wie die folgenden Beispiele zeigen:

- **Krankenhaus:** Sie sind Beamter in Sachsen-Anhalt? Dann dürfen Sie wie in einigen anderen Bundesländern auch bei einem Krankenhausaufenthalt die Wahlleistung Zweibettzimmer nutzen. Schlechter dran sind Sie zum Beispiel in Bremen oder Hamburg: Hier sind Wahlleistungen wie die Unterbringung im Zweibettzimmer und die Chefarztbehandlung nicht beihilfefähig. Die Beihilfestelle übernimmt Ihren Anteil für die Unterbringung im Mehrbettzimmer.
- **Zahnersatz.** Einen Großteil der Kosten für Krone oder Inlay machen die Material- und Laborkosten aus. In Nordrhein-Westfalen sind bis zu 70 Prozent der Material- und Laborkosten beihilfefähig, für Bundesbeamte sind es nun wieder 60 Prozent, in einigen anderen Bundesländern sind es nur 40 Prozent.
- **Heilpraktiker:** Für Beamte in Sachsen sind Aufwendungen für ambulante Leistungen von Heilpraktikern beihilfefähig, wenn sie aus Anlass einer Krankheit entstanden sind. In anderen Bundesländern, etwa im Saarland, sind Heilpraktikerleistungen nicht beihilfefähig.

Diese drei Beispiele zeigen: Je nach Dienstherr und gewünschter Leistung bleibt eine mehr oder weniger große Lücke. So etwa beim Zahnersatz:

Beispiel: Rafael ist Bundesbeamter. Ihm werden für Zahnersatz 600 Euro Material- und Laborkosten in Rechnung gestellt. Von den 600 Euro sind für Bundesbeamte wie ihn 60 Prozent, also 360 Euro, beihilfefähig. Da für ihn als aktiv im Dienst stehender Beamter ein Beihilfesatz von 50 Prozent gilt, übernimmt die Beihilfestelle 180 Euro, also die Hälfte von 360 Euro.

Wäre er Beamter des Landes Nordrhein-Westfalen, wären von den 600 Euro 70 Prozent – umgerechnet 420 Euro – der Material- und Laborkosten beihilfefähig. Die Beihilfestelle würde die Hälfte davon, 210 Euro, übernehmen.

Und wer zahlt den Rest? Das hängt davon ab, welchen Versicherungsschutz Rafael zusätzlich abgeschlossen hat. Angenommen, seine private Krankenversicherung, die er als Ergänzung zur Beihilfe abgeschlossen hat, übernimmt laut Vertrag Material- und Laborkosten zum vollen versicherten Prozentsatz, also zu 50 Prozent. Dann bekäme er 300 Euro vom privaten Versicherer. Als Bundesbeamter muss er dann für Labor- und Materialkosten 120 Euro aus eigener Tasche zahlen. Wäre er in Nordrhein-Westfalen verbeamtet, wären es noch 90 Euro, die Rafael selbst aufbringen müsste.

Beamte wie Rafael haben allerdings die Möglichkeit, diese Eigenbelastung zu senken. Wenn er zu seinem Beihilfegrundtarif einen passenden Ergänzungstarif abgeschlossen hat, muss er die verbleibenden Kosten nicht aus eigener Tasche zahlen. Mehr zu den privaten Versicherungen lesen Sie unter „Die Beihilfe ergänzen“, S. 44.

Übrigens: Gesundheitsausgaben, die Sie selbst tragen müssen, können Ihnen eventuell über die Steuererklärung noch eine gewisse Entlastung bringen: Eigene Ausgaben rechnen Sie als „außergewöhnliche Belastung“ beim Finanzamt ab. Sollten Ihre Ausgaben eine bestimmte Grenze, die „zumutbare Belastung“, überschreiten, sparen Sie Steuern. Die Höhe dieser zumutbaren Belastung ermittelt das Finanzamt individuell anhand Ihres Einkommens und Ihrer familiären Situation.

Mit der Beihilfestelle abrechnen

Wenn Sie bereits verbeamtet und privat krankenversichert sind, kennen Sie das Prozedere natürlich längst: Gehen Sie etwa mit Grippe zum Hausarzt, wird dieser Ihnen für seine Behandlung eine Rechnung ausstellen, die Sie begleichen müssen. Diese Rechnung reichen Sie dann sowohl bei der Beihilfestelle als auch bei Ihrem privaten Krankenversicherer ein.

Je nachdem, wie oft Sie medizinische Hilfe in Anspruch nehmen müssen, kann es einige Formulare und Zeit kosten, bis Sie alle Ausgaben abgerechnet haben und Ihnen Ihre Ausgaben erstattet werden. Der Gedanke mag naheliegen, sich möglichst selten die Mühe mit den Abrechnungen zu machen – Rechnungen zu bündeln und dann en bloc beim privaten Versicherer und auch bei der Beihilfestelle einzureichen. Allerdings ist das nicht unbedingt die schnellste Lösung. Diese dicken Pakete zu bearbeiten ist sehr aufwendig und führt im Ergebnis zu insgesamt längeren Bearbeitungszeiten. Durch die Bündelung vieler Rechnungen entsteht somit Staugefahr im Team der Beihilfestelle. Mehr dazu lesen Sie unter „Tipps für den Antrag: Beihilfe besser kurzfristig abrechnen“, auf S. 42.

Müssen Sie stationär im Krankenhaus behandelt werden, entfallen einige Formalitäten. Denn dann können Sie die private Krankenversicherung beauftragen, die Ausgaben direkt mit der Klinik abzurechnen. Die Direktabrechnung zwischen Beihilfestelle und Klinik ist inzwischen oft üblich. Der große Vorteil: Sie müssen die häufig großen Summen für eine Behandlung im Krankenhaus nicht mehr vorstrecken.

Ist die Direktabrechnung der stationären Kosten noch nicht möglich, werden wiederum Sie zunächst eine Rechnung erhalten. Diese begleichen Sie und reichen sie bei der Beihilfestelle ein.

→ Was tun, wenn die Beihilfestelle nicht zahlt?

Die Beihilfestelle hat nicht das gezahlt, was Sie erwartet hatten, oder hat Ihnen die Übernahme bestimmter Posten komplett versagt? Sie können innerhalb eines Monats gegen den Beihilfebescheid Einspruch einlegen. Generell gilt, dass sich die Beihilfe an den Regelungen der gesetzlichen Krankenkassen anlehnt. Gegebenenfalls kann es sein, dass ein Beamter je nach Tarif von seiner privaten Krankenversicherung eine höhere Erstattung erhält als von der Beihilfestelle.

Wartezeiten einplanen – Rücklagen parat halten

Einzelne Rechnungen von Haus- oder Zahnarzt werden Sie vermutlich problemlos aus Ihren laufenden Einnahmen begleichen können. Beachten Sie aber, dass die Belastung auch größer sein kann und Sie deutlich in Vorleistung gehen müssen: Mehrere Besuche beim Hausarzt, Zahnbehandlungen und Kosten für Physiotherapie – so können einige größere Summen zusammenkommen. Besonders hoch können die Auslagen sein, wenn ein Krankenhaus noch mit Ihnen und nicht mit der Beihilfestelle direkt abrechnet. Bis Sie Ihre Ausgaben von der Beihilfestelle und vom Versicherer erstattet bekommen, kann einige Zeit vergehen.

Sparen Sie deshalb wenn möglich ein Polster an, das Sie im Krankheitsfall anzapfen können. Diese Rücklage kann zum Beispiel auf einem Tagesgeldkonto liegen, sodass Sie kurzfristig darauf zugreifen können. Das ist deutlich günstiger, als das Girokonto zu überlasten und ins Minus zu rutschen.

▶ Die Stiftung Warentest vergleicht regelmäßig die aktuellen Zinssätze von Tages- und Festgeldkonten. Sie finden sie gegen eine geringe Gebühr unter test.de/zinsen. Dort erhalten Sie zudem Informationen darüber, wie das Geld im Fall einer Bankenpleite geschützt ist. Die Datenbank wird alle 14 Tage aktualisiert.

Tipps für den Antrag: Beihilfe besser kurzfristig abrechnen

In den Sommerferien oder zum Jahreswechsel die Krankheitskosten gebündelt bei der Beihilfestelle abrechnen? Das kann zu längeren Wartezeiten führen.

Arztrechnungen bei der Beihilfestelle einzureichen ist nicht schwierig, aber wie so viele Antragsverfahren birgt auch dieses ein paar Tücken. Wir haben ein paar einfache aber wirkungsvolle Tipps zusammengestellt, wie Sie schnell und am besten zu Ihrem Geld kommen.

Wie Sie den Antrag stellen

Es versteht sich von selbst, dass Sie keinen Antrag ohne Beihilfenummer verschicken sollten. Diese Nummer finden Sie auf der ersten Seite Ihres Beihilfebescheides oder auf jedem Schreiben, das Sie von der Beihilfestelle bekommen haben. Bei Ihrer Einstellung und beim Festsetzen Ihrer Versorgungsbezüge wurde Ihnen ebenfalls die Beihilfenummer mitgeteilt.

Nutzen Sie die vorgegebenen Wege für das Einreichen des Antrags. In der Regel läuft dies inzwischen über die Beihilfe-App, die Sie installieren müssen. Über die Fotofunktion der App können Beamte und Beamtinnen Arztrechnungen oder Rezepte abfotografieren oder über einen Barcode einscannen und direkt bei der Beihilfestelle einreichen. Das Landesamt für Besoldung und Versorgung NRW zum Beispiel akzeptiert aber auch noch Anträge in Papierform oder per DE-Mail mit gesicherter Signatur.

Die Beihilfe-App nicht falsch verwenden

Sie sollten die Beihilfe-App ausschließlich für Beihilfe- bzw. Pflegeanträge nutzen. Die App ist nicht geeignet für anderen Schriftverkehr, da dies die Bearbeitung von Beihilfeanträgen verzögert. „Das Selektieren von Mischeingaben in einem System führt zu einem zusätzlichen zeitlichen Aufwand und damit zu Verzögerungen“, heißt es bei der Finanzverwaltung NRW.

Was Sie tun können, damit es schneller geht

Die Finanzverwaltung NRW rät, es zu vermeiden, mehrere App-Anträge an einem Tag zu verschicken und identische Beihilfeanträge nicht über unterschiedliche Kanäle zu stellen. Sinnvoll ist demnach auch, Beihilfeanträge „mit einem geringen Antragsvolumen“ möglichst gesammelt abzugeben. Achten Sie auch darauf, dass die Belege vollständig und gut lesbar sind. Bei mehrseitigen Belegen gilt das natürlich gegebenenfalls auch für die jeweilige Rückseite.

Die Fachleute empfehlen außerdem, ausschließlich Einzelrechnungen, Rezepte und Verordnungen für Ihre Aufwendungen einzureichen. Nicht mitgeschickt werden sollen hingegen Kassenbons, Quittungen, Sammelrechnungen von Apotheken und Mahnungen. Bei Zahnbehandlungen, Zahnersatz sowie kieferorthopädischen Behandlungen ist neben der Zahnarztrechnung auch die Rechnung über die Laborleistungen beizufügen. Achtung: Bei Hilfsmitteln, das sind zum Beispiel Einlagen, Kompressionsstrümpfe, Rollatoren oder Hörgeräte, sowie medizinischen Heilbehandlungen ist zwingend neben der Rechnung des Leistungserbringers, also zum Beispiel des Sanitätshauses oder des Hörgeräteakustikers, auch die ärztliche Verordnung beizufügen. Ebenfalls nicht vergessen: Auf dem bereits vorgedruckten und von Ihnen mit Datum unterschriebenem Beihilfeantrag müssen Sie noch die Anzahl der Rechnungsbelege am besten fortlaufend nummeriert und die von Ihren errechnete Rechnungssumme (nur glatte Euro) angeben.

Warum Sie nicht zu viel sammeln sollten

Rechnungen in „kleinen Bündeln“ und nicht jede Mini-Rechnung einzeln einzureichen, ist von den Beihilfestellen durchaus gewünscht. Sie sollten aber nicht die Rechnungen über Monate hinweg ansammeln und dadurch zu lange warten bis Sie Ihren Antrag tatsächlich einreichen.

Erstens gehen Sie dann in Vorleistung mit Geld, dass Sie zum Beispiel auf dem Tagesgeldkonto verzinst anlegen können.

Zweitens wird von den Mitarbeitenden in den Beihilfestellen empfohlen, nicht zu viele Rechnungen auf einmal einzureichen, um eine gleichmäßigere Bearbeitung über das Jahr zu erreichen und damit letztlich die Bearbeitungszeit zu verringern. Gebündelte Anträge mit einer hohen Anzahl von Belegen erschweren den Bearbeitungsfluss und können die Staugefahr in den Beihilfestellen eher verstärken.

→ Anträge antizyklisch einreichen

Nicht wenige Beamte schicken Anfang Januar oder in den Ferienzeiten oder nach Feiertagen vermehrt gebündelte Anträge. Das ist verständlich. Diese „dicken Pakete“ zu bearbeiten ist aber aufwändiger und führt zu längeren Bearbeitungszeiten. Wenn Sie „antizyklisch“ Ihre Anträge verschicken, haben Sie bessere Aussichten, schneller Ihr Geld zurückzubekommen.

Die Beihilfe ergänzen: Die passende Krankenversicherung finden

Im Normalfall ist die Wahl der Krankenversicherung eine Entscheidung fürs Leben. Daher ist es wichtig, von Beginn an auf die Leistungen zu achten, um den passenden Tarif zu finden.

Neben der Beihilfe müssen Beamte und Pensionäre den Schutz einer Kranken- und Pflegeversicherung nachweisen. Doch welche ist die richtige?

Im ersten Schritt geht es um die Entscheidung: gesetzlich oder privat krankenversichern?

Gesetzliche Krankenkasse oder privat versichern?

Für die allermeisten ist der Gang zu einem privaten Krankenversicherer die beste Lösung – der Versicherungsschutz muss mindestens für ambulante und stationäre Heilbehandlungen gelten. In der Regel wird darüber hinaus auch die Erstattung von zahnärztlichen Leistungen versichert.

Die gesetzliche Krankenversicherung kommt wegen der Vorteile der Beihilfe vor allem im Ruhestand nur in Ausnahmefällen für Beamte infrage. Auch müssen in einigen Bundesländern Beamte in der gesetzlichen Krankenversicherung noch den kompletten Beitrag selbst zahlen und nicht wie Arbeitnehmer nur den halben Beitrag, da sie keinen Arbeitgeberzuschuss erhalten. Dann wären die Ausgaben deutlich höher als für den privaten Schutz.

In zunehmend mehr Bundesländern wie Hamburg, Bremen, Brandenburg und Thüringen und nun auch Berlin und Baden-Württemberg können sich Landesbeamte aber gegen die anteilige Erstattung ihrer Gesundheitskosten und stattdessen für den pauschalen Zuschuss zu den Beiträgen einer gesetzlichen Kasse entscheiden. Dadurch wird die Absicherung in einer gesetzlichen Kasse etwas attraktiver. Aber Achtung: Diese Wahlmöglichkeit besteht nur für neu Verbeamtete und diejenigen, die als Beamte bereits gesetzlich versichert waren. Ein nachträglicher Wechsel von der bisherigen Beihilferegelung auf den pauschalen Zuschuss zu den Beiträgen einer gesetzlichen Kasse ist in der Regel nicht möglich.

Beamte, die sich für die Absicherung in einer gesetzlichen Krankenkasse entschieden haben, sind eher die Ausnahme. Finanziell interessant kann die gesetzliche Krankenversicherung für Beamte der unteren Besoldungsgruppen und für kinderreiche Familien sein.

Der Beitrag zur gesetzlichen Krankenversicherung richtet sich nach der Höhe des Einkommens, sodass bei niedrigem Verdienst weniger zu zahlen ist. Familien mit Kindern profitieren von der beitragsfreien Familienversicherung – Kinder können, anders als in der privaten Krankenversicherung, kostenlos mitversichert werden.

Dennoch sollten Sie sich gut überlegen, ob der Weg in die gesetzliche Krankenversicherung auf Dauer der richtige ist, denn Sie dürfen nachträglich nicht einfach auf die private Krankenversicherung umsteigen. Hinzu kommt: Wechseln Sie später in ein Bundesland, in dem es keine „pauschale Beihilfe" gibt, müssen Sie den Kassenbeitrag wieder komplett selbst zahlen.

→ Zusatzschutz fürs Ausland

Entscheiden Sie sich für eine gesetzliche Krankenkasse, sollten Sie als Ergänzung unbedingt eine private Auslandsreise-Krankenversicherung abschließen, sobald Sie eine Reise ins Ausland planen. Sonst kann es Ihnen passieren, dass Sie im Krankheitsfall auf den Behandlungskosten ganz oder zumindest zum Teil sitzen bleiben. Kosten für einen Rücktransport nach Deutschland erstattet die deutsche Krankenkasse nie.

Private Krankenversicherung auch für „späte Beamte"?

Sie sind bei Ihrer Verbeamtung bereits über 40 und überlegen, ob die private Krankenversicherung für Sie noch infrage kommt? Auch wenn die Beiträge für den privaten Schutz bei einem späteren Einstieg etwas höher sind als beim Vertragsabschluss in jüngeren Jahren: Holen Sie auf jeden Fall Angebote für die private Krankenversicherung ein. Vergleichen Sie dann die Preise und Leistungen in der gesetzlichen und der privaten Versicherung.

Wer bei seiner Verbeamtung im Alter von über 40 noch gesund ist und keine Risikozuschläge an den privaten Krankenversicherer zahlen muss, zahlt für sich selbst – jedenfalls bei einem Einkommen über der Beitragsbemessungsgrenze – meist deutlich weniger als in der gesetzlichen Krankenversicherung. Risikozuschläge wegen möglicher Vorerkrankungen können den Beitrag beim privaten Versicherer aber natürlich erhöhen.

Den passenden privaten Schutz zusammenstellen

Wenn Sie sich gegen die gesetzliche und für die private Krankenversicherung entscheiden, nehmen Sie sich einige Zeit für die Suche nach dem passenden Angebot: Wie viel Schutz wünschen Sie sich, und welcher Tarif passt zu Ihrem Versicherungsbedarf?

Ihre Entscheidung hat Folgen: Haben Sie den Versicherungsvertrag einmal unter-

Wer kennt sich aus?

Unter test.de, Stichwort „private Krankenversicherung", finden Sie die zuletzt ermittelten Testergebnisse. Im Herbst 2019 erhielten für Beamte die Tarife BV20 und BV30 der Concordia sowie die Tarifkombination AB 20E, AB 30, SB 2/20E, SB 2/30, ZB 20E, ZB 30 der LVM das Qualitätsurteil sehr gut. Sie kosteten zu dem Zeitpunkt für 35-jährige gesunde Neukunden mit 50 Prozent Beihilfeanspruch 209 beziehungsweise 232 Euro im Monat. Das Preis-Leistungs-Verhältnis machte bei dem Tarif-Vergleich mit 80 Prozent einen Großteil der Bewertung aus. Zudem floss die Beitragsentwicklung in der Vergangenheit mit 20 Prozent in das Qualitätsurteil ein.

schrieben, kommt der Wechsel zu einem anderen Versicherer im Normalfall kaum infrage. Außerdem kann es schwierig werden, im Nachhinein Leistungen aufzustocken. Informieren Sie sich deshalb vorab genau über den möglichen Versicherungsschutz: Benötigen Sie nur einen Beihilfegrundtarif, der gesetzlich vorgeschrieben ist, oder sind Ihnen weitere Ergänzungen wichtig, um sich einen möglichst umfassenden Versicherungsschutz zu sichern?

Mit dem Grundtarif decken Sie den verbleibenden Anteil der Heilkosten ab, der von der Beihilfestelle nicht übernommen wird, also zum Beispiel 50 Prozent Ihrer Kosten für einen Besuch beim Hausarzt, wenn die Beihilfestelle für Sie die anderen 50 Prozent der Ausgaben übernimmt. Die Beihilfe leistet ihren Anteil aber nur zu den beihilfefähigen Aufwendungen und der Beihilfetarif seinen nur im jeweiligen vertraglich vereinbarten Leistungsrahmen, sodass Lücken im Schutz bleiben:

Beispiel: Verwaltungsbeamtin Britta aus Freiburg benötigt nach mehreren Jahren eine neue Brille, sie zahlt dafür 300 Euro. Laut der für sie geltenden Beihilfeverordnung sind alle drei Jahre Aufwendungen für ein Brillengestell bis zu 20,50 Euro und je Brillenglas 50 Euro beihilfefähig. Das sind 120,50 Euro. Da für Britta ein Beihilfesatz von 50 Prozent gilt, erhält sie somit rund 60 Euro von der Beihilfestelle.

Ihr Beihilfegrundtarif, der Heilkosten zum Satz von 50 Prozent absichert, sieht die Erstattung von Sehhilfen bis zu einem Rechnungsbetrag von maximal 150 Euro je Brille vor. Somit bekommt Britta für ihre Brille vom Versicherer 75 Euro – die Hälfte von 150 Euro Maximalbetrag – erstattet.

Trotz Beihilfe und Grundtarif bleibt somit eine Differenz zu den tatsächlichen Ausgaben. Ähnliches kann Ihnen in anderen Situationen passieren, etwa wenn Sie Zahnersatz benötigen oder Unterstützung vom Heilpraktiker wünschen. Um Ihre eigenen Ausgaben zu begrenzen, können Sie mit sogenannten Beihilfeergänzungstarifen für eine zusätzliche Absicherung sorgen.

Beihilfegrundtarife – von sehr gut bis mangelhaft

Bei der Suche nach einem Beihilfegrundtarif können Sie sehr gute Angebote finden, aber es gibt auch einige am Markt, die eher nicht geeignet sind. Das hat sich 2019 gezeigt, als Finanztest zuletzt das Tarifangebot untersucht hat (siehe Kasten „Wer kennt sich aus", S. 46). Mit dabei waren 26 Tarife für Beamte. Ergebnis: Zwei Tarife schnitten sehr gut ab, vier Tarife waren immerhin gut. Es gab aber auch drei, die nur ein ausreichend erhielten, einer war mangelhaft.

Für einen 35-jährigen Modellkunden mit einem Beihilfesatz von 50 Prozent haben die Tester die Beiträge ermittelt: Für sehr guten Schutz war damals mit Beiträgen ab etwa 210 Euro im Monat zu rechnen.

Diese Leistungen können Sie sich sichern

Bei vielen privaten Versicherern setzt sich das Leistungsangebot im Beihilfegrundtarif nach dem Baukastenprinzip aus mehreren Bestandteilen zusammen. Die wichtigsten Bausteine für alle Versicherten sind der Ambulant-, der Stationär- und der Zahntarif.

Im Bereich ambulante Versorgung übernimmt der Versicherer neben den Honoraren für Behandlungen und Untersuchungen bei niedergelassenen Ärzten auch Ausgaben, die anfallen, wenn die Ärzte Ihnen etwas verschreiben – zum Beispiel Arzneimittel. Hier sind Privatversicherte generell im Vorteil. Bis auf wenige Ausnahmen kommen die gesetzlichen Kassen nämlich nicht für rezeptfreie Medikamente auf – wie homöopathische Mittel, viele Salben sowie Erkältungs- und Schmerzmittel. Die privaten Versicherer erstatten die Kosten für solche Arzneien in der Regel aber, wenn ein Arzt sie dem Patienten verschreibt.

Ein weiterer Vorteil für die privat Versicherten: Die Ärzte sind bei ihrem Honorar oder bei den verschriebenen Leistungen anders als bei Kassenpatienten nicht an Budgets und andere Obergrenzen gebunden. Und sie erhalten für ihre Leistungen nach der privatärztlichen Gebührenordnung mehr Geld als bei einer Abrechnung über das gesetzliche System.

Im Krankenhaus haben privat Versicherte die Chance, sich die Kostenübernahme für mehr Leistungen zu sichern als Kassenpatienten. Entscheidend ist dabei nicht die Unterbringung im Ein- oder Zweibettzimmer, sondern der Anspruch, sich von Chefärzten behandeln zu lassen.

Auch beim Zahnersatz ist ein breites Leistungsspektrum möglich: Kronen, Brücken oder Implantate können etliche Tausend Euro kosten. Neben den Honoraren der Zahnärzte fallen die Material- und Laborkosten erheblich ins Gewicht. Sie machen mitunter bis zu zwei Drittel der Gesamtrechnung aus. Wer für Zahnersatz eine hohe Absicherung wünscht, sollte darauf achten, dass der Versicherer sich an diesen Kosten möglichst umfangreich beteiligt.

Doch wie lässt sich jetzt aus all diesen Leistungsbestandteilen ein passender Versicherungsschutz „bauen"? Hier sind Sie gefragt, denn Sie stellen sich quasi Ihren Schutz zusammen, wählen aus, wie umfangreich die Leistungen letztlich sein sollen. Das ist nicht immer ganz einfach: Vielleicht erscheint Ihnen ein möglichst niedriger Versicherungsbeitrag reizvoll, dafür müssen Sie aber Abstriche bei den Leistungen hinnehmen. Oder Ihnen ist ein Leistungsbereich, etwa die Psychotherapie oder Zahnersatz, besonders wichtig, sodass Sie bereit sind, für möglichst hohe Leistungen auch mehr zu zahlen.

Ganz gleich, worauf Sie besonderen Wert legen: Wichtig ist, dass Sie von Anfang an ein passendes Leistungsniveau wählen – wollen Sie sich nach Vertragsabschluss bessere Leistungen sichern, ist das nicht ohne Weiteres möglich. Wenn der Versicherer es zulässt, dann oftmals nur mit einer erneuten Gesundheitsprüfung, also nachdem Sie Fragen zu Ihrem Gesundheitszustand beantwortet haben.

So kommt der Vertrag zustande

So eine Gesundheitsprüfung, bei der Sie Fragen zu Ihrem Gesundheitszustand beantworten, wird es auf jeden Fall geben, wenn Sie ein passendes Angebot gefunden haben und nun einen Vertrag beim privaten Versicherer abschließen wollen. Bevor der Vertrag zustande kommt, will der Versicherer wissen, wie groß das Risiko für ihn ist. Deshalb stellt er Ihnen zahlreiche Fragen. Sie müssen beantworten, welche Erkrankungen und Behandlungen Sie in den vergangenen Jahren hatten.

Ganz wichtig dabei: Machen Sie keine falschen Angaben! Verzichten Sie nicht darauf,

---

Sie stehen vor dem Abschluss einer privaten Krankenversicherung oder sind unsicher, ob Sie sich beim Abschluss Ihrer derzeitigen Versicherung für einen leistungsstarken Tarif entschieden haben? Im Service-Teil dieses Ratgebers finden Sie ab S. 160 eine ausführliche Checkliste, um die Bedingungen eines Angebots oder Ihren Vertrag zu überprüfen. Dieser Fragenkatalog steht Ihnen auch zum kostenlosen Download unter test.de/formulare-beamte, dann auf „Download Heftartikel" klicken, zur Verfügung. Auch wenn es erst einmal mühsam erscheint: Es lohnt sich, wenn Sie sich vor Unterschrift des Vertrags die Zeit nehmen, diesen Katalog durchzugehen.

Wann waren Sie zuletzt krank?
Vor Abschluss der privaten Krankenversicherung stellt der Versicherer Ihnen Fragen zu Ihrem Gesundheitszustand. Beantworten Sie diese möglichst genau.

abgefragte Erkrankungen zu nennen, in der Hoffnung, auf die Art Beiträge zu sparen. Im Ernstfall kann es Sie den Versicherungsschutz kosten, wenn Sie falsche Angaben machen, ob absichtlich oder auch aus Versehen. Möglicherweise müssen Sie sogar erhaltene Leistungen zurückzahlen.

Beantworten Sie deshalb die Gesundheitsfragen möglichst genau und halten Sie gegebenenfalls Rücksprache mit Ihrem Arzt. Am besten füllen Sie den Fragebogen mit den Gesundheitsfragen selbst aus und lassen das nicht durch den Versicherungsvertreter oder -makler machen. Denn Sie selbst sind dafür verantwortlich, was in dem Bogen steht, und Sie sind es, der den Schutz im ungünstigen Fall verliert, wenn falsche Angaben gemacht wurden.

Wenn Sie Vorerkrankungen haben, müssen Sie mit Risikozuschlägen oder Leistungsausschlüssen rechnen. Das ist zwar ärgerlich, aber wenn Sie von Beginn an wissen, welche finanzielle Belastung auf Sie zukommt, können Sie besser planen und erleben keine böse Überraschung.

Anders als Angestellte und Selbstständige haben Sie als Beamte immerhin den Vorteil, dass es Versicherer gibt, die Sie trotz Vorerkrankungen nicht ablehnen und die den Risikozuschlag aufgrund von Vorerkrankungen auf maximal 30 Prozent begrenzen. Welche Versicherer sich an dieser sogenannten Öffnungsaktion des Verbandes der privaten Krankenversicherung beteiligen, können Sie im Internet nachlesen. Sie finden die Liste der Versicherer unter: beamte-in-der-pkv.de/private-versicherer-fuer-beamte.

Den Grundtarif ergänzen

Mit dem Beihilfegrundtarif sorgen Sie dafür, dass der Versicherer den fehlenden Teil der Gesundheitskosten übernimmt, wenn die Beihilfestelle den anderen Teil der Ausgaben zahlt. Wollen Sie mehr – etwa mehr finanzielle Unterstützung für Zahnersatz oder die Chefarztbehandlung im Krankenhaus, falls die Beihilfestelle keine Wahlleistungen übernimmt –, müssen Sie zusätzlich aktiv werden: Mit Beihilfeergänzungstarifen können Sie verbleibende Lücken im Schutz reduzieren oder sogar ganz schließen. Die Ergänzungstarife erstatten für tariflich festgelegte Leistungsbereiche Kosten, die Sie als versicherte Person selbst zahlen müssten, wenn die Beihilfestelle und der Beihilfegrundtarif nicht dafür aufkommen.

Unter diesen Ergänzungstarifen gibt es solche, die Restkosten nur für einen einzigen Leistungsbereich erstatten, etwa für zahntechnische Leistungen. Außerdem gibt es Rundum-Angebote, die für fast alle ambulanten und zahnärztlichen Leistungsbereiche einen Teil der Restkosten erstatten. So können Sie etwa Tarife abschließen, die die Restkosten für zahntechnische Leistungen, Sehhilfen und Heilpraktikerbehandlungen übernehmen. Eventuell bieten diese Tarife auch eine Auslandsreise-Krankenversicherung oder Tagegeld für ambulante und stationäre Kuren.

Wollen Sie als Beamter die Kosten für Wahlleistungen im Krankenhaus komplett privat absichern, können Sie diesen Schutz im Ausnahmefall auch über einen Beihilfeergänzungstarif bekommen. Die allermeisten Versicherungsgesellschaften bieten Ihnen hierfür jedoch eigene stationäre Wahlleistungstarife an, mit denen Sie Ihren Schutz aufbessern können, wenn der Dienstherr nur die Kosten für die allgemeinen Krankenhausleistungen erstattet und nicht für Chefarztbehandlung und Zweibettzimmer aufkommt.

Letztlich gilt also: Wünschen Sie sich einen möglichst allumfassenden Krankenversicherungsschutz, benötigen Sie neben dem Beihilfegrundtarif noch eine oder sogar zwei Ergänzungen.

Möglichst von Anfang an den kompletten Schutz planen

Lohnt es sich, einen Beihilfeergänzungstarif abzuschließen? Welche Leistungen soll er bieten, was brauche ich nicht? Auch wenn man zu Beginn der Berufslaufbahn vielleicht andere Fragen als dringlicher ansieht, empfiehlt es sich, wenn Sie sich von Beginn an Gedanken über die möglichen Zusatzleistungen machen. Denn Sie bekommen den Zusatzschutz nur bei dem Versicherer, bei dem Sie auch Ihren Beihilfegrundtarif haben – nur für den Beihilfe-Ergänzungstarif können Sie nicht zu einem anderen Krankenversicherer gehen.

Am besten, Sie schließen die Ergänzungstarife gleich bei der Verbeamtung zusammen mit dem Beihilfegrundtarif ab. Sie könnten es zwar auch später noch tun, doch wird der Schutz teurer, da Sie dann bei Vertragsabschluss schon älter sind. Hinzu kommt: Ob und wie viel Sie für die Ergänzungen zahlen müssen, kann der Versicherer davon abhängig machen, wie die (erneute) Gesundheitsprüfung ausgefallen ist. Haben Sie Vorerkrankungen, kann der Versicherer von Ihnen einen Risikozuschlag verlangen oder Ihnen den Ergänzungstarif sogar komplett verweigern. Das sollten Sie im Hinterkopf behalten, wenn Sie sich mit der Verbeamtung am liebsten noch nicht endgültig auf den zusätzlichen Schutz festlegen wollen.

Selbst wenn Sie den Zusatzvertrag noch nicht unterschreiben: Informieren Sie sich zumindest schon mal über die Zusatzangebote Ihres Versicherers: Nicht dass Sie sich in ein paar Jahren ärgern, wenn Sie feststellen, dass Ihr Versicherer gar keinen Ergänzungstarif im Angebot hat, der zu Ihrem persönlichen Bedarf passt.

Es erscheint bequem, ein Leistungspaket abzuschließen, aber vielleicht sichern Sie sich so mehr Leistungen, als Sie eigentlich brauchen.

Überlegen Sie sich vor Abschluss einer Ergänzung, welche Leistungen Sie wirklich benötigen und sich wünschen. Überlegen Sie zum Beispiel, ob Sie all die Leistungen, die der private Versicherer in einem „Rundum-Tarif" anbietet, tatsächlich haben wollen: Ist es überhaupt denkbar, dass Sie irgendwann zum Heilpraktiker gehen, sodass eine Zusatzabsicherung hier notwendig ist, oder können Sie darauf verzichten?

Es erscheint zwar bequem, alles im Paket zu haben, aber vielleicht sichern Sie sich so mehr Leistungen, als Sie eigentlich brauchen. Gibt es eventuell günstigere, besser auf Sie zugeschnittene Angebote? Nehmen Sie sich Zeit für die Auswahl.

Die Preise für den Zusatzschutz variieren je nach Anbieter. Das hat die letzte Untersuchung der Ergänzungstarife vor einigen Jahren gezeigt. Finanztest ermittelte damals eine deutliche Preisspanne – je nach Anbieter musste ein 35-Jähriger Modellkunde damals zwischen 3 und über 20 Euro im Monat für ein Paket aus ambulanten und zahnärztlichen Zusatzleistungen zahlen, für Einbettzimmer und Chefarztbehandlung im Krankenhaus zwischen 40 und 70 Euro monatlich. Auch wenn diese Daten nicht mehr ganz aktuell sind, zeigen sie, dass es sich in jedem Fall lohnt, mehrere Angebote zu vergleichen.

Wer kennt sich aus?

Eine private Krankenversicherung abzuschließen, ist eine Entscheidung fürs Leben. Später den Versicherer zu wechseln, ist mit enormen Kosten verbunden. Umso wichtiger ist es, dass Sie sich vor Vertragsabschluss über die Leistungen des Anbieters informieren, etwa zur Selbstbeteiligung oder zum Schutz bei Auslandsreisen. Eine Checkliste finden Sie in unserem „Versicherungs-Set", erhältlich unter test.de/shop.

Ausreichender Schutz auch im Ausland?

Bevor Sie Ihre Krankenversicherung – mit oder ohne Ergänzungstarif – abschließen, werfen Sie vorab unbedingt noch einen Blick in die Bedingungen für den Fall, dass Sie auf einer Auslandsreise erkranken. Die Schwierigkeit: In den Beihilferegelungen der Länder und des Bundes ist die Erstattung eines Auslandsrücktransportes im Zusammenhang mit privaten Reisen in der Regel nicht vorgesehen, in manchen Bundesländern ist auch zusätzlich die Erstattung von Heilkosten außerhalb Europas ausgeschlossen oder eingeschränkt.

Die privaten Beihilfetarife schließen Auslandsrücktransport auch nicht immer ein, Heilkosten außerhalb Europas werden aber zumindest für einen bestimmten Zeitraum übernommen. Aufgrund dieser Bedingungen ist ein zusätzlicher Auslandsschutz für Beamte nötig – immer für den Auslandsrücktransport, in Bundesländern ohne Kostenerstattung außerhalb Europas auch für diese Heilkosten empfehlenswert.

Dieser zusätzliche Auslandsschutz wird bei vielen Gesellschaften bereits von einem Beihilfeergänzungstarif geboten – meist neben weiteren Extraleistungen. Gibt es einen solchen Beihilfeergänzungstarif nicht oder sollen die weiteren Extraleistungen eines Beihilfeergänzungstarifes nicht mitbezahlt werden, empfiehlt sich auch für Beamte der Abschluss einer separaten Auslandsreise-Krankenversicherung.

Dieser Schutz ist nicht teuer. Sehr gute Verträge für Einzelreisende sind für weniger als 10 Euro Jahresbeitrag erhältlich, Familien können sich für weniger als 20 Euro Jahresbeitrag sehr gut versichern. Aktuelle Testergebnisse finden Sie im Internet unter test.de, Suchwort „Auslandsreise-Krankenversicherung".

Ihre Versicherung wird mit den Jahren teurer

Mit zunehmender Vertragsdauer steigen die Beiträge für die private Krankenversicherung an, da auch die Gesundheitskosten steigen. Das bekommen auch Sie als Beamte zu spüren, obwohl Sie anders als privat versicherte Selbstständige und Angestellte nur eine Teilabsicherung benötigen.

Bei Erreichen des Pensionsalters haben die allermeisten von Ihnen aber immerhin den Vorteil, dass Ihr Beihilfesatz steigt, sodass Sie nur noch einen geringeren Teil der Heilkosten privat absichern müssen. Bis es so weit ist, können die steigenden Beiträge aber das monatliche Budget belasten. Legen Sie dafür am besten schon in jungen Jahren Geld zurück.

Wollen Sie Ihre Beitragsbelastung reduzieren, ist ein Wechsel zu einem anderen Versicherer meist keine Lösung. Denn mit dem Anbieterwechsel sind in aller Regel höhere Beiträge verbunden, da Sie mit Ihrem höheren Alter einsteigen und die vom bisherigen Versicherer gebildeten Alterungsrückstellungen nur teilweise zum neuen

Anbieter übertragen können. Außerdem wird bei einem neuen Anbieter wieder eine Gesundheitsprüfung nötig. Sind Sie nicht mehr ganz gesund, zahlen Sie Risikozuschläge zum Beitrag.

Letztlich bleibt Ihnen oft nur, beim derzeitigen privaten Krankenversicherer etwas zu ändern. Überlegen Sie beispielsweise, ob Sie den Beihilfeergänzungstarif beibehalten oder darauf verzichten wollen, wenn Sie sich ursprünglich dafür entschieden haben. Vielleicht hat der Versicherer einen günstigeren Beihilfegrundtarif für Sie, sodass Sie Leistungen abspecken und auf diese Weise die Beiträge etwas reduzieren können.

Streit mit dem Versicherer

Neben der Beitragsentwicklung können weitere Gründe dazu führen, dass Sie mit Ihrem Versicherer unzufrieden sind, etwa, wenn er nicht zahlt, wenn Sie ihn brauchen. Auch dann ist ein Anbieterwechsel aufgrund der damit verbundenen Kosten im Regelfall keine günstige Lösung. Möglicherweise erhalten Sie auch gar keinen neuen Vertrag mehr, weil Sie inzwischen ernsthaft krank sind.

Kommt es zum Streit über Leistungen mit Ihrem Versicherer, ist die Empfehlung, dass Sie im ersten Schritt im direkten Gespräch mit dem Versicherer oder über Ihren Versicherungsvermittler selbst versuchen zu klären, warum er nicht oder weniger gezahlt hat, als Sie gehofft hatten. Oder Sie holen sich fachliche Unterstützung, etwa in einer Verbraucherzentrale oder beim Rechtsanwalt. Eine Klage gegen den Krankenversicherer wäre allerdings der letzte Schritt, den Sie gut überlegen sollten – schließlich weiß niemand, ob Sie am Ende tatsächlich recht bekommen.

Deutlich günstiger, weil kostenlos, ist es, wenn Sie sich zunächst an den Ombudsmann der privaten Krankenversicherung wenden. Schalten Sie die Schlichtungsstelle ein, ist es möglich, den Sachverhalt außergerichtlich zu klären.

→ Genaue Informationen zum Schlichtungsverfahren

Die Schlichtungsstelle tritt ein, wenn in dem Streitfall noch kein Gerichtsverfahren anhängig ist. Genaue Informationen zum Schlichtungsverfahren und dazu, wie das Verfahren abläuft und welche Unterlagen Sie einreichen müssen, finden Sie im Internet unter pkv-ombudsmann.de.

Beschwerden zu Versicherungen können Sie zudem bei der staatlichen Bundesanstalt für Finanzdienstleistungsaufsicht (Bafin) kostenlos schriftlich einreichen. Die Bafin holt dann eine Stellungnahme des Versicherungsunternehmens ein, um zu prüfen, ob das Unternehmen verbindliche gesetzliche Vorgaben und maßgebliche Urteile einhält. Mehr dazu finden Sie im Internet unter bafin.de, Rubrik Verbraucher, Stichwort: Beschwerden.

Krankenversicherung für die Familie

Nicht nur Sie selbst können von der Beihilfe profitieren – auch Ihre Kinder und je nach Einkommen Ihr Ehepartner. Worauf Sie für sich und Ihre Familie achten sollten.

Die Fürsorgepflicht des Dienstherrn gilt nicht nur gegenüber dem Beamten selbst, sondern auch gegenüber dessen Ehe- beziehungsweise eingetragenen Lebenspartner und den Kindern.

Verdient etwa die Ehefrau eines Beamten gar nichts oder wenig, kann sie beihilfeberechtigt sein. Jeder Dienstherr legt die Voraussetzungen selbst fest. Für Bundesbeamte sowie in Berlin, Bayern, Mecklenburg-Vorpommern und Sachsen-Anhalt gilt: Liegt das Bruttojahreseinkommen des Ehe- oder eingetragenen Lebenspartners bei höchstens 20 000 Euro, ist der Partner beihilfeberechtigt. Entscheidend sind die Einkünfte des vorletzten Kalenderjahres, bevor die Beihilfe beantragt wird. In Baden-Württemberg und Nordrhein-Westfalen gilt auch die Einkommensgrenze von 20 000 Euro.

In einigen Bundesländern ist die Einkommensgrenze niedriger, so etwa in Brandenburg und Rheinland-Pfalz (jeweils 17 000 Euro), Sachsen (18 000 Euro) oder Bremen (12 000 Euro). In Hessen ist das Doppelte des Grundfreibetrags maßgebend, das sind 2024 genau 23 208 Euro.

Allerdings: Selbst wenn der Partner mit seinem Einkommen unter der je nach Dienstherr geltenden Grenze bleibt, heißt das noch nicht automatisch, dass er tatsächlich von dieser finanziellen Unterstützung profitiert. Entscheidend ist, wie der Partner selbst versichert ist.

Beispiel: Sabine ist Mutter von zwei Kindern und arbeitet Teilzeit in einer Gärtnerei. Sie verdient 1 500 Euro im Monat. Sie heiratet Peter, einen Bundesbeamten. Mit ihrem Jahresverdienst von 18 000 Euro bleibt sie unter der Grenze von 20 000 Euro, doch sie ist aufgrund ihrer beruflichen Tätigkeit versicherungspflichtig in der gesetzlichen Krankenversicherung. Daran ändert sich auch nichts durch ihre Hochzeit.

Je nach Beihilferecht könnten gegebenenfalls noch ergänzende Beihilfeleistungen infrage kommen, doch das muss je nach Einzelfall geklärt werden.

Wäre Sabine hingegen nicht versicherungspflichtig in einer gesetzlichen Kasse, sondern privat krankenversichert, könnte sie einfacher vom Beihilfeanspruch profitieren, wie es die folgende Situation zeigt:

Beispiel: Hannah ist Ende 30 und hat sich in den vergangenen Jahren in der Marketing-Abteilung eines Großunternehmens etabliert. Sie verdient 75 000 Euro brutto im Jahr und ist seit zwei Jahren in der privaten Krankenversicherung. Nun heiratet sie Stefan, Beamter im Bundesinnenministerium. Nach der Geburt ihres Sohnes setzt Hannah für zwei Jahre im Job aus. In der Zeit bekommt sie monatlich 900 Euro Elterngeld Plus. Damit bleibt sie in dieser Phase unter der für den Beihilfeanspruch entscheidenden Grenze von 20 000 Euro pro Jahr und hat Anspruch auf die Beihilfeleistungen in Höhe von 70 Prozent. Ihre private Krankenversicherung kann sie entsprechend der Beihilfe reduzieren.

In dem Fall empfiehlt es sich, dass sie Kontakt zu ihrem Versicherer aufnimmt und der Schutz entsprechend angepasst wird. Der bisherige Schutz kann später wieder aufleben, wenn sie keinen Beihilfeanspruch mehr hat.

80 Prozent Beihilfe für die Kinder

Für Kinder besteht der Beihilfeanspruch dagegen unabhängig von ihrem Einkommen. Im Regelfall gilt für Sohn oder Tochter ein Beihilfesatz von 80 Prozent. Die Kinder haben grundsätzlich bis zur Volljährigkeit Anspruch auf Beihilfeleistungen. Der Anspruch kann aber durchaus darüber hinausgehen, solange die Kinder in der Ausbildung sind, längstens jedoch bis zum 25. Geburtstag.

Beginnen Kinder mit einer betrieblichen Ausbildung, werden sie selbst versicherungspflichtig in einer gesetzlichen Krankenkasse. Beginnen Kinder ein Studium, werden sie ebenfalls versicherungspflichtig in einer gesetzlichen Krankenkasse, doch von dieser Pflicht können sie sich zugunsten der privaten Krankenversicherung befreien lassen und weiterhin von den Beihilfeleistungen profitieren. Der Befreiungsantrag ist innerhalb von drei Monaten nach Beginn der Versicherungspflicht bei der Krankenkasse zu stellen.

Aber Achtung: Die Befreiung kann nicht widerrufen werden, deshalb sollte die Entscheidung gut überlegt sein. Denn an die Befreiung von der Versicherungspflicht sind Studenten bis zum Ende des Studiums gebunden. Endet der Anspruch auf Beihilfe vor Abschluss des Studiums, bleibt den Studierenden nur, sich ohne Beihilfeanspruch vollständig privat zu versichern. Das sollten angehende Studierende bei ihrer Entscheidung im Hinterkopf haben.

Extra für die Eltern

Solange Ihr Kind beihilfeberechtigt ist, können Sie als verbeamtete Eltern eventuell von einer weiteren Entlastung profitieren. Denn in der Regel erhöht sich bei zwei und mehr zu berücksichtigenden Kindern der Beihilfesatz von 50 auf 70 Prozent. Diese 70 Prozent stehen beispielsweise einer verbeamteten Mutter mit zwei Kindern in Bayern und Nordrhein-Westfalen zu. Ist zum Bei-

Wer kennt sich aus?

Sie würden Ihr Kind gerne beitragsfrei in einer gesetzlichen Kasse mitversichern, wissen aber nicht, ob Sie die Voraussetzungen dafür erfüllen? Dann sprechen Sie oder Ihr Partner – wenn er der gesetzlich Versicherte ist – die jeweilige Krankenkasse an. Dort erfahren Sie, ob die beitragsfreie Familienversicherung infrage kommt. Eine Übersicht zu den jeweiligen Leistungen der gesetzlichen und der privaten Krankenversicherung finden Sie unter test.de, Suche nach „gesetzlich oder privat Krankenversicherung".

spiel der Ehepartner oder die eingetragene Lebenspartnerin ebenfalls verbeamtet, müssen die Elternteile entscheiden, wer von den zusätzlichen Beihilfeprozenten profitiert.

Die Kinder gesetzlich oder privat absichern?

Für die vollständige Absicherung der Kinder ist neben der Beihilfe ebenfalls eine Krankenversicherung notwendig. Je nach Familiensituation, Beruf des Partners und Einkommen stellt sich nun eventuell die Frage: Welche Krankenversicherung soll für den Sohn oder für die Tochter gewählt werden, die gesetzliche oder die private?

Am einfachsten ist die Antwort, wenn beide Elternteile privat krankenversichert sind, denn dann kommt für den Nachwuchs nur eine private Krankenversicherung infrage. Wenn mindestens ein Elternteil beihilfeberechtigt ist, müssen Sie nur für die fehlenden Prozente zum Schutz Ihrer Kinder eine Restkostenversicherung abschließen.

Ist ein Elternteil privat und der andere gesetzlich krankenversichert, ist die Entscheidung nicht so eindeutig. Zunächst ist zu unterscheiden, ob die Eltern verheiratet sind oder nicht:

- **Die Eltern sind verheiratet:** Angenommen, der Beamte ist bei einem privaten Versicherer, der Ehepartner als Angestellter in einer gesetzlichen Kasse. Dann haben die Eltern eventuell die Möglichkeit, sich für den Nachwuchs für die beitragsfreie Familienversicherung in der gesetzlichen Kasse zu entscheiden. Die beitragsfreie Familienversicherung in einer gesetzlichen Kasse kommt infrage, wenn der privat versicherte Partner weniger als der gesetzlich Versicherte verdient oder wenn er zwar mehr als der Partner verdient, aber mit seinem Bruttoeinkommen unterhalb der Versicherungspflichtgrenze bleibt. Diese liegt bei 69 300 Euro im Jahr 2024.

- **Die Eltern sind nicht verheiratet:** Der Nachwuchs kann unabhängig von der Höhe des Einkommens beider Elternteile beitragsfrei bei dem gesetzlich versicherten Elternteil versichert werden, egal ob Vater oder Mutter.

Haben Sie sich als Beamter für die gesetzliche Krankenversicherung entschieden und ist auch Ihr Partner gesetzlich versichert, ist die Antwort hingegen wieder einfach: Dann können Sie Ihre Kinder in einer der Kassen der Eltern mitversichern.

Mehr dazu, ob und wann die gesetzliche Krankenversicherung für Beamte eine Lösung sein kann, lesen Sie unter „Die Beihilfe ergänzen", S. 44.

Kind zeitnah versichern

Um die Krankenversicherung für Ihr Kind sollten Sie sich am besten zeitnah nach der Geburt kümmern. Der Schutz gilt dann rückwirkend vom Zeitpunkt der Geburt an.

Je früher Sie Ihr Kind versichern, desto eher haben Sie Klarheit darüber, welche Leistungen Ihnen und Ihrem Nachwuchs zustehen und wie viel Sie dafür zahlen müssen. Und Sie können – falls Sie die private Versicherung wählen – schneller die Arztrechnungen erstattet bekommen.

Sind Sie zunächst unsicher, wie Sie Ihr Kind versichern wollen, sollten Sie die Frist von zwei Monaten im Hinterkopf haben: Bis dahin haben Eltern in der privaten Krankenversicherung ein Recht auf Nachversicherung. Das bedeutet, dass Ihr Kind ohne eventuelle Risikozuschläge oder Leistungsausschlüsse bei dem privaten Versicherer Schutz bekommen kann, bei dem auch ein Elternteil versichert ist. Der Schutz für die Kinder darf allerdings nicht über den der Eltern hinausgehen.

Sollten Sie es tatsächlich nicht schaffen, innerhalb dieser zwei Monate für eine private Krankenversicherung zu sorgen, darf der Versicherer vor Vertragsabschluss doch Gesundheitsfragen stellen – mögliche Vorerkrankungen können den monatlichen Beitrag für das Kind dann in die Höhe treiben.

→ Schutz fürs Ausland

Entscheiden Sie sich, Ihr Kind in einer gesetzlichen Krankenkasse anzumelden, ergänzen Sie den Schutz unbedingt um eine private Auslandsreise-Krankenversicherung, wenn Sie eine Auslandsreise planen (siehe „Zusatzschutz fürs Ausland", S. 45). Ist der Nachwuchs privat versichert, klären Sie, ob und unter welchen Bedingungen der Versicherer für den Rücktransport aus dem Ausland aufkommt. Fehlt der Schutz im Beihilfetarif, empfiehlt sich ebenfalls der zusätzliche Abschluss einer Auslandsreise-Krankenversicherung oder eines Beihilfeergänzungstarifs mit entsprechenden Auslandsleistungen.

Pension – die sichere Basis

Ob im Alter, bei Dienstunfähigkeit oder im Todesfall: Sie und Ihre Familie haben Versorgungsansprüche, deren Höhe individuell ermittelt wird. Gerade, wenn Sie Ihr ganzes Berufsleben durchgängig verbeamtet gearbeitet haben, können sich die Ansprüche sehen lassen. Auszeiten, Teilzeit oder vorzeitiges Ausscheiden drücken sie.

Ein Blick in die Daten des Statistischen Bundesamtes sieht vielversprechend aus: Durchschnittlich erhalten ehemalige Beamte ein Ruhegehalt, im allgemeinen Sprachgebrauch eher als „Pension" bekannt, von 3170 Euro brutto im Monat (siehe „30 Sekunden Fakten", S. 60).

Doch Pension ist nicht gleich Pension – allein schon zwischen Männern und Frauen zeigt sich ein deutlicher Unterschied: Im Schnitt liegen die Versorgungsleistungen von Männern knapp 500 Euro im Monat über denen der Frauen. Weitere Unterschiede ergeben sich zum Beispiel danach, wie hoch die Bezüge der Beamten während ihrer aktiven Dienstzeit waren.

Für alle Beamten gleich ist jedoch, dass das Ruhegehalt bei höchstens 71,75 Prozent des, vereinfacht gesagt, Einkommens zum Ende der Dienstzeit liegen darf. Die Stiftung Warentest empfiehlt zum Thema Altersvorsorge, dass für die Absicherung im Ruhestand etwa 80 Prozent des letzten Nettoeinkommens zur Verfügung stehen sollten, damit Sie Ihren bisherigen Lebensstandard halten können. Dementsprechend ergibt

30
SEKUNDEN FAKTEN

1,4 MIO.

Pensionärinnen und Pensionäre des Öffentlichen Dienstes gab es am 1. Januar 2022. Das waren 1,4 Prozent mehr als im Jahr davor. Die Ausgaben für die Ruhegehälter beliefen sich 2021 auf 52,5 Milliarden Euro.

3170 €

brutto im Monat wurden zum 1. Januar 2022 im Schnitt als Ruhegehalt bezahlt. Dabei lagen die Bezüge der Männer mit 3320 Euro brutto deutlich über den durchschnittlichen Bezügen der Frauen in Höhe von 2840 Euro.

68 %

So hoch war der Ruhegehaltssatz bei Bundesbeamten.

Quelle: Statistisches Bundesamt, Bundesinnenministerium

sich eine Versorgungslücke, wenn Sie im Alter allein auf Ihre Pension bauen – private Vorsorge ist also auch für Sie wichtig (siehe „Vorsorgen für später – Geld anlegen“, S. 83).

Die finanzielle Lücke im Ruhestand kann umso größer sein, wenn Sie vorzeitig aus dem Dienst ausscheiden, oder etwa, wenn Sie in Ihrer Laufbahn längere Teilzeitphasen hatten. Trotzdem bildet die Pension im Normalfall die sichere finanzielle Grundlage für Ihren Ruhestand. Es gibt Überlegungen von Rentenexperten, neue Beamte künftig in die gesetzliche Rentenversicherung aufzunehmen. Dafür gibt es in Deutschland aber bislang keine politischen Mehrheiten.

→ Wie wir formulieren!

Auf den folgenden Seiten informieren wir über die Absicherung im Alter. Dabei verwenden wir aufgrund der besseren Lesbarkeit meist die umgangssprachlich gebräuchlichen Begriffe Pension, Pensionshöhe oder Pensionssatz, hier und da auch „Versorgungsbezüge“. In den Gesetzen und Verordnungen rund um die Beamtenversorgung wird hingegen der Begriff „Ruhegehalt“ verwendet, ebenso „Ruhegehaltssatz“ oder „Ruhegehaltshöhe“. Auf diese Begriffe werden Sie stoßen, wenn Sie sich in die jeweiligen Gesetzestexte und Verordnungen einlesen.

Abgesichert im Alter

Wie hoch wird die Pension ausfallen? Die zwei entscheidenden Faktoren sind Ihre ruhegehaltsfähigen Bezüge und Ihre Dienstjahre. Grund genug, sich beide Werte genauer anzusehen.

Das Prinzip hinter der Berechnung der Pensionshöhe erscheint gar nicht so kompliziert: Sie haben zum Beispiel 40 Jahre lang als Beamter gearbeitet, kommen zum Ende Ihrer Laufbahn auf Bezüge von 5 000 Euro brutto im Monat. Ihre Pension darf dann bei höchstens 3 587,50 Euro brutto im Monat liegen. Das sind 71,75 Prozent Ihrer letzten Bezüge.

Diese Obergrenze von knapp 72 Prozent gilt bundesweit für die Beamten – ganz gleich, ob sie etwa in Diensten des Bundes oder eines Bundeslandes stehen.

Schaut man sich die einzelnen Faktoren dieser Berechnung etwas genauer an, wird es meist doch etwas komplizierter. Denn längst nicht jeder Beamte kommt auf 40 Dienstjahre und damit auf einen Pensionssatz von 71,75 Prozent, sondern auf einen Wert darunter.

Wie kommt dieser zustande? Und wie steht es mit der Höhe der Bezüge zum Ende der Laufbahn: Was zählt dazu, was nicht?

Auf den folgenden Seiten stellen wir die Formel, mit der die Höhe der Pension berechnet wird, genauer vor. Wir zeigen zudem, was zum Beispiel passiert, wenn jemand nicht über die gesamte Laufbahn Vollzeit gearbeitet hat, sondern zwischenzeitlich nur Teilzeit. Und auch die Frage, wie die Rechnung aussieht, wenn jemand nicht sein ganzes Leben lang verbeamtet war, sondern Wechsel in seiner beruflichen Karriere hatte, greifen wir auf.

Die Formel für Ihre Pension

Grundsätzlich gilt: Für die Höhe Ihrer Pension sind die Faktoren Dienstzeit und Einkommen entscheidend:

- **Einkommen:** Wie hoch ist Ihr Einkommen zum Ende der Dienstzeit? Die Bezüge, die als Grundlage für die Berechnung der Pension dienen, werden auch als „ruhegehaltsfähige Dienstbezüge“ bezeichnet.
- **Dienstzeit:** Auf wie viele Dienstjahre kommen Sie bis zur Pension? Mit anderen Worten: Wie lang ist Ihre „Ruhegehaltsfähige Dienstzeit“? Jedes dieser Dienstjahre wird mit dem Faktor 1,79375 multipliziert, sodass sich Ihr persönlicher Pensions- beziehungsweise Ruhegehaltssatz ergibt. Im besten Fall kommen Sie auf 40 Dienstjahre und damit auf den höchstmöglichen Pensionssatz von 71,75 Prozent.

3 BESONDERHEITEN

Alimentation. Im Grundgesetz ist verankert, dass der Dienstherr dafür sorgen muss, dass der Beamte im aktiven Dienst und im Alter eine angemessene Versorgung erhält. Die Alimentation umfasst auch die Versorgung der Hinterbliebenen. Sie wird aus Steuermitteln finanziert.

Gesamtvorsorge: Beamte haben keinen Anspruch auf betriebliche Altersvorsorge. Ihre Pension muss – anders als bei Arbeitnehmern – also die gesetzliche und die betriebliche Vorsorge abdecken.

Berechnung: Die Höhe der Pension richtet sich, anders als die Höhe der Ansprüche auf eine gesetzliche Rente, nicht danach, wie hoch das Einkommen in den einzelnen Jahren der Berufstätigkeit war. Entscheidend ist das Einkommen zum Ende der Dienstzeit. Wichtig ist außerdem, auf wie viele zu berücksichtigende Dienstjahre Sie kommen.

▸ **Berechnung:** Wenn Sie nun die ruhegehaltsfähigen Dienstbezüge mit Ihrer ruhegehaltsfähigen Dienstzeit und mit dem Faktor 1,79375 multiplizieren, erhalten Sie die Höhe Ihrer Pension. Bezogen auf das Beispiel von oben heißt das: Wenn Sie zuletzt Bezüge von 5000 Euro monatlich hatten und 40 Dienstjahre vorweisen können, stehen Ihnen 71,75 Prozent (40 x 1,79375 Prozent) von 5000 Euro als Pension zu, das wären 3587,50 Euro.

Die Rechnung im Detail

Mit diesen drei Faktoren können Sie grundsätzlich Ihr Ruhegehalt berechnen für den Fall, dass Sie pünktlich, das heißt mit Erreichen der sogenannten Regelaltersgrenze in Pension gehen. Wollen Sie vorzeitig aus dem Dienst ausscheiden, muss die Rechenformel um einen weiteren Faktor ergänzt werden: Für das vorzeitige Ausscheiden müssen Sie meist Abschläge von Ihrer Pension hinnehmen – 0,3 Prozent für jeden Monat der vorzeitigen Auszahlung.

Diese Abschläge ähneln denen in der gesetzlichen Rentenversicherung. Denn auch für Beamte gibt es eine feste Altersgrenze, zu der die Pensionierung vorgesehen ist. Grundsätzlich ist es so, dass für Beamte wie für Angestellte, die in die gesetzliche Rentenversicherung einzahlen, die Regelaltersgrenze derzeit je nach Geburtsjahr schrittweise von ehemals 65 Jahren auf 67 Jahre steigt (siehe Tabellen im Kapitel „Ruhestand in Sicht“, S. 141, S. 145). Von dieser Altersgrenze gibt es allerdings Abweichungen. So gilt beispielsweise für Lehrer in einzelnen Bundesländern, dass sie regulär erst zum Halbjahr oder Schuljahresende nach Erreichen des Regelalters aus dem Dienst ausscheiden dürfen. Demnach muss also etwa eine Lehrerin, die im April die Altersgrenze erreicht, bis Ende Juli weiterarbeiten, wenn sie Pensionsabschläge umgehen will.

Besondere Altersgrenzen gibt es außerdem für bestimmte Berufsgruppen, etwa für Polizei- oder Justizvollzugsbeamte. Galt für sie je nach Bundesland zum Beispiel lange Zeit 60 als reguläre Altersgrenze, ist diese mittlerweile ebenfalls schrittweise oft auf 62 Jahre gestiegen.

Wer vor seiner persönlichen Altersgrenze in den Ruhestand gehen will, muss je nach dem für ihn geltenden Versorgungsgesetz Abschläge einkalkulieren. Doch es gibt weiter Ausnahmen, von denen je nach Dienstherr Beamte mit langer Dienstzeit profitieren können. So heißt es etwa für Bundesbeamte sowie für die Beamten in Nordrhein-Westfalen und Baden-Württemberg: Trotz Anhebung der Regelaltersgrenze können sie weiterhin im Alter von 65 Jahren ohne Abschläge in Pension gehen, wenn sie bis zu ihrem 65. Geburtstag eine ruhegehaltsfähige Dienstzeit von 45 Jahren vorweisen können.

Wer sich die Frühpensionierung wünscht und nicht abschlagsfrei vorzeitig den Dienst quittieren kann, dem werden für jeden Monat der vorgezogenen Pension dauerhaft 0,3 Prozent abgezogen.

Beispiel: Brigitte war Bundesbeamtin und wurde im Februar 1958 geboren. Die reguläre Altersgrenze liegt für sie bei 66 Jahren und neun Monaten. Sie dürfte damit zum 30. November 2023 aus dem Dienst ausscheiden und von Dezember 2023 an ihre Pension beziehen. Sie hat sich allerdings entschieden, schon direkt nach ihrem 63. Geburtstag in den Ruhestand zu gehen – also drei Jahre früher als per Gesetz vorgesehen. Für diese 36 Monate werden ihr jeweils 0,3 Prozent von Ihrer Pension abgezogen – insgesamt 10,8 Prozent. So wurden aus ihren eigentlichen Pensionsansprüchen von 3400 Euro 3033 Euro brutto.

Mehr im Alter dank Zuschlägen

Je nach persönlicher Situation kommen zu Ihrer auf Basis der Dienstzeit und des Einkommens ermittelten Pension Zuschläge hinzu, zum Beispiel für Ihre Kinder. Haben Sie im Pensionsalter Kinder, für die noch Kindergeld fließt, haben Sie wie aktiv im Dienst stehende Beamte Anspruch auf den Kinderzuschlag. Ein weiteres Extra wäre der sogenannte Kindererziehungszuschlag für ein ab 1992 geborenes Kind. Dieser beläuft sich – entsprechend der gesetzlichen Rentenversicherung – auf bis zu drei Entgeltpunkte. Das waren 2023 knapp 113 Euro. Ein Pflegezuschlag steht Ihnen zu, wenn Sie einen Angehörigen nicht erwerbsmäßig für mindestens 14 Stunden die Woche pflegen.

Wichtiger Unterschied: Den Kinderzuschlag erhalten Sie unabhängig von der Höhe Ihrer Pension. Den Kindererziehungs- oder auch den Pflegezuschlag erhalten Sie nur, wenn Ihre Pension nicht den höchstmöglichen Satz von 71,75 Prozent erreicht.

Die drei Faktoren im Überblick

Wie genau ergeben sich nun die einzelnen Faktoren für Ihre persönliche Pension?

Am Faktor 1,79375 für jedes ruhegehaltsfähige Dienstjahr ist nichts zu rütteln – zumindest nicht, wenn Sie ab 1992 verbeamtet wurden. Dieser Faktor je Dienstjahr ist gesetzlich festgeschrieben. Durch ihn steht fest, dass die Pension derzeit nicht mehr als 71,75 Prozent der letzten Dienstbezüge betragen darf, weil höchstens 40 Jahre Dienstzeit berücksichtigt werden dürfen.

Eine Ausnahme kann allerdings für ältere Beamte gelten. Wurden Sie bereits vor 1992 verbeamtet, kann es sein, dass Ihre Versorgungsansprüche auf einem anderen Weg berechnet werden: Bis einschließlich 1991 wurde nicht für jedes Dienstjahr derselbe Pensionssatz zugrunde gelegt, sondern er fiel im Laufe der Dienstzeit ab. Deshalb kann es sein, dass es für pensionsnahe Jahrgänge günstiger ist, wenn die alte und die neue Berechnungsform gemischt werden – für die Dienstjahre bis 1991 gilt in dem Fall die alte Berechnung, für die Dienstjahre danach die neue Berechnung.

Die für die Ermittlung Ihres Ruhegehalts zuständige Stelle ist dazu verpflichtet, im Zuge einer Günstigerprüfung zu ermitteln, wie für Sie der größtmögliche Pensionssatz herauskommt. Doch auch wenn Sie vor 1992 verbeamtet wurden, darf der Pensionssatz nicht über 71,75 Prozent liegen.

Die ruhegehaltsfähigen Dienstbezüge

Der zweite Faktor, der die Höhe Ihrer Pension bestimmt, sind die ruhegehaltsfähigen Dienstbezüge. Dieser Wert setzt sich zusam-

---

Den Kindererziehungszuschlag können Beamtinnen und Beamte bekommen, denen die Kindererziehungszeit für ein Kind zuzuordnen ist. Geben die Eltern keine andere übereinstimmende Erklärung ab, wird die Zeit automatisch der Mutter zugeschrieben. Übernimmt aber beispielsweise der angestellt beschäftigte Partner der verbeamteten Mutter überwiegend die Erziehung, wird ihm für sein Rentenkonto die Kindererziehungszeit gutgeschrieben. Dadurch steigen seine Rentenansprüche. In dem Fall erhält die verbeamtete Mutter keinen Kindererziehungszuschlag.

men aus dem Grundgehalt, das Ihnen je nach Besoldungsgruppe und Erfahrungsstufe zusteht, sowie aus dem sogenannten Familienzuschlag der Stufe 1 und aus möglichen weiteren ruhegehaltsfähigen Zulagen. Das kann zum Beispiel eine Amtszulage sein, die Sie als stellvertretender Schul- oder Amtsleiter bekommen. Auch wenn Sie Sonderzahlungen wie Weihnachts- oder Urlaubsgeld erhalten, das auf die einzelnen Monate des Jahres umgelegt wird, zählt das zu den Dienstbezügen, die für die Pension berücksichtigt werden. Wird diese Sonderzahlung hingegen nur einmal jährlich geleistet wie etwa in Bayern, zählt sie nicht zu den zu berücksichtigenden Bezügen. Außen vor ist immer der Familienzuschlag der Stufe 2, den Sie je nach familiärer Situation eventuell erhalten.

Wurden Sie weniger als zwei Jahre vor der Pensionierung in eine höhere Besoldungsgruppe versetzt , wird Ihr Ruhegehalt anhand der Bezüge des vorherigen Amtes ermittelt. Achtung: Das gilt nur für die Besoldungsgruppe, nicht für die Erfahrungsstufe, nach der Sie zuletzt Ihre Bezüge erhalten haben. Bei Letzterer kommt es nicht auf die Zweijahresfrist an. Selbst wenn Sie erst kurz vor der Pensionierung eine höhere Stufe erreicht haben, sind die letzten Bezüge entscheidend. Die erste Pension wird anhand der aktuellen Besoldungswerte gezahlt. Steigen im Laufe der Zeit die Bezüge für die aktiv im Dienst stehenden Beamten, steigen auch die Ruhegehälter an.

Wer kennt sich aus?

Sie möchten gerne wissen, wie Ihre Pensionsansprüche bisher aussehen, wann Sie in Pension gehen können und wie hoch Ihr Pensionssatz sein wird? Wenn Sie eine persönliche Beratung wünschen, und Mitglied im Deutschen Beamtenbund oder etwa in der GEW sind, nutzen Sie dortige Beratungsangebote. Im Zweifel, etwa wenn es um die Anrechnung von Vordienstzeiten geht, bleibt noch die Möglichkeit, sich Rat bei einem Fachanwalt für Beamtenversorgungsrecht zu holen. Viele grundlegende Informationen und Merkblätter finden Sie bei den für Ihre Versorgungsbezüge zuständigen Stellen.

Zum Schluss in Teilzeit

Keine Angst: Arbeiten Sie zum Ende Ihrer Dienstzeit Teilzeit, müssen Sie nicht fürchten, dass Sie deshalb nur eine deutlich niedrigere Pension erhalten, weil Ihr letztes Monatseinkommen so niedrig war. Es zählt das Einkommen, das für eine Vollzeitstelle gezahlt würde. Ihre Teilzeittätigkeit wirkt sich somit für die Pension nicht beim Punkt „Höhe der Dienstbezüge“ aus. Sie macht sich jedoch beim Rechenfaktor „ruhegehaltsfähige Dienstzeit“ bemerkbar.

Die ruhegehaltsfähige Dienstzeit

Gerade wenn es darum geht, die Anzahl der ruhegehaltsfähigen Dienstjahre zu ermitteln, kann es kompliziert werden. Am problemlosesten klappt es, wenn jemand sein ganzes Berufsleben nur Beamter war und immer Vollzeit gearbeitet hat. Dann ist die Sache klar – jedes Kalenderjahr zählt voll mit. Eine solche geradlinige Laufbahn hat aber längst nicht jeder. Besonderheiten ergeben sich zum Beispiel, wenn

- Sie zwischenzeitlich Teilzeit arbeiten: Dann zählen diese Berufsphasen auch nur anteilig für Ihre ruhegehaltsfähige Dienstzeit mit. Wer etwa zehn Jahre lang halbtags arbeitet, kommt aus diesen zehn Arbeitsjahren auf fünf ruhegehaltsfähige Dienstjahre.
- Sie vor der Zeit als Beamter angestellt beschäftigt oder selbstständig waren: Hier kommt es zum Beispiel darauf an, ob Sie im Öffentlichen Dienst oder in der privaten Wirtschaft tätig waren. Der Haken: Es wird zwischen Muss-, Soll- und Kann-Zeiten entschieden. Nicht alle werden automatisch bei der Ermittlung der Dienstzeit berücksichtigt.
- Sie zwischenzeitlich in Elternzeit waren: Wurde Ihr Kind 1992 oder später geboren und haben Sie daraufhin komplett im Job ausgesetzt, bleibt diese Phase außen vor, wenn Ihre ruhegehaltsfähigen Dienstjahre ermittelt werden. Dafür erhalten Sie dann im Alter einen Kinderzuschlag zu Ihrer Pension. Wurde Ihr Kind bis 1991 geboren, erhalten Sie je Kind ein halbes Jahr Dienstzeit gutgeschrieben. Bei dieser Regelung ist es übrigens auch geblieben, obwohl es Bemühungen gab, sie analog zur Neuregelung der „Mütterrente" ebenfalls anheben zu lassen. Mütterrente bedeutet, dass die Erziehung von bis 1991 geborenen Kindern bei der gesetzlichen Rente besser honoriert wird. Diese Änderung wurde allerdings – außer in Bayern, Sachsen und im Bund – nicht auf die Beamtenversorgung übertragen.

Die Zeiten im Überblick – Muss, Soll, Kann

Manche Zeiten sind auf jeden Fall dabei, wenn es um die Ermittlung der ruhegehaltsfähigen Dienstjahre geht. Das sind die sogenannten Muss-Zeiten. Etwas anders ist es bei den Soll- und den Kann-Zeiten.

- **Muss-Zeiten:** Dazu zählen die Jahre ab der Verbeamtung – ganz gleich, ob Sie als Beamter auf Probe, auf Widerruf, auf Lebenszeit oder für eine bestimmte Zeit berufen wurden. Wer also zum Beispiel direkt nach dem Studium verbeamtet wird und es bis zur Pensionierung bleibt, bekommt die gesamte Phase gutgeschrieben. Phasen, in denen Sie Teilzeit arbeiten, werden allerdings nur anteilig gutgeschrieben.
  Zu den Muss-Zeiten zählen außerdem Kindererziehungszeiten, wenn Sohn oder Tochter vor 1992 geboren wurden.

In dem Fall zählen je Kind sechs Monate, von Ausnahmen wie im Bund abgesehen. Weitere Muss-Zeiten sind der Wehr-, Zivil- und Polizeivollzugsdienst. Im Fall einer Dienstunfähigkeit ist die sogenannte Zurechnungszeit ebenfalls eine Muss-Zeit (siehe „Versorgungsansprüche bei Dienstunfähigkeit", S. 74).

- **Soll-Zeiten:** Waren Sie vor Ihrer Verbeamtung als Angestellter im Öffentlichen Dienst tätig, sollen diese Zeiten nach Vollendung des 17. Lebensjahrs berücksichtigt werden, wenn Ihre ruhegehaltsfähige Dienstzeit ermittelt wird. Voraussetzung dafür ist, dass Ihre Angestelltentätigkeit zur Verbeamtung geführt hat, wenn also ein sachlicher und zeitlicher Zusammenhang zwischen der Tätigkeit als Angestellter und der Verbeamtung besteht. Wer also etwa zuerst sechs Jahre in der Kommunalverwaltung angestellt beschäftigt war und danach verbeamtet wird, kann sich im Normalfall recht sicher sein, dass diese ersten sechs Jahre angerechnet werden. Je nach Bundesland besteht damit zum Teil die Möglichkeit, dass diese Soll-Zeiten sogar doppelt berücksichtigt werden – als ruhegehaltsfähige Dienstzeit für die Pension und als Versicherungszeit in der gesetzlichen Rentenversicherung. Dadurch kann letztlich neben der Pension zusätzlich ein Anspruch auf eine gesetzliche Rente entstehen. Ausnahme ist hier derzeit das Land Baden-Württemberg, das für alle, die seit 2011 verbeamtet wurden oder noch werden, eine strikte Trennung der Alterssicherungssysteme Rente und Pension vorsieht (siehe Interview „Pension – eine Frage der Zeiten", S. 72).
- **Kann-Zeiten:** Waren Sie vor Ihrer Verbeamtung nicht im Öffentlichen Dienst angestellt beschäftigt, sondern in der freien Wirtschaft oder selbstständig tätig, kann diese Phase ebenfalls auf die ruhegehaltsfähige Dienstzeit angerechnet werden, doch das ist längst nicht immer der Fall. Solche Vordienstzeiten können berücksichtigt werden, wenn sie für die spätere Verbeamtung als „förderlich" gelten. Die genauen Formulierungen können sich je nach Landesversorgungsgesetz unterscheiden. Das Bayerische Landesbeamtenversorgungsgesetz nennt als Kann-Zeiten unter anderem die Zeiten, in denen ein Beamter hauptberuflich „auf wissenschaftlichem, künstlerischem, technischem oder wirtschaftlichem Gebiet besondere Fachkenntnisse erworben hat, die die notwendige Voraussetzung für die Wahrnehmung des Amtes bilden". Doch welche Berufsphasen zählen dazu? Es liegt im Ermessen des Dienstherrn, darüber zu entscheiden – einen Rechtsanspruch haben Sie darauf nicht. Oftmals ist es so, dass diese Vordienstjahre nur anerkannt werden, wenn sie zu keinem Anspruch auf eine gesetzli-

Besondere Berufserfahrung
Direkt in den Öffentlichen Dienst oder erst in die freie Wirtschaft? Berufliche Phasen vor der Verbeamtung können für die Pension zählen.

che Rente oder eine Rente aus einem berufsständischen Versorgungswerk geführt haben. Wer beispielsweise vor der Verbeamtung drei Jahre als angestellter Betriebswirt in einem Unternehmen tätig war, hätte in dem Fall bessere Chancen auf die Anerkennung dieser Zeit als jemand, der länger, also fünf oder mehr Jahre im Unternehmen beschäftigt war. Denn bei mindestens fünf Jahren in der freien Wirtschaft hätte er Anspruch auf eine gesetzliche Altersrente erworben. Zu den Kann-Zeiten zählen darüber hinaus die Phasen Ihrer Ausbildung, sofern sie für die Beamtenlaufbahn förderlich sind, zum Beispiel Ihr Studium oder eine praktische Ausbildung, wenn Sie diese Kenntnisse etwa für Ihre Tätigkeit im Polizei- oder Feuerwehrdienst nutzen können. Allerdings zählen diese Ausbildungszeiten im Normalfall nicht voll mit. So gilt etwa für die Bundesbeamten und für viele Landesbeamte, dass ein Hochschulstudium mit bis zu 2 Jahren und 125 Tagen, also höchstens mit 2 1/3 Jahren berücksichtigt wird.

▸ **Das zählt nicht mit:** Waren berufliche Phasen nicht förderlich für die Tätigkeit als Beamter – zum Beispiel eine Ausbildung zur Schneiderin vor dem Medizinstudium und einer nachfolgenden Tätigkeit als Ärztin im Gesundheitsamt –, bleiben sie bei der ruhegehaltsfähigen Dienstzeit außen vor. Das gilt ebenfalls für Phasen, in denen Sie als Beamter ohne Dienstbezüge beurlaubt waren, sowie für Dienstzeiten, die Sie vor dem 17. Geburtstag zurückgelegt haben. Zeiten, die Sie vor der Wiedervereinigung am 3. Oktober 1990 in den östlichen Bundesländern zurückgelegt haben, zählen nicht mit für die Dienstzeit, sofern sich aus diesen Zeiten ein Anspruch auf eine gesetzliche Rente ergibt.

Die ruhegehaltsfähige Dienstzeit berechnen

Was die Unterteilung in Muss-, Soll- und Kann-Zeiten für den Pensionsanspruch bedeutet, zeigen die zwei folgenden Musterkarrieren:

Beispiel: Jana wurde im Juni 1979 geboren.

- 1998: Sie macht Abitur.
- 1998/1999: Sie beginnt eine Ausbildung zur Krankenschwester, doch diese bricht sie nach einem Jahr ab.
- 1999–2004: Sie studiert auf Lehramt.
- 2004–2006: Sie absolviert ihr Referendariat.
- 2006–2009: Nach ihrer Verbeamtung auf Lebenszeit arbeitet sie drei Jahre Vollzeit als Lehrerin.
- 2009–2010: Im Sommer 2009 bekommt sie eine Tochter und setzt bis Mitte 2010 im Schuldienst aus.
- 2010–2016: Jana arbeitet halbtags wieder an ihrer alten Schule.
- 2016–2042: Sie arbeitet wieder Vollzeit.
- 2042: Im Alter von 63 Jahren geht Jana auf Antrag vorzeitig in Pension.

Für ihr Dienstzeitkonto heißt das:

- Das Jahr ihrer Krankenschwesterausbildung ist keine für den Beamtendienst förderliche Zeit und zählt nicht für ihre Pensionsansprüche mit.
- Für ihr Studium werden ihr zwei Jahre und 125 Tage Dienstzeit gutgeschrieben.
- Das Referendariat, also ihre Zeit als Beamtin auf Widerruf, zählt voll mit zwei Jahren mit.
- Die drei ersten Berufsjahre bis zur Geburt ihres Kindes zählen voll.
- Das Jahr Elternzeit bleibt außen vor, da ihr Kind nach 1992 geboren wurde. Sie wird dafür einen Kindererziehungszuschlag auf ihre Pension bekommen. Dieser beträgt nach derzeitigem Stand knapp 113 Euro im Monat.
- Für die sechs Jahre mit Halbtagsstelle werden ihr drei Jahre ruhegehaltsfähige Dienstzeit anerkannt.
- Nachdem sie wieder auf eine Vollzeitstelle aufgestockt hat, arbeitet sie noch 26 Jahre. Diese zählen voll mit.

Aus diesen einzelnen Abschnitten ihrer Berufslaufbahn ergibt sich, dass Jana auf 36 Jahre und 125 Tage ruhegehaltsfähige Dienstzeit kommt – also 36,34 Jahre. Dieser Wert wird mit dem Faktor 1,79375 multipliziert, sodass sich für Jana ein Ruhegehaltssatz von 65,18 Prozent ergibt. Angenommen, sie hat zum Ende ihrer Dienstzeit ein ruhegehaltsfähiges Einkommen von 6200 Euro. Dann ergibt sich im ersten Schritt ein Ruhegehalt von 4041 Euro.

Dabei bleibt es allerdings nicht, wenn Jana sich für die Frühpensionierung entscheidet. Sie erhält ihre erste Pension genau vier Jahre vor der eigentlich vorgesehenen Altersgrenze. Für jedes Jahr werden ihr 3,6 Prozent (12 x 0,3) von ihren Pensionsansprüchen abgezogen, insgesamt 14,4 Prozent. Letztlich bleibt also ein Ruhegehalt in Höhe von 3459 Euro brutto im Monat übrig. Dazu kommt allerdings noch der Kindererziehungszuschlag.

Für Beamte mit einer Mischlaufbahn sieht die Rechnung anders aus, ihre ruhegehaltsfähige Dienstzeit kann niedriger sein:

Beispiel: Fabian wurde ebenfalls im Juni 1979 geboren.

- 1998: Er macht Abitur.
- 1998/1999: Er absolviert seinen Zivildienst in einer heilpädagogischen Einrichtung.
- 1999 –2002: Er absolviert eine Tischlerlehre.
- 2002–2003: Er reist für ein Jahr Work-and-Travel nach Australien, da er nicht weiß, wie es beruflich weitergehen soll.
- 2003–2008: Er studiert Betriebswirtschaftslehre.
- 2008–2014: Er arbeitet sechs Jahre Vollzeit in verschiedenen Unternehmen im Controlling.
- 2014: Er wechselt zum Landesrechnungshof und wird verbeamtet.
- 2014–2042: Er arbeitet Vollzeit beim Landesrechnungshof.

Für sein Dienstzeitkonto heißt das:

- Das Jahr Zivildienst ist eine Muss-Zeit und wird Fabian als ruhegehaltsfähige Dienstzeit anerkannt.
- Die Tischlerlehre bleibt außen vor, ebenso das Jahr in Australien.
- Das BWL-Studium ist eine Kann-Zeit, die ihm mit zwei Jahren und 125 Tagen als Dienstzeit anerkannt werden kann.
- Die sechs Jahre in der freien Wirtschaft können ihm als für die Tätigkeit als Beamter förderlich anerkannt werden, müssen aber nicht. Da er durch seine mehr als fünf Jahre andauernde Tätigkeit als Angestellter bereits einen Anspruch auf eine gesetzliche Rente erworben hat, ist es wahrscheinlich, dass sein Dienstherr die Jahre nicht auch noch bei der ruhegehaltsfähigen Dienstzeit berücksichtigt.
- Die 28 Jahre, die er beim Landesrechnungshof tätig war, werden aber komplett anerkannt.

Bei Ruhestandsbeginn kommt Fabian sicher auf eine ruhegehaltsfähige Dienstzeit von 29 Jahren. Darauf, dass ihm zusätzlich die sechs Jahre für die Tätigkeit in Unternehmen und das Studium mit zwei Jahren und 125 Tagen anerkannt werden, sollte er sich nicht verlassen. Ob der Dienstherr diese Zeiten als ruhegehaltsfähige Dienstzeit berücksichtigt, steht erst mit dem Versorgungsbescheid fest (siehe Interview „Pension – eine Frage der Zeiten“ mit Werner Siepe, S. 72).

Immerhin hat Fabian aber die Sicherheit, dass er durch die Tischlerlehre und seine Tätigkeit als Controller Ansprüche auf eine gesetzliche Rente erworben hat. Für den Rentenanspruch müsste er eine Versicherungszeit von mindestens fünf Jahren vorweisen – diese Vorgabe ist erfüllt.

Er kann Pension und Rente parallel beziehen. Die Pension würde nur dann aufgrund der Rente gekürzt, wenn er aus beiden Leistungen zusammen auf mehr als 71,75 Prozent seines letzten Bruttoeinkommens im Dienst kommt.

Die voraussichtlichen Ansprüche im Blick

Wer sich im Laufe seiner Dienstzeit über seine bisher erworbenen Versorgungsansprüche informieren will, kann dies über eine Versorgungsauskunft tun. Ob, wann und wie oft Sie diese Auskunft automatisch erhalten oder beantragen können, ist je nach Dienstherr wiederum unterschiedlich geregelt. So haben beispielsweise Bundesbeamte einen Rechtsanspruch auf eine Versorgungsauskunft. Das Land Baden-Württemberg schickt seit 2017 sämtlichen Beamten auf Lebenszeit alle fünf Jahre eine Versorgungsauskunft zu. In anderen Bundesländern können die Beamten dagegen auf Antrag eine Auskunft bekommen, in der Regel aber erst ab dem 55. Lebensjahr.

Wenn Sie vorher Informationen über die Höhe der Versorgungsansprüche haben möchten, können Sie es zum Beispiel im Internet probieren. Dort gibt es Rechner, um zumindest unverbindlich Ihr mögliches Ruhegehalt zu ermitteln (siehe Kasten „Wer kennt sich aus?“, rechts).

Wer kennt sich aus?

Sie wollen zumindest eine grobe Planungssicherheit – wo stehe ich mit meinen Versorgungsansprüchen? Und Sie haben (noch) keine Versorgungsauskunft erhalten? Die meisten Bundesländer haben Online-Rechner, mit denen Sie sich einen unverbindlichen Überblick über Ihre Versorgungslage verschaffen können. Hinweise darauf, welche Länder diesen Service bieten finden Sie unter www.beamtenversorgungsrecht.de/beamtenversorgung/versorgungsauskunft.

Vom Öffentlichen Dienst in die private Wirtschaft

Die in den Beispiel-Laufbahnen aufgeführten Berufsjahre zählen jeweils für die Pensionsansprüche mit, wenn Sie wirklich bis zum Ruhestand verbeamtet bleiben.

Eine völlig andere Rechnung ergibt sich, wenn Sie vorher auf eigenen Wunsch aus dem Dienst ausscheiden, etwa um als Angestellter zu arbeiten. Dann haben Sie im Ruhestand keinen Anspruch mehr auf eine Pension, sondern Sie werden in der gesetzlichen Rentenversicherung nachversichert. Im Ruhestand haben Sie dadurch Anspruch auf eine gesetzliche Altersrente.

Um die sich daraus ergebenden finanziellen Nachteile zu begrenzen, haben der Bund sowie einige Bundesländer ein „Altersgeld“ eingeführt. Auf diese Weise können die ausscheidenden Beamten im Alter zumindest noch ein wenig von ihren einst erworbenen Versorgungsansprüchen profitieren.

Hätten Sie Anspruch auf ein Altersgeld, und wie hoch wäre es? Fragen Sie bei der für

Sie zuständigen Behörde nach, ehe Sie sich für den Jobwechsel entscheiden. Zur Höhe Ihrer nach dem Wechsel zu erwartenden gesetzlichen Rente können Sie sich kostenlos in einer Beratungsstelle der Deutschen Rentenversicherung beraten lassen. Einen Beratungstermin vereinbaren Sie online oder unter Tel.: 0800/1000 4800.

Interview: Pension – eine Frage der Zeiten

Muss-, Soll- oder Kann-Zeiten? Gerade bei Mischlaufbahnen bringt Beamten oft erst der Versorgungsbescheid Klarheit, welche Berufsphasen für sie als ruhegehaltsfähige Dienstzeit berücksichtigt werden, sagt **Werner Siepe**, Buchautor und Versorgungsberater im Öffentlichen Dienst.

Herr Siepe, in der öffentlichen Wahrnehmung heißt es doch häufig, dass Beamte mit ihrer Pension im Alter finanziell auf der sicheren Seite sind. Kann es mit ihrer Versorgung im Alter denn überhaupt Probleme geben?
Werner Siepe: Ja, durchaus. Natürlich gilt: Wenn jemand sein Leben lang Beamter war, also beispielsweise direkt nach dem Studium verbeamtet wurde, gibt es in der Regel kaum Schwierigkeiten, wenn es um die Ermittlung der Pensionsansprüche geht. Alle Zeiten als Beamter sind Muss-Zeiten, die als ruhegehaltsfähige Dienstzeit anzurechnen sind. Aber so einen gradlinigen Lebenslauf hat ja längst nicht jeder Beamte – viele waren zum Beispiel erst einmal als Angestellte im Öffentlichen Dienst oder in der Privatwirtschaft beschäftigt.

Und bei solchen Mischlaufbahnen kann es mit der Höhe der Pensionen schwierig werden?
Ja, es ist nicht immer leicht zu überblicken, welche Zeiten für die Ermittlung des Ruhegehalts zu berücksichtigen sind. Waren die Zeiten, die jemand etwa als Angestellter in der freien Wirtschaft zurückgelegt hat, förderlich für den Dienst als Beamter oder nicht? Wenn sie förderlich waren, können sie angerechnet werden.

Können Sie ein Beispiel nennen?
Gerne. Nehmen wir einen Architekten, der heute verbeamtet ist und im städtischen Bauamt arbeitet. Früher war er angestellt in einem Architekturbüro. Seine Vordienstzeit

als Architekt ist eine sogenannte Kann-Zeit. Kann-Zeiten können, müssen aber nicht auf die ruhegehaltsfähige Dienstzeit angerechnet werden. Ob diese Zeiten für die Tätigkeit „förderlich" waren, liegt allein im Ermessen des Dienstherrn. Hilfreich ist, wenn Sie im späteren Streitfall mit dem Dienstherrn gute Argumente liefern können, warum diese Zeiten notwendig für die spätere Tätigkeit als Beamter waren. Welche dieser Zeiten letztlich anerkannt werden, steht endgültig erst fest, wenn der Versorgungsbescheid vorliegt. Dieser Beamte mit Mischlaufbahn hat grundsätzlich keinen Rechtsanspruch auf Anerkennung der Kann-Zeiten. Allerdings muss die Behörde ihren Ermessensspielraum rechtsfehlerfrei ausüben.

Und wenn jemand mit dem Bescheid nicht einverstanden ist, weil nicht alle Zeiten angerechnet wurden?
Dann bleibt ein Monat Zeit, um beim zuständigen Amt, etwa in Nordrhein-Westfalen das Landesamt für Besoldung und Versorgung, Widerspruch einzulegen.

Müssen denn beispielsweise auch Lehrer diese Unsicherheit bis zum Versorgungsbescheid hinnehmen, wenn sie nicht gleich nach dem Referendariat verbeamtet wurden, sondern erst einmal angestellt gearbeitet haben?
In dem Fall ist es tatsächlich etwas anders: Wenn etwa eine Grundschullehrerin vor ihrer Verbeamtung zunächst angestellt als Springerin gearbeitet hat, sind das – mit Ausnahme von Beamten, die in Baden-Württemberg ab dem 1. Januar 2011 neu eingestellt wurden – die sogenannten Soll-Zeiten. Diese sollen später bei den Pensionsansprüchen berücksichtigt werden. Davon können die ehemaligen Angestellten und heutigen Beamten im Regelfall ausgehen. Allerdings werden sie heute keine absolute Garantie dafür erhalten: In einer Versorgungsauskunft wird stehen, die bisherigen Pensionsansprüche stehen „unter dem Vorbehalt der Änderung der Rechtslage".

Und was ist die Besonderheit in Baden-Württemberg?
Hier gilt seit einer Gesetzesänderung vor einigen Jahren eine strikte Trennung der Alterssicherungssysteme. Mit anderen Worten: Wenn jemand, der seit dem 1. Januar 2011 neu verbeamtet wird, vor der Verbeamtung mehr als fünf Jahre angestellt tätig war – egal ob im Öffentlichen Dienst oder in der Privatwirtschaft –, werden seine Jahre als Angestellter nicht auf die ruhegehaltsfähige Dienstzeit angerechnet. Mit der Tätigkeit als Angestellter wurden Ansprüche auf eine gesetzliche Altersrente erworben.

Versorgungsansprüche bei Dienstunfähigkeit

Werden Sie dienstunfähig, erhalten Sie vorzeitig eine Pension. Eine zusätzliche Absicherung über eine private Versicherung ist dennoch empfehlenswert.

Im besten Fall läuft während Ihrer Dienstzeit alles glatt – abgesehen vom grippalen Infekt im Winter oder anderen kleineren Erkrankungen haben Sie keine gesundheitlichen Probleme. Selbst eine Knie-OP oder ein gebrochener Zeh setzen Sie höchstens vorübergehend außer Gefecht.

Doch so glatt läuft es leider nicht immer. Nicht selten sorgen beispielsweise psychische Erkrankungen dafür, dass Arbeitnehmer vorzeitig aus dem Berufsleben ausscheiden müssen. Auch Beamte sind davor nicht gefeit: Müssen sie aus gesundheitlichen Gründen aus dem Dienst ausscheiden, erwartet sie eine Pension wegen Dienstunfähigkeit, vorausgesetzt, sie haben mindestens fünf Jahre Dienst geleistet.

Ganz gleich, ob langwierige Rückenbeschwerden, eine psychische Erkrankung oder die Folgen eines Unfalls: Es gibt viele Gründe, die zur Dienstunfähigkeit führen können. Wann diese genau vorliegt, ist in den jeweiligen Gesetzen auf Bundes- und auf Landesebene klar geregelt. So heißt es etwa im § 44 des Bundesbeamtengesetzes, dass Beamte auf Lebenszeit in den Ruhestand zu versetzen sind, wenn sie wegen des körperlichen Zustandes oder aus gesundheitlichen Gründen zur Erfüllung der Dienstpflichten dauernd unfähig (dienstunfähig) sind.

Als dienstunfähig kann gemäß Gesetzestext auch angesehen werden, wer infolge Erkrankung innerhalb von sechs Monaten mehr als drei Monate keinen Dienst getan hat, wenn keine Aussicht besteht, dass innerhalb weiterer sechs Monate die Dienstfähigkeit wieder voll hergestellt ist. In den Ruhestand wird demnach nicht versetzt, wer anderweitig verwendbar ist.

Ob Dienstunfähigkeit vorliegt, muss der Amtsarzt entscheiden. Stellt er sie fest und liegt sein entsprechendes Gutachten vor, erhält der Beamte eine „Zurruhesetzungsverfügung“.

Frühpensionierung mit finanziellen Folgen

Die vorzeitige Versetzung in den Ruhestand hat finanzielle Auswirkungen: Auch wenn Sie Anspruch auf ein Ruhegehalt bei Dienstunfähigkeit haben, können diese Versorgungsansprüche deutlich unter den Leistungen liegen, die Sie bei einem späteren Ausscheiden aus dem Dienst bekommen könnten.

Beamte, die vor Vollendung des 63. Lebensjahres aus gesundheitlichen Gründen aus dem Dienst aussteigen, müssen auf Dauer, also bis zum Lebensende, einen Pensionsabschlag von 0,3 Prozent pro Monat (3,6 Prozent pro Jahr) einplanen, höchstens aber 10,8 Prozent. Eine Ausnahme gibt es für diejenigen, für die eine besondere Altersgrenze gilt, etwa für Polizisten. Sie dürfen je nach Geburtsjahr zwischen 60 und 62 Jahren vorzeitig in den Ruhestand gehen. Dementsprechend gilt für sie auch diese Altersgrenze anstatt des 63. Geburtstags.

Ein Minus von knapp 11 Prozent macht sich auf jeden Fall bemerkbar:

Beispiel: Renate ist gerade 60 Jahre alt geworden und wird nach einer langwierigen Erkrankung dienstunfähig aus dem Dienst entlassen. Sie hatte zum Schluss ein ruhegehaltsfähiges Einkommen von 3500 Euro brutto und kommt auf 35 Dienstjahre. Für sie ergibt sich ein Pensionssatz von 62,78 Prozent (35 Jahre x 1,79375). So ergäbe sich eine Pension in Höhe von 2197 Euro.

Da sie allerdings 35 Monate vor dem 63. Geburtstag aus dem Dienst ausscheidet, werden ihr 10,5 Prozent (35 Monate x 0,3 Prozent) von der Pension abgezogen. Aus den knapp 2200 Euro brutto werden so 1967 Euro im Monat.

Wäre Renate nicht dienstunfähig geworden, hätte ihre Pension deutlich höher ausfallen können – ihr bliebe nicht nur der Abschlag erspart, sondern sie hätte mit ihrer Weiterarbeit auf mehr berücksichtigungsfähige Dienstjahre kommen können. Eventuell wäre in ein paar Jahren außerdem ihr Endgehalt höher als 3500 Euro gewesen, wenn sie eine höhere Erfahrungsstufe erreicht hätte.

Noch deutlich größere Einbußen drohen allerdings, wenn jemand vor dem 60. Ge-

---

Waren Sie vor der Verbeamtung mehrere Jahre als Angestellter beschäftigt? Dann können Sie bei Ihrem Versorgungsträger beantragen, dass der Pensionssatz vorübergehend erhöht wird. Voraussetzung dafür ist, dass Sie mindestens fünf Versicherungsjahre in der gesetzlichen Rentenversicherung vorweisen. Dann wird bei Dienstunfähigkeit Ihr persönlicher Pensionssatz um knapp 1 Prozent erhöht. Der höhere Satz gilt maximal bis zum 65. Geburtstag und ist quasi eine Entschädigung dafür, dass Sie keine gesetzliche Erwerbsminderungsrente in Anspruch nehmen.

Mehr Zeit – weniger Geld
Ob aus gesundheitlichen Gründen oder freiwillig: Ein vorzeitiger Ausstieg aus dem Dienst bleibt nicht ohne Folgen für die Höhe der Pension.

burtstag dienstunfähig in den Ruhestand entlassen wird. Zwar kommt in so einem Fall die sogenannte Zurechnungszeit zum Tragen, die bei den Dienstjahren berücksichtigt wird. Allerdings wird nicht voll bis zum 60. Geburtstag aufgestockt, sondern nur zu zwei Dritteln.

Beispiel: Bernhard wird mit 54 Jahren dienstunfähig. Er hat zu diesem Zeitpunkt ein Bruttoeinkommen von 4000 Euro und erreicht bis dahin 29 Dienstjahre. Diese werden aber um die sogenannte Zurechnungszeit aufgestockt: Da er sechs Jahre vor seinem 60. Geburtstag dienstunfähig wurde, wird sein Konto um vier weitere Jahre (2/3 von 6) aufgestockt. So ergibt sich eine Dienstzeit von 33 Jahren. Hätte er bis 60 gearbeitet, wären es allerdings 35 Dienstjahre gewesen.

Durch die 33 Dienstjahre kommt er auf einen persönlichen Pensionssatz von 59,19 Prozent. Bei einem anrechenbaren Bruttoeinkommen von 4000 Euro ergäbe sich eigentlich ein Pensionsanspruch von 2368 Euro. Davon werden aber noch 10,8 Prozent abgezogen (0,3 Prozent x 36 Monate). Damit reduziert sich sein Pensionsanspruch auf 2112 Euro monatlich.

Selbst bei einer Dienstunfähigkeit in jungen Jahren müssen Sie aber nicht fürchten, finanziell völlig den Boden unter den Füßen zu verlieren: Ihnen steht eine Mindestpension zu. Diese liegt im Durchschnitt bei um die 1800 Euro brutto im Monat. Wie sie berechnet wird, regelt jeder Dienstherr für sich.

Für Bundesbeamte gilt beispielsweise, dass ihnen mindestens 35 Prozent ihrer ruhegehaltsfähigen Dienstbezüge zustehen oder – sollte das günstiger sein – 65 Prozent der Dienstbezüge in der Endstufe der Besoldungsgruppe A 4. Mit der Tariferhöhung 2024 steigt die Mindestpension für Bundesbeamte auf mehr als 2000 Euro.

Pensionierung nach Dienstunfall

Ihre Pension kann deutlich höher ausfallen, wenn ein Dienstunfall dazu führt, dass Sie vorzeitig Ihre Berufslaufbahn beenden müssen. Angenommen, Sie verunglücken während Ihres Dienstes, auf dem direkten Weg dorthin, auf einer Dienstreise oder auf einer anderen dienstlichen Veranstaltung. Dann stehen Ihnen bei vorzeitiger Pensionierung erhöhte Versorgungsbezüge zu. So erhalten Bundesbeamte nach einem Dienstunfall mindestens zwei Drittel ihrer ruhegehaltsfähigen Dienstbezüge. Selbst wenn Sie in jungen Jahren nach einem Dienstunfall aus dem Berufsleben ausscheiden, müssen Sie anders als bei einer krankheitsbedingten Dienstunfähigkeit keine Pensionsabschläge von bis zu 10,8 Prozent fürchten.

„In Ausnahmefällen – bei einem sogenannten qualifizierten Dienstunfall – kann die Unfallpension deutlich höher ausfallen.

Die höchstmögliche Pension nach einem „einfachen" Dienstunfall liegt bei 75 Prozent. Allerdings gibt es einige Bundesländer, die die Grenze für die Unfallpension auf 71,75 Prozent abgesenkt haben.

In Ausnahmefällen – bei einem sogenannten qualifizierten Dienstunfall – kann die Unfallpension aber doch deutlich höher ausfallen: Als Unfallpension können 80 Prozent der ruhegehaltfähigen Dienstbezüge aus der Endstufe der übernächsten Besoldungsgruppe gewährt werden. Das ist aber nur dann möglich, wenn der Beamte sich bei der Ausübung einer Diensthandlung einer besonderen Lebensgefahr aussetzen musste und es dabei zu einem Unfall gekommen ist („qualifizierter Dienstunfall"). Wer danach zu mindestens 50 Prozent erwerbsgemindert ist, kann diese erhöhte Pension erhalten.

→ Weitere Ansprüche nach Dienstunfall

Neben dem Ruhegehalt stehen Ihnen und Ihren Angehörigen nach einem Dienstunfall weitere Leistungen zu. Zur Unfallfürsorge gehört je nach Einzelfall zum Beispiel, dass Ihnen Sachschäden erstattet werden sowie die Kosten für Heilverfahren. Auch eine einmalige Unfallentschädigung ist möglich. Sollten Sie infolge eines Dienstunfalls sterben, haben Ihre Hinterbliebenen Ansprüche auf eine Versorgung.

Ansprüche bei begrenzter Dienstfähigkeit

Vielleicht lässt sich die vorzeitige Pensionierung noch umgehen, wenn der Beamte die Möglichkeit erhält, weniger Stunden zu arbeiten? Möglich ist, dass der Arzt in seinem Gutachten keine Dienstunfähigkeit, aber nur noch eine begrenzte Dienstfähigkeit feststellt.

Folgt der Dienstherr dessen Empfehlung, kann der Beamte die Arbeitsstunden reduzieren, zum Beispiel um 50 Prozent. Die reduzierte Arbeitszeit bedeutet allerdings ein entsprechend niedrigeres monatliches Einkommen. Doch das wird aufgestockt.

Früher gab es noch eine Untergrenze: Der Verdienst musste mindestens so hoch sein wie die Pension, die der Beamte bei Dienstunfähigkeit erhalten würde. Denn Beamte, die zumindest in begrenztem Umfang weiterarbeiten, sollen nicht schlechter gestellt sein, als wenn sie vorzeitig voll aus dem Dienst ausscheiden würden. Diese Regelung im Bundesbesoldungsgesetz wurde mit Beginn des Jahres 2020 aufgehoben.

Nun gilt: Begrenzt Dienstfähige erhalten zusätzlich zu ihren Dienstbezügen einen nicht ruhegehaltfähigen Zuschlag. Der Zuschlag beträgt 50 Prozent des Unterschiedsbetrages zwischen der auf Grund der gesundheitlichen Einschränkungen verringerten Arbeitszeit gekürzten Dienstbezügen und den Dienstbezügen, die bei einer Vollzeitbeschäftigung zustünden. In diese Berechnung des Zuschlags sind einzubeziehen, das Grundgehalt, der Familienzuschlag sowie auch Amts- und Stellenzulagen. An dieser Neuregelung orientieren sich auch die Länder.

Eine Beispielrechnung der Finanzverwaltung Nordrhein-Westfalen:

+ Bezüge, die bei einer Vollzeitbeschäftigung zu stehen würden	= 3 000 Euro
+ Beschäftigungsumfang im Rahmen der begrenzten Dienstfähigkeit	= 70 Prozent
+ Bezüge wegen begrenzter Dienstfähigkeit (70 Prozent von 3 000 Euro)	= 2 100 Euro
+ Differenz zwischen Vollzeitbezügen und Bezügen auf Grund der eingeschränkten Arbeitszeit:	= 900 Euro
+ Davon 50 Prozent	= 450 Euro
Tatsächliche Bezüge gesamt: 2 100 Euro + 450 Euro	**= 2 550 Euro**

Ganz gleich, ob voll dienstunfähig oder begrenzt dienstfähig: Im Vergleich zum bisherigen Einkommen entsteht eine finanzielle Lücke. Es ist auf jeden Fall sinnvoll, wenn Sie sich für eine solche Situation mit einer privaten Berufsunfähigkeitsversicherung wappnen. Wenn möglich, sollte der Schutz über den privaten Versicherer eine Dienstunfähigkeitsklausel enthalten. Mehr dazu lesen Sie unter „Wenn beruflich nichts mehr geht", S. 120.

Die Familie finanziell absichern

Sollten Sie sterben, sind Ihre Angehörigen über die Beamtenversorgung mit abgesichert. Im Fall einer Scheidung werden erworbene Versorgungsansprüche geteilt.

Die Fürsorgepflicht, die der Dienstherr Ihnen gegenüber hat, geht mit auf Ihre Familie über. Sollten Sie sterben, stehen Ihren Kindern und Ihrem Ehe- beziehungsweise eingetragenen Lebenspartner diverse Leistungen zu. An erster Stelle ist hier das sogenannte Witwen- beziehungsweise Witwergeld zu nennen. Im weiteren Verlauf dieses Kapitels verwenden wir der Einfachheit halber nur noch den Begriff Witwengeld.

Der Ehe- oder eingetragene Lebenspartner eines verstorbenen Beamten hat Anspruch auf diese Zahlung, wenn der Verstorbene eine Dienstzeit von mindestens fünf Jahren hinter sich hatte und die Ehe mindestens ein Jahr bestanden hat. Dieser Anspruch gilt ebenfalls, wenn der Verstorbene bereits im Ruhestand war. Wie hoch das Witwengeld ausfällt, hängt unter anderem vom Alter der Partner und vom Zeitpunkt der Eheschließung ab: Falls die Ehe nach dem 31. Dezember 2001 geschlossen wurde oder falls beide Partner ab dem 2. Januar 1962 geboren wurden, beläuft es sich auf 55 Prozent des Ruhegehalts, das der Verstorbene bereits erhalten hat oder hätte erhalten können, wenn er am Todestag in den Ruhestand gegangen wäre. Wurde die Ehe früher geschlossen oder wurde einer der Partner bis einschließlich 1. Januar 1962 geboren, sind es 60 Prozent.

War der Verstorbene bereits Pensionär, lässt sich das Witwengeld leicht anhand des bereits gezahlten Ruhegehalts errechnen. Stand der Verstorbene dagegen noch aktiv im Dienst, muss zunächst eine fiktive Pension für den Verstorbenen ermittelt werden. Beim Tod in jüngeren Jahren berücksichtigt das Versorgungsamt dabei ähnlich wie bei den Versorgungsansprüchen bei Dienstunfähigkeit die Zurechnungszeit – mit deren Hilfe wird der Pensionsanspruch hochgerechnet.

Starb der Beamte vor seinem 60. Geburtstag, werden beim Witwengeld ebenfalls die Abschläge von 0,3 Prozent für den vorzeitigen Zahlungsbeginn berücksichtigt. Es gibt allerdings eine Untergrenze für das Witwengeld. Deren Höhe kann sich je nach Dienstherr unterscheiden. Bis zu dieser Untergrenze kann das Witwengeld unter bestimmten Voraussetzungen gekürzt werden, zum Beispiel, wenn die Ehe noch keine fünf Jahre gedauert hat oder wenn zwischen dem Hinterbliebenen und dem Verstorbenen ein Altersunterschied von mehr als 20 Jahren bestand und aus der Ehe kein Kind hervorgegangen ist.

Eigenes Einkommen außer der eigenen Rente aus der gesetzlichen Rentenversicherung wird auf das Witwengeld angerechnet. Das Ergebnis wird je nach Einzelfall ermittelt. Sicher ist aber, dass etwa eine Ehefrau nach dem Tod des Partners trotz eigenen Einkommens oder trotz eigener Pension mindestens 20 Prozent des Witwengeldes behält. Unter diesen sogenannten Mindestbelassungsbetrag darf das Witwengeld nicht rutschen.

Eventuell kein Witwengeld?

Ausgeschlossen ist die Zahlung von Witwengeld in der Regel, wenn die Ehe weniger als ein Jahr gedauert hat. In dem Fall muss der Hinterbliebene beweisen, dass keine „Versorgungsehe" geschlossen wurde, sondern dass der Tod des Partners tatsächlich nicht vorauszusehen war. Ausgeschlossen ist das Witwergeld auch, wenn die Ehe erst geschlossen wurde, nachdem der Beamte in Ruhestand gegangen ist und zu dem Zeitpunkt mindestens 65 Jahre alt war. In diesem zweiten Fall kann Ihnen aber ein Unterhaltsbeitrag gewährt werden. Dieser hat die Höhe des Witwengeldes, doch darauf wird eigenes Erwerbseinkommen angerechnet.

→ Im Zweifel zum Anwalt

Ihnen wird Witwengeld verweigert, obwohl Sie es eigentlich erwartet hatten? Oder das Witwengeld wurde gekürzt? Wenn Sie unsicher sind, ob diese Entscheidung rechtens ist, sollten Sie sich Expertenhilfe suchen, etwa über einen Rechtsanwalt oder den Deutschen Beamtenbund.

Weitere Leistungen im Todesfall

Auch minderjährige Kinder haben nach dem Tod von Vater oder Mutter Anspruch auf Hinterbliebenenversorgung. Halbwaisen erhalten 12 Prozent, Vollwaisen 20 Prozent des Ruhegehalts, das Eltern bereits erhalten haben oder das sie hätten erhalten können.

Im Normalfall fließt das Waisengeld bis zum 18. Geburtstag, doch es kann auf Antrag länger fließen – bis zum Abschluss der Berufsausbildung, höchstens aber bis zum 27. Geburtstag.

Ist der überlebende Elternteil einer Halbwaise nicht witwengeld- oder witwergeldberechtigt, wird Vollwaisengeld gezahlt. Insgesamt dürfen Witwen- und Waisengeld aber nicht höher sein als die Pension des Verstorbenen. Ist das doch der Fall, werden die Leistungen für die Hinterbliebenen anteilig gekürzt.

Hinterbliebene erhalten auch Sterbegeld. Stirbt ein Beamter oder Pensionär, gibt es für Angehörige eine Einmalzahlung in Höhe des Doppelten der monatlichen Dienstbezüge oder der Pension (in Bremen der 1,35-fache Satz der Bezüge). Außerdem können sie die vollen Dienstbezüge beziehungsweise die Pension im Sterbemonat behalten.

Versorgungsausgleich bei Scheidung

Geht eine Ehe nicht durch Tod, sondern Scheidung auseinander, haben die beiden Partner ebenfalls eine gewisse finanzielle Absicherung. Per Gesetz gilt für Ehepaare und eingetragene Lebenspartner, die vertraglich nichts anderes vereinbart haben, dass sie automatisch im „Güterstand der Zugewinngemeinschaft" leben. Demnach behält jeder Partner das Vermögen, das er mit in die Ehe gebracht hat, und kann eigenes Vermögen hinzuerwerben. Das von den Partnern während der Ehe hinzugewonnene Vermögen wird bei einer Trennung auf beide Partner zu gleichen Teilen aufgeteilt.

Geteilt werden außerdem sämtliche Versorgungsansprüche, die während der Ehe hinzugewonnen wurden. Dieser sogenannte Versorgungsausgleich ist im Normalfall fester Bestandteil des Scheidungsverfahrens. Ausnahmen sind allerdings möglich, etwa wenn die Ehe nur kurzzeitig bestanden hat oder wenn die finanziellen Unterschiede zwischen den Partnern nur gering waren.

Im Zuge des Versorgungsausgleichs werden sowohl die Pensionsansprüche als auch mögliche Renten – zum Beispiel die gesetzliche Rente oder private Vorsorgeverträge – jeweils hälftig geteilt. In der Praxis heißt das, dass etwa eine angestellt beschäftigte Ehefrau eines Beamten nach der Scheidung Pensionsansprüche hat. Das Ruhegehalt kann sie dann im Alter neben ihrer Rente beziehen.

Als Paar können Sie sich allerdings auch auf eine andere Regelung einigen – etwa, dass der eine Partner auf seinen Anteil an den Leistungen aus privaten Vorsorgeverträgen verzichtet, dafür aber die gemeinsame Wohnung komplett behält.

Steht die Scheidung an, benötigen Sie eine Übersicht über die bisher erworbenen Versorgungsansprüche. Diese erhalten Sie über die für Ihre Versorgungsansprüche zuständige Behörde. Über den Stand Ihrer gesetzlichen Rente können Sie sich direkt bei der Deutschen Rentenversicherung informieren. Klären Sie notfalls mithilfe eines Anwalts, wie die Versorgungsansprüche untereinander ausgeglichen werden können.

Vorsorgen für später – Geld anlegen

Welche Sparziele haben Sie? Wollen Sie mehr Sicherheit im Alter, Eigenkapital fürs Eigenheim, die Ausbildung der Kinder sichern, ein Polster für Reisen? Ziel, Zeitdauer, Alter und Finanzspielraum sind entscheidend: Wir zeigen, wie Sie Ihre Anlagestrategie auf Ihre Ziele abstimmen können.

→ **Wo stehen Sie heute** finanziell? Sind Sie zum Beispiel Oberstudienrätin, seit vielen Jahren im Schuldienst, dank Ihres eigenen Einkommens finanziell unabhängig und durch den Verdienst Ihres Ehepartners zusätzlich abgesichert?

Oder stehen Sie noch am Anfang Ihrer Laufbahn, etwa im Polizeidienst, haben erst vor Kurzem Ihre Ausbildung abgeschlossen und finanziell nicht allzu viele Spielräume, weil Sie nach der Geburt Ihres ersten Kindes nur mit reduzierter Stundenzahl arbeiten können?

Zwei Beispiele, zwei ganz unterschiedliche Ausgangssituationen und damit komplett unterschiedliche Rahmenbedingungen für die weitere Geldanlage.

Ihre persönliche Situation kann wiederum völlig anders aussehen – vielleicht stehen Sie mit Ihrem Einkommen irgendwo dazwischen. Oder Sie müssen sich nach der Trennung von Ihrem Partner erst einmal völlig neu einordnen. Genau diese eigene Position ist ein entscheidender Faktor für die weitere Planung Ihrer Geldanlagen. Zwei weitere Kriterien kommen dazu:

- **Ihr Anlageziel:** Was wollen Sie mit Ihrer Geldanlage erreichen? Geht es Ihnen um die Absicherung im Alter, also um einen langfristigen Anlagehorizont? Oder haben Sie eher kurz- bis mittelfristige Sparziele, etwa den Kauf eines Eigenheims in den nächsten fünf Jahren oder den Wunsch nach einem Finanzpolster, um sich in drei Jahren eine längere berufliche Auszeit zu leisten?
- **Ihre Risikobereitschaft:** Ist Ihnen bei der Geldanlage die absolute Sicherheit Ihrer Investition wichtig – können Sie nicht mehr ruhig schlafen, sobald Sie auch nur das kleinste Anlagerisiko eingehen? Oder sind Sie durchaus bereit, ein gewisses Risiko „auszuhalten"?

Auf dem Weg zu Ihrer persönlichen Anlagestrategie

Es spielen also viele individuelle Faktoren eine Rolle, wenn Sie Entscheidungen für diese oder jene Form der Geldanlage treffen. Im ersten Schritt geht es somit darum, dass Sie Ihre persönliche Bestandsaufnahme starten:

- Welche regelmäßigen Einnahmen haben Sie und welche Ausgaben stehen diesen gegenüber?
- Wie viel Geld können Sie monatlich zur Seite legen?
- Brauchen Sie das Geld, das Sie derzeit sparen wollen und können, in absehbarer Zeit? Oder können Sie es auf etwas längere Sicht entbehren?
- Wie haben Sie bisher gespart und wann können Sie auf Ihre bisherigen Ersparnisse zugreifen?
- Wie schätzen Sie sich ein: Kommt bei der Geldanlage ein gewisses Risiko für Sie infrage?
- Wie sieht der Anlagehorizont aus – haben Sie eher kurz-, mittel- oder langfristige Sparziele?

Diese persönliche Bestandsaufnahme hilft Ihnen, im breiten Angebot von kurz-, mittel- und langfristigen Geldanlagen den Überblick zu bekommen, was davon überhaupt für Sie infrage kommt – und was nicht.

Für Ihren Finanzcheck ist es wichtig, dass Sie nicht nur Ihre regelmäßigen Einnahmen und Ausgaben im Blick haben, sondern auch Ihr bisheriges Sparverhalten. Erstellen Sie eine Übersicht, wie viel Geld derzeit auf Konten und Sparbüchern liegt, wie viel Sie derzeit bereits in Fonds oder Wertpapiere investiert haben und was Sie zum Beispiel aus einer vor Jahren abgeschlossenen Kapitallebensversicherung zu erwarten haben. Wichtig auch bei dieser Übersicht: Wann und unter welchen Bedingungen können Sie auf das angelegte Geld zugreifen?

Mit diesem Wissen über Ihre finanziellen Spielräume und über Ihr bisheriges Polster können Sie weiter planen: Wie groß ist beispielsweise die Summe, die Sie derzeit übrig haben, um sie etwa auf lange Sicht in Aktienfonds investieren zu können? Wissen

Sie, wann Sie sich wieder um Ihre Geldanlagen kümmern müssen? Wenn Sie zum Beispiel Geld auf einem Festgeldkonto angelegt haben, sollten Sie den Ablauftermin vormerken, um das Geld dann eventuell abziehen und anders anlegen zu können. Außerdem können Sie besser kalkulieren, welcher „Baustein“ Ihnen bei Ihrer Anlage noch fehlt: eher sichere Anlagen oder vielleicht etwas mit höheren Renditeaussichten?

Was, wie viel, für wie lange?

Die Palette an Produkten, in die Sie Ihr Geld investieren könnten, ist enorm und reicht von sicheren privaten Rentenversicherungen über Bundesanleihen und Festgeld bis hin zu börsennotierten Indexfonds (Exchange Traded Funds). Da die finanzielle Vorsorge für den Ruhestand auch für aktive Beamte ein wichtiges Thema ist, werden wir auf den folgenden Seiten zunächst auf die einzelnen Angebote eingehen, die sich für die private Altersvorsorge eignen. Danach stellen wir Produkte vor, die für die kurz- bis mittelfristige Geldanlage infrage kommen.

Wir fokussieren uns hier auf die wichtigsten Produkte mit ihren Vor- und Nachteilen, die sich in der aktuellen Situation mit den 2023 wieder gestiegenen sicheren Zinsen für die Geldanlage eignen.

Am besten wäre ein Anlageprodukt, bei dem Ihr Geld sicher investiert, trotzdem kurzfristig verfügbar ist und mit dem auch noch attraktive Renditen möglich sind. Doch einen solchen Alleskönner gibt es leider nicht. Sie werden immer an einzelnen Stellen Abstriche machen müssen: Wer sich aus Sorge vor Anlagerisiken zum Beispiel nur für Tages- oder Festgeld entscheidet, bekam Anfang 2024 teilweise immer noch Zinsen unterhalb der Inflationsrate. Deutlich mehr Rendite könnten Sie zum Beispiel mit einem Aktienfonds erzielen, doch damit gehen Sie auch ein größeres Risiko ein, wie es etwa die Kursverluste im Zuge der Corona-Krise gezeigt haben. Umso wichtiger ist es, in Fonds auf lange Sicht zu investieren.

Manchmal ist es organisatorisch nötig, dass Sie kurzfristig an Ihr Geld herankommen – beim Festgeld müssen Sie aber bis zum Ende der vereinbarten Laufzeit warten.

Dieser erste Vergleich zeigt: Die Eigenschaften Sicherheit, Rendite und Flexibilität lassen sich nicht vollständig mit einer Geldanlage erreichen. Die Mischung macht‘s! Setzen Sie nicht alles auf eine Karte. Als Beispiele für mögliche Mischungen verschiedener Anlageformen stellen wir ab Seite 99 die von Finanztest entwickelten „Pantoffel-Portfolios“ vor. Das sind Depotvorschläge, um renditestärkere Investments wie Aktienindexfonds (ETF) sinnvoll und bequem mit sicheren Anlageprodukten zu kombinieren.

Neben der Frage nach dem passenden Produkt für Altersvorsorge oder kurzfristige Geldanlage sollten Sie herausfinden, wie viel Sie überhaupt regelmäßig oder einmalig zur Seite legen können. Verzichten Sie dabei zum Beispiel nicht zugunsten Ihrer Sparziele auf wichtige Versicherungen wie die Risikolebensversicherung zur Absicherung Ihrer Angehörigen.

Gerade wenn Sie über längerfristige Anlagen nachdenken, planen Sie mögliche Schwankungen Ihrer Einnahmen ein – etwa wenn Sie vorhaben, in absehbarer Zeit eine Familie zu gründen und beruflich kürzerzutreten. Kalkulieren Sie zudem gewisse Risiken und unerwartete Posten ein: Könnte es sein, dass Sie zum Beispiel bald Geld für die Renovierung von Haus oder Dach benötigen oder für ein neues Auto?

→ Besonders lukrativ: Schulden tilgen

Bevor Sie Geld langfristig anlegen oder in Vorsorgeverträge stecken, tilgen Sie Kredite, soweit dies kostenfrei möglich ist. Müssen Sie etwa einen Immobilienkredit bedienen, schöpfen Sie zunächst mögliche Sondertilgungen aus. Dafür ist das Geld gut eingesetzt, vor allem, wenn Sie wieder höhere Zinsen von um die vier Prozent zahlen müssen. Sorgen Sie außerdem dafür, dass Ihr Tagesgeldkonto so gefüllt ist, dass Sie bei einem plötzlichen Notfall genug Geld zur Verfügung haben.

Mit privater Vorsorge die Pension sinnvoll ergänzen

Private Versicherung, Riester- oder Rürup-Rente? All das sind Optionen für die Altersvorsorge. Mit der gesetzlichen Rente gibt es eine weitere Alternative, die für Sie interessant sein kann.

An welche Lösung denken Sie als Erstes, wenn Sie nach Möglichkeiten suchen, Ihre finanziellen Spielräume für den Ruhestand aufzubessern? Vielleicht an eine private Rentenversicherung, in die Sie bis zum Ruhestand jeden Monat eine bestimmte Summe einzahlen, um dann als Pensionär eine regelmäßige und sichere Zusatzeinnahme zu haben? Oder an die staatlich geförderte Riester- oder Rürup-Rente?

Eine weitere, für viele Beamte geeignete Vorsorgemöglichkeit: die eigene Immobilie.

Zwar können mit dem Eigenheim im Ruhestand einige Kosten anfallen, etwa für eine mögliche Sanierung, aber letztlich sparen sich Immobilienbesitzer im Alter mit der Miete einen großen regelmäßigen Ausgabeposten. Geht es um die Finanzierung der Immobilie, sind Beamte gern gesehene Kunden der Banken, schließlich haben sie in der Regel einen sicheren Job und damit ein sicheres Einkommen. So haben sie oft gute Chancen auf günstige Kreditkonditionen (siehe „Immobilien als Chance", S. 109).

Zunächst stellen wir aber eine weitere Variante vor, an die Sie als Beamter vielleicht gar nicht dachten, die aber durchaus attraktiv sein kann: freiwillige Beiträge an die gesetzliche Rentenversicherung.

Gesetzliche Rente für Beamte

Nun fragen Sie sich vielleicht: Freiwillig in die gesetzliche Rentenversicherung einzahlen – was sollte das bringen? Schließlich sind die Medien voll mit Berichten darüber, dass auf die gesetzliche Rente schwierige Zeiten zukommen werden und vor allem die Jüngeren sich Sorgen um ihr finanzielles Auskommen im Ruhestand machen müssen. Vielleicht wissen Sie auch, dass Rentenansprüche, die Sie während einer angestellten Beschäftigung vor Ihrer Beamtenlaufbahn erworben haben, auf die Höhe der Pensionsansprüche angerechnet werden können, wenn Ihr Einkommen als Pensionär zu hoch ist. Also spricht doch einiges gegen eine weitere Einzahlung.

Aber es spricht auch einiges dafür. Freiwillige Rentenbeiträge können gerade für Beamte interessant sein, um sich eine lebenslange sichere Zusatzeinnahme zu verschaffen. Immerhin zeigen Berechnungen, dass selbst jüngere Versicherte, die erst in ein paar Jahrzehnten in Rente gehen, noch mehr herausbekommen können, als sie eingezahlt haben. Und: Wenn Sie freiwillige Beiträge an die Rentenkasse zahlen, müssen Sie nicht fürchten, dass aufgrund der sich aus diesen Beiträgen ergebenden Rente Ihre Pension gekürzt wird. Nur die Rentenansprüche, die sich aus Pflichtbeiträgen ergeben haben, können eventuell die Pension drücken (siehe „Nebeneinkünfte mit Auswirkungen auf die Pension", S. 143).

Beamte dürfen bis zum Erreichen der Regelaltersgrenze freiwillige Beiträge zahlen. Das ist das Alter, ab dem Mitglieder der gesetzlichen Rentenversicherung Anspruch auf eine reguläre Altersrente ohne Abschläge haben. Ein Rentenanspruch besteht, wenn Sie eine Versicherungszeit von mindestens fünf Jahren vorweisen können. Manchmal reichen aber auch Einzahlungen von weniger als fünf Jahren, wenn Sie etwa aus einer früheren Beschäftigung Versicherungszeiten vorweisen können.

Wie attraktiv die freiwilligen Beiträge sein können, zeigt folgende Situation.

Beispiel: Gritt ist 58 und überlegt, sich mit 63 vorzeitig pensionieren zu lassen. Seitdem ihre Kinder eigenes Geld verdienen und sie ihnen keinen Zuschuss zum Studi-

Sichere Einnahme
Beamte können freiwillige Beiträge an die gesetzliche Rentenkasse zahlen. Derzeit sind monatliche Beiträge bis rund 1 404 Euro möglich.

um mehr zahlen muss, ist sie finanziell deutlich flexibler als in den früheren Jahren. So kann sie fünf Jahre lang jeden Monat den jeweiligen Höchstbeitrag von 1404,30 Euro (Stand: 2024) an die Rentenkasse zahlen.

Durch diese Beiträge hat sie Anspruch auf eine Rente. Die Rentenversicherung ermittelt, wie hoch die eingezahlten Beiträge im Vergleich zu den Beiträgen aller Versicherten in der Rentenkasse sind, und schreibt ihr dementsprechend für jedes Beitragsjahr die sogenannten Entgeltpunkte auf ihrem Rentenkonto gut. Diese Punkte werden zu Rentenbeginn mit dem dann geltenden „aktuellen Rentenwert" multipliziert und erhalten so einen finanziellen Gegenwert. Einer dieser Entgeltpunkte bringt bis zum 30. Juni 2024 37,60 Euro. Jedes Jahr zum 1. Juli steigt der Wert in der Regel an.

Wenn Gritt nun fünf Jahre lang jeden Monat den Höchstbeitrag einzahlt, erwirbt sie jedes Jahr etwas mehr als zwei dieser Entgeltpunkte und kommt auf etwas mehr als 10 Punkte, was derzeit eine Monatsrente von rund 376 Euro ergibt.

Wie viel einzahlen? Wie lange?

Geld, das Sie in die gesetzliche Rente investieren, steht Ihnen erst im Ruhestand zur Verfügung, nicht etwa für größere Anschaffungen vorab. Das sollten Sie im Hinterkopf haben, wenn Sie überschlagen, wie viel freiwillige Rentenbeiträge Sie leisten wollen.

Beachten Sie ebenso die Steuerregeln. Freiwillige Rentenbeiträge gehören zwar zu den Vorsorgeaufwendungen, die das Finanzamt zu einem Großteil als Sonderausgaben steuermindernd berücksichtigt, doch es gilt eine Höchstgrenze: Diese lag im Jahr 2023 bei 26 528 Euro. Allerdings werden auf diese Grenze auch andere Vorsorgeaufwendungen angerechnet. Für Beamte gilt hier eine etwas andere Rechnung als für Arbeitnehmer: Der Maximalbetrag ist um einen fiktiven Wert zu kürzen, der je nach Bruttoeinkommen an die gesetzliche Rentenversicherung zu zahlen wäre.

Lassen Sie sich zum Beispiel von einem Steuerberater oder im Lohnsteuerhilfeverein ausrechnen, welche freiwilligen Beiträge sich in Ihrem Fall steuerlich lohnen.

Doppelter Vorteil

Angenommen, Gritt aus unserem Beispiel hat sich vorab informiert und festgestellt, dass sie – selbst wenn sie den freiwilligen Höchstbeitrag zahlt – in den fünf Beitragsjahren voll vom Steuervorteil profitiert.

Empfänger einer gesetzlichen Rente haben Anspruch auf einen Zuschuss zur Krankenversicherung.

Da Gritt privat krankenversichert ist, hat sie in der Auszahlphase – also sobald die gesetzliche Rente fließt – einen weiteren kleinen Finanzvorteil: Sie hat wie alle anderen Empfänger einer gesetzlichen Rente Anspruch darauf, dass die Rentenkasse ihr einen Zuschuss zur Krankenversicherung zahlt. Den Zuschuss erhalten Rentner, ganz gleich, ob sie gesetzlich oder privat krankenversichert sind.

Da Gritt privat versichert ist, ergibt sich der Vorteil so: Bei einer Rente von 376 Euro würde sie nach derzeitigem Stand 30,64 Euro Zuschuss zur Krankenversicherung erhalten. Sie bekommt das Geld, obwohl sich durch die gesetzliche Rente – anders als bei Kassenpatienten – nichts an der Höhe ihrer Beiträge zur Krankenversicherung ändert. Insgesamt bringen ihr die freiwilligen Rentenbeiträge also eine monatliche Zusatzeinnahme von mehr als 400 Euro.

Wer kennt sich aus?

Sie müssen nicht den freiwilligen Höchstbeitrag an die Rentenkasse zahlen. Niedrigere Beiträge sind möglich, bringen aber weniger Rente. Lassen Sie sich kostenlos bei der Deutschen Rentenversicherung beraten, um zum Beispiel vorab zu klären, welche Rente Sie sich sichern können und bis wann Sie möglichst mit der Einzahlung beginnen sollten. Termine vereinbaren Sie telefonisch über die kostenlose Hotline 0800/1000 4800.

Steuern einplanen

Beachten Sie aber, dass die gesetzliche Rente zu einem Großteil steuerpflichtig ist. Beginnt die Auszahlung 2024, sind es zum Beispiel 84 Prozent, bei Rentenbeginn 2025 sogar 85 Prozent. Treten die geplanten Änderungen bei der Besteuerung in Kraft, wird diese Grenze aber weniger stark steigen. Steuerpflicht besteht zudem bei anderen Alterseinkünften. Dies gilt sowohl für eine Rürup-Rente wie auch für die Riester-Rente. Die private Rentenversicherung ist in der Auszahlphase günstiger, in der Ansparphase können Sie mit Ihren Beiträgen aber meist keine Steuern sparen. Mehr unter „Wie viel Geld bleibt netto übrig?“, S. 146.

Vorsorgen mit staatlicher Unterstützung

Wollen Sie mit staatlicher Förderung fürs Alter sparen, kommen ein Riester- oder ein Rürup-Vertrag infrage. Beide Alternativen haben ihre Vorteile – aber auch Nachteile.

Auch als Beamter haben Sie die Möglichkeit, bei Ihrer privaten Altersvorsorge staatliche Förderung einzustreichen. So werden Sie in der Ansparphase entlastet:

- **Riester-Vertrag:** Sie haben Anspruch auf staatliche Zulagen für sich und Ihre Kinder, solange Sie Kindergeld erhalten. Je nach Einkommen und Höhe der Beiträge können Sie eventuell zusätzlich von Steuervorteilen profitieren.
- **Rürup-Vertrag**: Sie können Ihre Beiträge für den Vertrag in der Steuererklärung als Sonderausgaben geltend machen und sichern sich dadurch einen Steuervorteil.

Angestellte haben mit der sogenannten Betrieblichen Altersvorsorge eine dritte Alternative, um mit staatlicher Unterstützung zu sparen. Für Beamte gilt das nicht. Wenn Sie allerdings vor Ihrer Verbeamtung angestellt beschäftigt waren und in dieser Zeit in eine betriebliche Vorsorge eingezahlt haben, gehen Ihnen diese Ansprüche nicht verloren. Es kann jedoch passieren, dass Ihnen aufgrund der Betriebsrente die Pension gekürzt wird. Denn Sie dürfen als Pensionär nicht mehr als 71,75 Prozent des letzten Bruttogehalts haben. Überschreiten Sie diese Grenze durch Ihre Betriebsrente oder etwa durch Ansprüche auf eine gesetzliche Rente aus einer früheren Tätigkeit als versicherungspflichtiger Angestellter, müssen Sie Abzüge bei der Pension hinnehmen.

Zulagen und Steuervorteile

Die staatliche Förderung macht einen Riester- oder eventuell den Rürup-Vertrag interessant. Beide Vorsorgevarianten haben jedoch einige Nachteile, sodass der Abschluss sich nicht für jeden und nicht für jeden gleichermaßen lohnt. Das sollten Sie bedenken, ehe Sie einen solchen Vertrag abschließen.

Wenn Sie sich für einen Riester-Vertrag entscheiden, haben Sie in der Ansparphase den Vorteil, dass Sie als Sparer bis zu 175 Euro im Jahr als Grundzulage erhalten. Für ein 2008 oder später geborenes Kind gibt es bis zu 300 Euro Zulage jährlich, für ältere Kinder bis zu 185 Euro im Jahr. Die Kinderzulagen fließen, solange Sie Anspruch auf Kindergeld haben. Außerdem ist ein Steuervorteil möglich: Sie dürfen Riester-Beiträge bis zu einer Grenze von 2100 Euro im Jahr – eigene Einzahlungen plus staatliche Zulagen – als Sonderausgaben in der Steuererklärung abrechnen. So kann es sein, dass Sie nicht nur die Zulagen erhalten, sondern zusätzlich Steuern sparen.

Auch als Beamter haben Sie Anspruch auf die staatliche Förderung. Vor allem mit Kindern sind die staatlichen Zulagen ein dicker Pluspunkt für den Riester-Vertrag. Die vollen Zulagen fließen, wenn in den Vertrag inklusive der Zulagen mindestens 4 Prozent des Vorjahresbruttoeinkommens eingezahlt werden. Der Mindesteigenbetrag liegt bei 60 Euro im Jahr.

Beispiel: Christina ist 51 und hat zwei Kinder, 14 und 12 Jahre alt. Sie arbeitet bei der Kreisverwaltung in Teilzeit und hat 2023 brutto 23000 Euro verdient. Um für 2024 die vollen staatlichen Zulagen zu bekommen, müssen insgesamt 920 Euro (4 Prozent von 23000 Euro) an Riester-Beiträgen zusammenkommen. Wenn Christina für sich und die zwei Kinder insgesamt 775 Euro Zulagen bekommen will (175 plus 300 plus 300 Euro), muss sie also nur 145 Euro aus eigener Tasche dazulegen.

Eine Riester-Rente, die sich aus so niedrigen Einzahlungen ergibt, wird jedoch eher mäßig ausfallen, höhere Einzahlungen bringen entsprechend mehr. Gefördert werden pro Person Einzahlungen bis 2100 Euro jährlich: Bis zu dieser Grenze erkennt das Finanzamt Eigenbeiträge und Zulagen als Sonderausgaben an. Dadurch können Sie Steuern sparen. Die Ersparnis wird allerdings mit den bereits gezahlten Zulagen verrechnet.

Sie haben als Beamter einen direkten Anspruch auf die staatliche Förderung – Ihr Partner hat aber keinen Anspruch, zum Beispiel, weil er als Selbstständiger nicht in die gesetzliche Rentenversicherung einzahlt?

Dann kann Ihr Partner über Sie einen abgeleiteten Anspruch auf die staatliche Förderung haben: Wenn Sie riestern, kann auch der Partner einen Vertrag abschließen und von staatlicher Unterstützung profitieren. Allerdings können Sie dann zusammen nur bis zu 2160 Euro jährlich in ihre Verträge einzahlen. Wie Sie den Wert untereinander aufteilen, ist Ihnen überlassen. Vorgegeben ist aber, dass Sie die Mindestzahlung von 60 Euro im Jahr je Vertrag einhalten.

Riester-Sparer ohne Kinder erhalten maximal die 175 Euro Grundzulage. Über die Steuererklärung können sie zusätzlich profitieren. Angenommen, eine alleinstehende Frau hat 2022 und 2023 jeweils 54000 Euro brutto verdient. Sie hat aus eigener Tasche 1925 Euro Riester-Beiträge gezahlt und 175 Euro Zulage erhalten. Durch ihre Vorsorgebeiträge spart sie 2023 letztlich 533 Euro Einkommenssteuer. Ihr kompletter Riester-Vorteil liegt damit bei 708 Euro: 175 Euro Grundzulage plus 533 Euro Steuerermäßigung.

Diese Beispiele zeigen, dass die Riester-Vorsorge eine lohnende Investition sein

Riester fürs Eigenheim: Sie wohnen in Ihrer eigenen Immobilie, zahlen sie aber noch ab? Oder planen Sie den Hauskauf? Nutzen Sie dafür die Riester-Förderung. Infrage kommen etwa ein geförderter Bausparvertrag oder ein gefördertes Darlehen. Oder Sie nutzen angespartes Riester-Vermögen, etwa in einer Rentenversicherung oder in einem Banksparplan: Das Geld können Sie als Eigenkapital, für eine Sondertilgung Ihres Darlehens und seit 2024 auch für eine energetische Sanierung nutzen. Beantragen Sie bei der Zentralen Zulagenstelle für Altersvorsorge (ZfA) eine Entnahme aus Ihrem Riester-Vertrag. Mehr dazu unter test.de/thema/eigenheimfoerderung.

kann. Beachten Sie aber, dass die Auszahlung später komplett steuerpflichtig ist.

Im Vergleich zu anderen Vorsorgemöglichkeiten werden bei der Riester-Rente jedoch nur vergleichsweise geringe Sparsummen gefördert. Hinzu kommt, dass je nach Art des Vertrags mit dem Abschluss zum Teil enorme Kosten verbunden sind. Auch deshalb ist es wichtig, dass Sie einen Riester-Vertrag mit geringen Kosten wählen, der zu Ihrer Situation passt. Wenn Sie zum Beispiel planen, in Zukunft in ein Eigenheim zu investieren, ist ein Riester-Bausparvertrag interessant. Haben Sie mit Anfang oder Mitte 40 noch viel Zeit für die Altersvorsorge, kann für Sie ein geförderter Fondssparplan geeigneter sein.

Datenaustausch beachten

Wenn Sie riestern, geben Sie im Zulagenantrag an, dass Sie Besoldungsempfänger sind. Damit auch Sie als Beamter problemlos vom vollautomatischen Zulagenverfahren profitieren, ist es wichtig, dass Sie schriftlich einwilligen, dass die für die Besoldung oder Ihre Bezüge zuständigen Stellen der Zentralen Zulagenstelle für Altersvermögen (ZfA) alle erforderlichen Daten zur Verfügung stellen dürfen, damit die Höhe Ihrer Zulage berechnet werden kann. Denn die ZfA verfügt nicht automatisch über alle notwendigen Daten. Wenn Sie einwilligen, sind die für Sie zuständigen Stellen berechtigt, der ZfA jährlich mitzuteilen, dass Sie zum förderberechtigten Personenkreis gehören, und zusätzlich die Höhe Ihrer Besoldung im letzten Jahr zu nennen. Die Einwilligung können Sie formlos abgeben.

Als Rürup-Sparer mehr einzahlen

Wenn Sie deutlich mehr als die 2100 Euro im Jahr mit staatlicher Unterstützung anlegen wollen, erscheint ein Rürup-Vertrag als mögliche Alternative. Bei dieser Form der Altersvorsorge konnten Sparende 2023 bis zu 26 528 Euro im Jahr gefördert einzahlen.

Seit 2023 erkennt das Finanzamt die Einzahlungen bis zur Höchstgrenze zu 100 Prozent als Sonderausgaben an. Für gemeinsam veranlagte Ehepaare gelten jeweils die doppelten Werte. So ist es je nach Einzahlung und eigenem Einkommen möglich, einige Tausend Euro Steuern zu sparen.

Allerdings gelten diese Maximalbeträge nur für Selbstständige, die keinerlei Beiträge an die gesetzliche Rentenversicherung zahlen. Für Arbeitnehmer und für Beamte ist die Fördersumme niedriger. Angestellte müssen den Höchstwert um den Betrag kürzen, den sie und ihr Arbeitgeber an die gesetzliche Rentenversicherung zahlen. Für Beamte ergibt sich ein ähnlicher Wert, allerdings wird er etwas anders ermittelt: Der Maximalbetrag ist um einen fiktiven Wert zu kürzen, der je nach Bruttoeinkommen an die gesetzliche Rentenversicherung zu zahlen wäre. Wenn etwa ein Beamter im Jahr 50 000 Euro brutto verdient, ist der maximale Rürup-Beitrag um 9 300 Euro (18,6 Prozent von 50 000 Euro) zu kürzen. Somit wäre ein Jahres-Rürup-Beitrag von bis zu 17 228 Euro drin.

Aber Achtung: Wenn Sie im selben Jahr freiwillige Beiträge an die gesetzliche Rentenversicherung zahlen, wird diese Summe ebenfalls auf die zu fördernden Beiträge angerechnet. Nur der dann verbleibende Wert könnte noch mit staatlicher Förderung in einen Rürup-Vertrag fließen. Überlegen Sie also gut, ob und wie Sie die einzelnen Vorsorgevarianten miteinander kombinieren. Fragen Sie im Zweifel einen Steuerberater, damit Sie alle Vorteile ausschöpfen können.

Doch auch, wenn Sie mit Ihren Rürup-Beiträgen deutlich unter dem Förderhöchstbetrag bleiben, kann sich ein enormer Steuervorteil ergeben:

Beispiel: 2023 hat Helmut 6 000 Euro Rürup-Beiträge gezahlt. Davon hat ihm das Finanzamt im Zuge der Steuererklärung 100 Prozent als Sonderausgaben anerkannt. Aufgrund seines gesamten zu versteuernden Einkommens ergab sich für Helmut ein persönlicher Grenzsteuersatz von 30 Prozent. Damit haben ihm die Rürup-Beiträge eine Steuerersparnis von 1800 Euro gebracht. Wären sein Einkommen und sein persönlicher Steuersatz noch höher, wäre auch der Steuervorteil größer.

Allerdings sind mit dem Abschluss eines Rürup-Vertrags meist hohe Kosten verbunden. Hinzu kommt, dass es sich bei den Verträgen oft um fondsgebundene Rentenversicherungen handelt. Sind die Fonds teuer und deren Wertentwicklung mies, trägt der Kunde das Risiko. Außerdem sind Rürup-Verträge eher unflexibel. Die Rente kann frühestens mit 60 Jahren beginnen, bei von 2012 an geschlossenen Verträgen ab 62 Jahren. Die Kündigung eines laufenden Vertrags ist nicht möglich. Sie sollten sich daher gut überlegen, ob Sie solch eine dauerhafte Bindung eingehen wollen.

Auf lange Sicht: Sparen ohne staatliche Förderung

Private Renten- und Kapitallebensversicherungen waren lange Zeit sehr beliebt als Altersvorsorge. Doch die Verträge haben an Attraktivität verloren: Es lohnt sich, Alternativen zu suchen.

Vorsorgen ohne staatliche Förderung – das bedeutete über viele Jahre, dass oft private Renten- und Kapitallebensversicherungen abgeschlossen wurden. Je nach gewähltem Vertrag konnten die Versicherten damit nach einer längeren Ansparzeit auf eine größere Summe zurückgreifen, oder sie konnten sich eine lebenslange Rente sichern – oder beides.

Auch wenn Ihnen die Sicherheit Ihrer Geldanlagen wichtig ist, empfiehlt sich ein Neuabschluss einer solchen Versicherung ohne staatliche Förderung heute im Normalfall nicht mehr. Eine klassische private Rentenversicherung kommt allenfalls für Selbstständige infrage, die eine lebenslange Basisvorsorge suchen. Die garantierte Verzinsung der Verträge, bei denen die Versicherer das Geld ihrer Kunden überwiegend in sichere Zinsanlagen investieren, sind deutlich gesunken – bei neu abgeschlossenen Verträgen gab es bis 2024 nur noch 0,25 Prozent als garantierte Verzinsung. Diese Verzinsung gibt es auf die „Sparbeiträge". Das ist das, was von den eingezahlten Beiträgen nach Abzug der Kosten für Abschluss, Verwaltung und eventuelle Zusatzleistungen wie einen Schutz bei Berufsunfähigkeit übrig bleibt. Und die Kosten sind bei diesen Verträgen häufig ziemlich hoch.

Darüber hinaus muss der Versicherer Sie an seinen Überschüssen beteiligen, die er am Kapitalmarkt erwirtschaftet. Die Überschussbeteiligung ist aber nicht garantiert.

→ Laufende Verträge durchhalten

Wenn auch Sie einen solchen Vertrag abgeschlossen haben, halten Sie möglichst bis zum Ende der Laufzeit durch. Gerade wenn Sie ihn schon mehrere Jahre besparen, werden Sie eine recht attraktive Garantieverzinsung von vielleicht sogar 3,25 oder 4 Prozent sicher haben. Mit einer vorzeitigen Kündigung sind häufig Verluste verbunden. Eine Alternative zur Kündigung könnte sein, dass Sie den Vertrag beitragsfrei stellen. Dann müssen Sie nichts mehr einzahlen, bekommen aber trotzdem erst zum Ende der Laufzeit Ihr Geld.

Verträge in neuem Gewand

In den vergangenen Jahren sind immer mehr Verträge auf den Markt gekommen, die sich von früheren privaten Rentenversicherungen in der „alten klassischen Variante" mit sicherer Verzinsung von 0,25 Prozent unterscheiden: Viele Versicherer sind mittlerweile dazu übergegangen, nur noch Verträge ohne diese Garantieverzinsung anzubieten. Oftmals garantieren sie nur noch den Erhalt der eingezahlten Beiträge.

Solche Angebote heißen dann bei den Versicherern „neue Klassik". Im Gegenzug dafür, dass keine sicheren Zinsen angeboten werden, bieten die Gesellschaften den Kunden an, sie stärker an ihren Überschüssen zu beteiligen. Die Höhe dieser Überschüsse ist aber nicht garantiert, sondern hängt davon ab, wie erfolgreich die Versicherer am Kapitalmarkt investieren.

Mit Fondspolicen können Sie mehr Rendite erwirtschaften, allerdings ist damit ein höheres Risiko verbunden.

Wie das Vertragsguthaben dann später einmal in eine Rente umgerechnet wird, wollen die meisten Anbieter erst entscheiden, wenn es so weit ist. Den Sparern bleibt somit nur, sich überraschen zu lassen, wie hoch ihre Rente dann etwa in 30 oder 40 Jahren ausfallen wird. Ob und wie viel mehr Ihnen wirklich neben den eingezahlten Beiträgen bleibt, wissen Sie erst mal nicht.

Wünschen Sie sich trotz dieser Nachteile, die private Versicherungen zur Altersvorsorge haben, im Ruhestand eine garantierte lebenslange Rente, schauen Sie zunächst, ob eine Riester-Rentenversicherung infrage kommt, ehe Sie einen Vertrag ohne Förderung wählen.

Eine Alternative zum klassischen Vertrag können eventuell fondsgebundene Versicherungen sein. Entscheiden Sie sich für eine solche Fondspolice, fließt ein Großteil Ihrer Beiträge nicht in sichere Sparanlagen, sondern in Investmentfonds. Damit können Sie mehr Rendite erwirtschaften, allerdings ist damit ein höheres Risiko verbunden, da mit den Fonds Verluste möglich sind.

So kann es Ihnen passieren, dass Sie am Ende der Vertragslaufzeit weniger herausbekommen, als Sie eingezahlt haben. Wenn Sie dieses Risiko nicht schreckt, sollten Sie wenn möglich einen Vertrag bei einem Direktversicherer abschließen, um die Vertragskosten möglichst gering zu halten. Außerdem ist es empfehlenswert, für die Anlage auf kostengünstige ETF zu setzen.

▶ **In den letzten Tarifvergleichen der Stiftung Warentest gab es aber nur wenige gute Angebote für Fondspolicen. Die Ergebnisse finden Sie auf test.de mit dem Suchwort „Fondspolice".**

Fonds und mehr: Chance auf höhere Renditen

Gerade weil Sie ein sicheres Einkommen haben, sollten Sie Fonds in Ihre Planungen für Altersvorsorge und Geldanlage mit einbeziehen. Vor allem Indexfonds (ETF) sind als bequeme Geldanlage interessant.

Versicherungsverträge für die Vorsorge haben in den vergangenen Jahren an Attraktivität verloren. Und jetzt? Überlegen Sie, ob es für die Altersvorsorge unbedingt die absolute Sicherheit sein muss: Sind Sie dank der zu erwartenden Pension und Ihrer aktuellen Einkommenslage bereit, sich ein gewisses Risiko bei der privaten Altersvorsorge zu leisten?

Wenn ja, können Sie Investmentfonds für Ihre Vorsorgestrategie einplanen. Vor allem mit Fonds, die in Aktien investieren, stehen die Chancen sehr gut, auf lange Sicht – der Anlagehorizont sollte bei mindestens zehn, besser noch 15 Jahren liegen – eine ordentliche Rendite zu erzielen und so für das Alter ein ansehnliches Polster anzusparen.

Allerdings gibt es, wie schon bei den Fondspolicen erwähnt, keine absolute Sicherheit. Zwischenzeitliche Verluste sind je nach Entwicklung an den Börsen möglich. Crashs wie während der Corona-Krise gab es schon häufiger. Geht es an den Börsen bergab, verlieren Ihre Fondsanteile an Wert. Ungünstig wäre es, wenn Sie die Anteile genau während eines solchen Tiefs abstoßen müssen, weil Sie kurzfristig dringend Geld benötigen. Dieses Risiko sollten Sie bei Ihren Anlageentscheidungen unbedingt beachten: Planen Sie so, dass Sie das in Fonds investierte Geld nicht zu einem festen Termin benötigen, sondern ausreichend Zeit haben, um ein mögliches Börsentief aussitzen zu können, ehe Sie Ihre Anteile verkaufen.

Das Verlustrisiko bei Fonds ist aber geringer, als wenn Sie nur Aktien einzelner Unternehmen kaufen. Ein Aktienfonds streut das eingesammelte Anlegergeld auf viele verschiedene Aktien. Falls eine davon Verlust macht, lässt sich das eher durch andere erfolgreiche Aktien ausgleichen.

Zugegeben: Aufgrund der Kursschwankungen ist nicht jeder ein Fan davon, Geld an der Börse zu investieren. Doch es gibt Möglichkeiten, das Risiko weiter zu begrenzen und sich abzusichern, zum Beispiel, indem Sie nicht alles auf eine Karte setzen, sondern die investierte Summe aufteilen. Konkrete Vorschläge für eine sinnvolle Aufteilung finden Sie auf den folgenden Seiten.

Dort präsentieren wir mit den „Pantoffel-Portfolios“ Depotvorschläge, die die Stiftung Warentest entwickelt hat.

Natürlich können wir nicht voraussagen, wie sich die Börsen in Zukunft entwickeln, doch ein Blick in die Vergangenheit ist vielversprechend. Finanztest hat Ende Juli 2022 nachgerechnet: Hätten sich Anleger 30 Jahre vorher für einen der vorgestellten Pantoffel-Sparpläne entschieden, hätten sie trotz der schweren Krisen, die es während dieser Zeit an den Börsen gab, im Durchschnitt zwischen 3,0 und 6,6 Prozent Rendite pro Jahr erzielen können.

Die Vielfalt an Fonds

Vielleicht sind Fonds schon längst ein Bestandteil Ihrer Geldanlagestrategie? Sie investieren bereits, zum Beispiel in ETF, die „Exchange Traded Funds“? Dann finden Sie weiter unten im Text Tipps, worauf Sie bei der Pflege Ihres Depots achten sollten und welche Fonds in unseren Tests am besten abgeschnitten haben. Vorab stellen wir aber kurz für Börsenneulinge vor, wie ihnen der Einstieg ins Fondsinvestment gelingt.

Grundsätzlich gibt es bei Fonds verschiedene Unterscheidungskriterien. Bei Aktienfonds fließt das Geld der Anleger überwiegend in Aktien. Investiert der Fonds das Geld hingegen in Anleihen, auch Renten genannt, handelt es sich um einen Rentenfonds. Erwirbt der Fonds sowohl Aktien als auch Anleihen, ist von einem Mischfonds die Rede. Darüber hinaus gibt es beispielsweise noch Immobilienfonds. Sie investieren das Geld der Anleger in Bürogebäude, Hotels oder Shopping-Center.

Auch innerhalb der einzelnen Fondsgruppen gibt es Unterschiede. Investieren Sie in einen Aktienfonds, fließt das Geld je nach Ausrichtung des Fonds zum Beispiel ausschließlich in Aktien deutscher Unternehmen oder in Firmen eines anderen Landes wie die USA oder Großbritannien. Oder es fließt in Unternehmen einzelner Branchen wie Chemie, Automobile oder Banken. Eine solche begrenzte Ausrichtung des Fonds bedeutet ein höheres Risiko. Sicherer gehen Sie mit breit streuenden Fonds, die das Kundengeld über verschiedene Branchen und Länder verteilen. Solche Fonds nennen sich beispielsweise Aktienfonds Welt oder Aktienfonds Europa.

ETF oder aktiv gemanagter Fonds?

Ein weiteres Unterscheidungskriterium ist, ob es sich um einen aktiv gemanagten Fonds handelt oder um einen Indexfonds.

Für die langfristige Geldanlage eignen sich Sparpläne auf börsengehandelte Indexfonds (ETF – Exchange Traded Funds) besonders gut. Sie sind günstig und bequem und liefern zuverlässig gute Ergebnisse. Sie bilden in der Regel einen Index ab, etwa den Dax, der die Wertentwicklung der 40 größten Aktiengesellschaften am deutschen Markt darstellt, oder den weltweiten Index MSCI World, der rund 1500 Firmen aus den Industrienationen beinhaltet. Ein Fonds,

Anlegen auf lange Sicht
ETF sind bequem und bieten gute Renditechancen. Entscheidend ist, langfristig anzulegen, um Krisen aussitzen zu können.

der sich auf einen solchen Index bezieht, entwickelt sich wie die Aktien im Index.

Damit funktionieren die ETF anders als die „aktiv gemanagten Fonds“. Bei aktiv gemanagten Fonds wählt der Fondsmanager aktiv die Anlagen aus, in die das Geld der Einzahler fließt. Von den Auswahlentscheidungen des Managements hängt es ab, ob der Fonds gut läuft oder nicht.

→ Blick in das vorhandene Depot

Viele Anleger haben aktiv gemanagte Fonds. Solange sie gut abschneiden, müssen sie die nicht verkaufen, sondern können sie behalten. Auch damit lässt sich fürs Alter sparen. Aktive Fonds können bessere Ergebnisse bringen als ETF, allerdings schafft das nur ein kleiner Teil von ihnen. Die meisten sind schlechter. Wer wissen will, wie gut sein Fonds ist, dem hilft unsere Datenbank (siehe „Wer kennt sich aus?“, S. 102).

Nur Mut – einsteigen oder durchhalten!

Sie überlegen, in Fonds zu investieren, weil für Sie die genannten Voraussetzungen – wie ein Anlagehorizont von mindestens zehn, besser 15 Jahren – passen? Dann können Sie zum Beispiel einmalig eine größere Summe in Indexfonds (ETF) anlegen oder aber regelmäßig Geld in Form eines Sparplans investieren. Meist sind bereits Einzahlungen ab 25 oder 50 Euro im Monat oder im Quartal möglich.

Für die Investition in ETF sprechen unter anderem diese Argumente:

- **Preis:** ETF sind im Vergleich zu aktiv gemanagten Investmentfonds günstig. Anleger zahlen etwa 0,3 bis 0,5 Prozent pro Jahr an Verwaltungsgebühren. Für aktiv gemanagte Investmentfonds wird meist das Drei- bis Fünffache fällig.
- **Flexibilität:** Wählen Sie einen Sparplan und wird das Geld doch einmal knapp, können Sie die Einzahlungen sofort unterbrechen oder den Sparplan auflösen.

- **Bequemlichkeit:** Sie können ohne lange Vorbereitung einfach einsteigen und müssen sich danach nur noch wenig mit Ihrer Investition beschäftigen. Sie können die Fonds über jede Bank an der Börse kaufen. Sparpläne auf ETF gibt es inzwischen fast überall, auch bei Sparkassen und Genossenschaftsbanken.

Vielleicht sind Sie schon längst von ETF überzeugt und investieren bereits. Dann bleiben Sie dran und behalten die Entwicklung im Depot regelmäßig im Auge.

Oder ist all das Neuland für Sie? Sie sind zwar längst der Meinung, dass ETF in Ihrer aktuellen Situation infrage kommen können, aber noch zögern Sie, weil Sie nicht wissen, wie genau Sie weiter vorgehen müssen? Keine Angst, der Start ist nicht schwer:

- **Depot:** Eine Voraussetzung für Ihren Einstieg in Fonds ist, dass Sie ein Wertpapierdepot eröffnen. Das können Sie bei Ihrer Hausbank tun, oder Sie richten ein oftmals deutlich günstigeres Depot bei einer Direktbank im Internet ein. Dorthin überweisen Sie Geld von Ihrem Girokonto, um davon die Fonds kaufen zu können. Ihre Depotbank muss Sie darüber informieren, dass mit dem Investment ein gewisses Risiko verbunden ist.
- **Sparplan:** Wollen Sie nicht nur einmalig, sondern in monatlichen Raten in ETF investieren, benötigen Sie zudem von der Bank einen speziellen Sparplan. Bei Direktbanken sind die Kosten für solche Sparpläne in der Regel deutlich günstiger als bei Filialbanken.
- **Fonds-Auswahl:** Finden Sie den passenden Fonds! Längst nicht jeder ETF eignet sich für jeden Anleger. Für die Basisanlage sind global oder europaweit ausgerichtete ETF die beste Lösung: Sie streuen das Anlegergeld breit. So ist das Risiko geringer als etwa bei einem Fonds, bei dem das Geld nur in Unternehmen eines Landes oder einer Branche investiert wird.
- **Kauf:** Ist die Wahl auf einen Fonds gefallen? Dann beauftragen Sie entweder den Berater Ihrer Hausbank oder Sparkasse mit dem Kauf. Oder als Kunde einer Direktbank geben Sie die Order für den Börsenkauf selbst ein.

Das Depot bestücken

In der Aufzählung oben gibt es einen Punkt, der besonders kniffelig erscheinen mag: die Fonds-Auswahl. Gerade für Börsenneulinge könnte die Frage nach dem „passenden Fonds“ ein entscheidendes Hindernis sein. Schließlich ist die Auswahl riesig, und nicht jeder Fonds eignet sich für jeden Anleger! Die Stiftung Warentest liefert hier eine Entscheidungshilfe, sie bewertet regelmäßig rund 20 000 Fonds.

Eine weitere Entscheidungshilfe sind die von der Stiftung Warentest entwickelten „Pantoffel-Portfolios“. Das sind verschiedene einfache Depotvorschläge. Es handelt sich dabei um ein auch für Einsteiger geeignetes Anlagekonzept mit ETF. Wenn Sie sich danach richten, investieren Sie sowohl in Aktien als auch in sichere Zinsanlagen.

Für Börsen-Einsteiger kommt vor allem der „Welt-Pantoffel" infrage. Sie kaufen dann Anteile an einem Aktienfonds Welt und mischen dazu einen Sicherheitsbaustein aus Tagesgeld oder Festgeld.

Wer mag und eventuelle Durststrecken aussitzen kann, könnte auch einen Rentenfonds mit Staatsanleihen aus Euroland oder einem Mix aus Staats- und Unternehmensanleihen nehmen. Diese sind zuletzt wegen der gestiegenen Renditen an den Anleihemärkten wieder attraktiver geworden. Dies gilt aber auch für Tages- oder Festgeld. Mehr zu Chancen und Risiken von Anleihen lesen Sie unter „Sicher sparen", S. 106).

Die Zinsanlagen sorgen für die nötige Sicherheit in Ihrem Depot, um das Verlustrisiko insgesamt weiter zu begrenzen. Eine Übersicht mit konkreten ETF-Beispielen, die in Ihr Depot passen, finden Sie in der Checkliste auf S. 104.

Die Stiftung Warentest hat Depotvorschläge in sicherer, ausgewogener und riskanter Form zusammengestellt. Die ausgewogene Variante: Sie investieren jeweils gleich viel Geld in einen Aktien-ETF und in Zinsanlagen (siehe Grafik unten). Diese Variante dürfte für die meisten die passende sein. Wenn Sie einen sichereren Weg gehen wollen, wählen Sie zu 75 Prozent Zinsanlagen und kaufen nur zu 25 Prozent Anteile am Aktienfonds. Wenn Sie sich ein höheres Risiko leisten können, weil Ihre Beamtenstelle nicht nur sicher ist, sondern auch gut bezahlt und Sie dazu gute Nerven besitzen, wäre eine Aufteilung in 75 Prozent Aktienfonds und 25 Prozent Zinsanlagen denkbar.

Bei Onlineanbietern lohnt sich ein Pantoffel-Portfolio ab 10 000 Euro. Bei Filialbanken sollten Sie dagegen mindestens 20 000 anlegen, da höhere Mindestgebühren zu zahlen sind.

Für vorsichtige und risikobereite Anleger gleichermaßen geeignet

Das Pantoffel-Portfolio gibt es in drei Varianten – je nachdem, wie viel Risiko Anleger eingehen wollen. Als Aktienbaustein kommen ETF auf international breit gestreute Indizes wie den MSCI World infrage, als Zinsbaustein Tages- und Festgeld sowie Rentenfonds mit erstklassigen Anleihen.

Defensiv:
Pantoffel für Vorsichtige

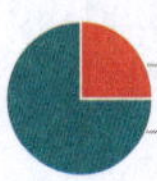

25 % Aktienfonds
75 % Zinsanlagen

Ausgewogen:
Der Fifty-fifty-Pantoffel

50 % Aktienfonds
50 % Zinsanlagen

Offensiv:
Pantoffel für Risikobereite

75 % Aktienfonds
25 % Zinsanlagen

Quelle: Finanztest

Haben Sie Ihr Pantoffel-Portfolio bestückt, prüfen Sie am besten einmal im Jahr, ob das aktuelle Verhältnis von Aktienfonds und Zinsanlagen noch zu Ihrem ursprünglichen Plan passt: Ist das Depot noch ausgewogen, müssen sie nichts tun. Ist aber zum Beispiel der Aktienanteil auf mehr als 60 Prozent gestiegen oder unter 40 Prozent gefallen ist, ist es besser einzugreifen. Bei der defensiven oder offensiven Mischung sollten Sie handeln, sobald der Aktien-ETF über 35 beziehungsweise 85 Prozent klettert oder unter 15 beziehungsweise 65 Prozent sinkt.

→ Selbst rechnen und wenn nötig umschichten

Unter test.de/pantoffelrechner können Sie selbst ausrechnen, wie das Verhältnis zwischen der sicheren Geldanlage und dem Aktienanteil ist. Müssen Sie Anpassungen vornehmen, zum Beispiel weil der Aktienanteil zu groß geworden ist? Dann zahlen Sie beim Sparplan so lange beide Raten aufs Tages- oder Festgeldkonto, bis die ursprüngliche Aufteilung wieder stimmt. Danach teilen Sie Ihre gesamte Rate aber wieder so auf wie vorher üblich. Haben Sie einmalig eingezahlt, müssen Sie umschichten: Geben Sie Anteile des Aktienfonds zurück und zahlen Sie das Geld auf das Tagesgeldkonto, bis das Verhältnis wieder passt.

Noch etwas mehr wagen

Haben Sie finanziell mehr Spielräume und vielleicht schon Erfahrung in Sachen Fonds, kommen auch andere Depotvorschläge für Sie infrage, etwa der „Tiger-Pantoffel". Hier kaufen Sie nicht Anteile am MSCI World, sondern am MSCI All Countries. Der Unterschied: Der MSCI World enthält Aktien von Unternehmen aus den Industrienationen, hauptsächlich aus den USA, im MSCI All Countries sind auch Schwellenländer wie China oder Brasilien vertreten. Das erhöht die Chancen, aber auch die Risiken, weil die Schwellenländer krisenanfälliger sind.

Nachhaltig anlegen

Wenn Sie auf der Suche nach einer nachhaltigen Investitionsmöglichkeit sind, werden Sie bei den Fondsbewertungen und Pantoffel-Portfolios ebenfalls fündig: Es gibt einige aktiv gemanagte Fonds und inzwischen immer mehr nachhaltige ETF, mit denen sich ein nachhaltiges Pantoffel-Portfolio bestücken lässt (siehe Checkliste S. 104). Die ETF beziehen sich auf einen Index, der ethische und ökologische Kriterien beachtet – sei es durch Ausschlusskriterien oder die gezielte Auswahl von Unternehmen mit positivem Einfluss auf Umwelt und Gesellschaft.

Die strengsten Kriterien finden Anleger bei aktiv gemanagten Fonds.

Für ethisch-ökologisch orientierte Anleger, die in ETF investieren wollen, ist der weltweite Index MSCI World Socially Responsible ein brauchbarer Kompromiss.

Wer kennt sich aus?

Die Auswahl an aktiv gemanagten Fonds und ETF ist riesig. Die Stiftung Warentest bewertet die Fonds regelmäßig. Die Ergebnisse finden Sie in der großen Fondsdatenbank unter test.de/fonds. Sie sind teilweise kostenpflichtig. Unter test.de/pantoffelportfolio gelangen Sie zu den konkreten Depot-Vorschlägen, die Rendite- und Sicherheitsbaustein miteinander kombinieren. Speziell zum Thema ETF gibt es darüber hinaus diverse Publikationen, etwa das Finanztest-Spezial „Anlegen mit ETF“ oder einen gleichnamigen Ratgeber im Buch-Format, jeweils erhältlich unter test.de/shop oder im Buchhandel.

Der Index wird nach dem Best-in-Class-Prinzip aufgestellt und bündelt damit die nachhaltigsten Unternehmen einer Branche. Bestimmte Firmen wie Waffenhersteller werden sofort aussortiert. In einem weiteren Schritt fallen Firmen mit kontroversen Geschäftspraktiken wie Kinderarbeit heraus. Mit den Ausschlüssen von Atomkraft, geächteten Waffen sowie Menschenrechtsverletzungen erfüllt der Index die ethischen Kriterien von Finanztest. Er enthält mehr als 400 Aktien aus 23 Ländern.

Auch für die europäischen Aktienmärkte gibt es ETF, mit denen Anleger ihr Geld nachhaltig investieren können. Anleger können etwa in einen Fonds auf den MSCI Europe SRI Index investieren. SRI steht für Socially Responsible Investment. Eine weitere Nachhaltigkeitsfamilie bilden die MSCI Europe ESG Indizes.

Den Sicherheitsbaustein im Pantoffel-Portfolio können Sie ebenfalls nachhaltig bestücken. Am besten entscheiden Sie sich für ein Tagesgeldkonto bei einer nachhaltigen Bank, oder Sie kaufen einen nachhaltigen Rentenfonds. Bekannte Nachhaltigkeitsbanken sind zum Beispiel die GLS Bank, die Umweltbank und die niederländische Triodos Bank. Auch Kirchenbanken zählen dazu. Sie legen bei Geldanlage und Kreditvergabe ethisch-ökologische Maßstäbe an. Ausgeschlossen sind Geschäfte mit Waffen und Rüstung, meistens auch Atomkraft und Menschenrechtsverletzungen.

Das Angebot an nachhaltigen Renten-ETF, die idealerweise in grüne Staats- und Firmenanleihen investieren und klimafreundliche Projekte finanzieren sollten, ist jedoch klein. Was wirklich in solchen ETF steckt, können Anlegende im Jahresbericht des Fonds nachlesen.

Das Finanzamt ist mit im Boot

Erzielen Sie mit Ihren ETF-Geschäften oder mit Ihren anderen Geldanlagen Erfolge, müssen Sie einplanen, dass Sie Ihre Erträge nicht komplett allein behalten dürfen: Laufende Kapitalerträge wie Zinsen und Dividenden sowie Gewinne aus dem Verkauf von Fondsanteilen sind steuerpflichtig. Derzeit gilt die Abgeltungsteuer in Höhe von 25 Prozent, die Ihre Bank an das Finanzamt überweist. Auch der Solidaritätszuschlag ist auf Kapitaleinkünfte fällig. Gehören Sie einer Kirche an, müssen Sie zudem Kirchensteuer für Ihre Kapitalerträge zahlen.

Allerdings müssen Sie für Ihre Zinsen und Kapitalerträge nicht gleich ab dem ersten Euro Steuern zahlen: Für jeden Anlegerin und jeden Anleger sind 1000 Euro Kapitalerträge im Jahr steuerfrei. Wenn Sie mit Ihrem Partner eine gemeinsame Steuererklärung machen, können Sie als Paar bis zu 2000 Euro steuerfreie Kapitalerträge im Jahr erzielen. So hoch ist der sogenannte Sparerpauschbetrag, der Anlegern zusteht.

2024 müssen viele Fondsanleger wieder die Vorabpauschale für zukünftige Kursgewinne zahlen.

Um von diesem Steuerfreibetrag zu profitieren, müssen Sie Ihrer Bank oder Ihren Banken einen sogenannten Freistellungsauftrag erteilen. Erst, wenn Sie Kapitalerträge erzielen, die über den freigestellten Betrag hinausgehen, wird die Bank davon Abgeltungsteuer abziehen und an das Finanzamt überweisen.

Wenn sich die Bank um den Abzug der Steuer kümmert, ist die Steuerschuld auf Kapitalerträge damit grundsätzlich abgegolten, wie es der Name Abgeltungsteuer schon sagt. Eine Steuererklärung auf Kapitalerträge sollte eigentlich nicht mehr nötig sein. Das gilt zum Beispiel, wenn Sie nur Kunde oder Kundin deutscher Banken sind.

Doch ganz so einfach ist es häufig nicht. In bestimmten Situationen sind Sie doch verpflichtet, Ihre Kapitalerträge beim Finanzamt abzurechnen, zum Beispiel wenn Sie Erträge im Ausland erzielen. Oder es ist zumindest sinnvoll, Ihre Kapitalerträge in der Steuererklärung abzurechnen, zum Beispiel weil Ihr persönlicher Steuersatz unter 25 Prozent liegt. In dem Fall müssen Sie auch nur diesen niedrigeren Satz für Kapitaleinkünfte zahlen. Damit das Finanzamt mit dem niedrigeren Satz rechnet, müssen Sie aber die Anlage KAP mit der Steuererklärung ausfüllen. Eine andere Chance auf Steuererstattung kann sich beispielsweise ergeben, wenn Sie im Steuerjahr Ihre Freistellungsaufträge ungünstig verteilt hatten.

Fondsbesteuerung beachten

Speziell für Fondsanleger gibt es weitere wichtige Steuerregeln zu beachten, weil sich die Regeln zur Fondsbesteuerung mit dem Steuerjahr 2018 grundlegend änderten und sich dies 2024 erstmals seit Jahren wieder für Fondsanleger ausgewirkt haben kann.

Für in Deutschland aufgelegte Fonds und ETF wird bereits auf Fondsebene eine Kör-

Checkliste

So bestücken Sie Ihr Pantoffel-Portfolio

Der von Finanztest entwickelte Depotvorschlag „Welt-Pantoffel“ eignet sich auch für Einsteiger an den Börsen: Sie kombinieren als Rendite-Baustein einen ETF auf einen weltweit streuenden Aktienindex wie den MSCI World mit Tages- oder Festgeld als Sicherheitsbaustein in Ihrem Depot.

Ablauf. Entscheiden Sie sich zunächst für einen Index und dann für einen Fonds. Wollen Sie nicht einmalig einzahlen, sondern regelmäßig, müssen Sie beachten, dass es nicht bei jeder Bank jeden ETF als Sparplan gibt. Folgende Fonds auf einen weltweit streuenden Aktienindex bewertet Finanztest derzeit (Stand: Ende Oktober 2023) als 1. Wahl:

Aktien-ETF Welt (MSCI World)
Deka (Isin: 00 0ETF L508)
iShares (IE 00B 4L5 Y98 3)
HSBC (IE 00B 4X9 L533)
Xtrackers (IE 00B K1P V551)
SPDR (IE 00B FY0 GT1 4)
Vanguard (IE 00B KX5 5T5 8)
UBS (IE 00B 7KQ 7B66)
Amundi (LU 178 1541 17 9)

Aktien-ETF Welt inklusive Schwellenländern (MSCI All Countries)
SPDR (IE 00B 44Z 5B4 8)
Vanguard (IE 00B 3RB WM2 5)
SPDR (IE 00B 3YL TY6 6)
Amundi (LU 2089 238 203)
iShares (IE 00B 6R5 225 9)

Nachhaltig anlegen. Wollen Sie Ihren Weltpantoffel mit nachhaltigen Geldanlagen bestücken, kommen nachhaltige Welt-ETF als Rendite-Baustein infrage. „1. Wahl“ bei Finanztest sind (mehr dazu unter test.de/fonds):

UBS (LU 062 945 974 3)
iShares (IE 00B YX2 JD6 9)
Amundi (LU 186 113 438 2)
UBS (IE 00B DR5 547 1)
BNP Easy (LU129 110 864 2)

Sicherheitsbaustein. Für alle, die nachhaltig anlegen wollen, kommt ein Tages- oder Festgeldkonto bei einer nachhaltigen Bank infrage. Bekannte Nachhaltigkeitsbanken sind zum Beispiel die GLS Bank, die Umweltbank und die niederländische Triodos Bank. Auch Kirchenbanken zählen dazu.

perschaftsteuer in Höhe von 15 Prozent auf deutsche Dividenden, deutsche Mieterträge sowie auf Gewinne aus dem Verkauf deutscher Immobilien fällig, die direkt aus dem Fondsvermögen gezahlt werden müssen. Früher galt hingegen, dass in Deutschland Erträge, die innerhalb des Fonds erzielt wurden, komplett steuerfrei waren. Fondsanleger, egal ob bei aktiv gemanagten Fonds oder ETF, wurden im Wesentlichen genau wie Direktanleger behandelt. Es galt: Nur der Anleger wird besteuert, nicht der Fonds.

Für Sie als Privatanleger bedeutet dies, dass bei Ihnen von den Erträgen eines Fonds weniger ankommt. Dafür erhalten Sie aber eine Kompensation. Zum Ausgleich für die steuerliche Vorbelastung auf Fondsebene stellt der Fiskus Ausschüttungen aus den Fonds und Verkaufsgewinne beim Privatanleger teilweise frei. Das heißt, Sie zahlen für die Ausschüttungen des Fonds und Gewinne aus dem Verkauf von Fondsanteilen teilweise keine Abgeltungsteuer.

Die Höhe des steuerfreien Anteils richtet sich nach der Art des Fonds: Handelt es sich beispielsweise um einen Aktienfonds und ETF mit mindestens 51 Prozent Aktienanteil, betragen die Teilfreistellungen für Privatanleger 30 Prozent.

Eine weitere große Neuerung betraf die sogenannten thesaurierenden Fonds. Das sind Fonds, bei dem die Erträge nicht an den Anleger ausgeschüttet, sondern gleich wieder mit angelegt werden. Bei sämtlichen Varianten von thesaurierenden und nur teilausschüttenden Fonds wird anteilig jährlich eine Vorabpauschale als fiktiver Ertrag von den Banken automatisch errechnet. Auf diese Pauschale wird dann die 25-prozentige Abgeltungsteuer einbehalten. Hierbei wird noch die Teilfreistellung berücksichtigt, die je nach Fonds-Typ anfällt.

Ob die Vorabpauschale anfällt, hängt vom Basiszins ab, den die Bundesbank festsetzt. Dieser beläuft sich auf Grund des Zinsanstiegs an den Kapitalmärkten für 2023 auf 2,55 Prozent. Die Banken zogen deshalb Anfang 2024 erstmals seit Jahren wieder auf Grundlage der Vorabpauschale Abgeltungsteuer bei den betreffenden Fonds ein. Diesen Steuerabzug vom Verrechnungskonto Ihres Depots können Sie aber grundsätzlich vermeiden, wenn Sie Ihren Sparerpauschbetrag nutzen und einen Freistellungsauftrag eingereicht haben. Ist der Wert des relevanten Fonds im abgelaufenen Kalenderjahr nicht gestiegen, wird ohnehin keine Vorabpauschale berechnet. Gut für Sie: Verkaufen Sie irgendwann die Fondsanteile, werden die gezahlten Vorabsteuern sämtlicher Jahre vom Verkaufsgewinn abgezogen. Das mindert den Restertrag, der dann noch auf einen Schlag zu versteuern ist.

→ Steuerregeln im Überblick

Mehr zur Fondssteuer und anderen Steuerthemen finden Sie unter test.de, Suchwort: Investmentsteuerreform und im Ratgeber „Anlegen mit ETF“, erhältlich unter test.de/shop.

Darf es ein bisschen mehr sein?
Sparangebote sollten Sie unbedingt vergleichen. Manche Banken und Sparkassen rücken trotz des Zinsanstiegs nur Minizinsen heraus. Dann lieber die Bank wechseln.

Sicher sparen

Entscheiden Sie sich für sichere Sparprodukte, erwirtschaften Sie derzeit wieder höhere Zinsen. Wie sich Tages- und Festgeld nutzen lassen, um riskantere Investments abzusichern.

Ihnen ist Sicherheit bei der Geldanlage absolut wichtig? Sie können quasi nicht mehr ruhig schlafen, wenn mit Ihren Investitionen ein Risiko verbunden ist?

Für alle, die beim Sparen allein auf absolute Sicherheit setzen wollen, haben sich die Aussichten aufgrund der gestiegenen Zinsen deutlich verbessert: Zwar werden langlaufende Banksparpläne von den Geldhäusern trotz der höheren Zinsen kaum noch aktiv angeboten. Es lohnt sich aber wieder, auf Tagesgeld- oder Festgeldkonten Geld sicher anzulegen. Anfang 2024 konnten Sparende so durchaus Zinsen von drei bis vier Prozent erzielen. Damit ließ sich sogar die Teuerung wieder ausgleichen. Tages- und Festgeld eignen sich darüber hinaus als Sicherheitsbaustein für risikobereitere Anleger, um damit das Risiko anderer Investments abzufedern. Das zeigen zum Beispiel die von der Stiftung Warentest entwickelten „Pantoffel-Portfolios" (siehe „Das Depot bestücken", S. 99).

Kurz- und mittelfristig anlegen

Ein Tagesgeldkonto eignet sich, um Geld sicher anzulegen, auf das Sie kurzfristig zugreifen können. Dort können Sie ein Notfallpolster ansparen, das Sie zum Beispiel dann sofort anzapfen, wenn kurzfristig eine Autoreparatur oder der Kauf eines neuen Notebooks ansteht. Überweisungen vom Tagesgeldkonto sind über das Referenzkonto, zum Beispiel Ihr Girokonto, direkt möglich. Bei der Wahl des Anbieters sollen Sie jedoch unbedingt darauf achten, dass die Bank nicht nur Neukunden für meist bis zu sechs Monaten überdurchschnittlich hohe Zinsen bietet, sondern auch danach und für Bestandskunden gute Konditionen bietet. Etwas unflexibler sind Sie, wenn Sie Ihr Geld zum Beispiel in längerfristigem Festgeld und Sparbriefen anlegen. Wählen Sie zum Beispiel ein Festgeldkonto, kommen Sie nur jeweils zum Ende der vereinbarten Laufzeit an Ihr Geld. Die Laufzeit kann zum Beispiel ein Jahr oder mehrere Jahre betragen. Sie sollten Ihr Geld aber nicht komplett für vier Jahre oder länger an ein solches Angebot binden. Zum einen waren zuletzt die Zinsen für Festgeld mit einer Laufzeit von drei oder vier Jahren nicht höher als für ein oder zwei Jahre. Zum anderen können Sie nicht davon profitieren, wenn die Zinsen in den nächsten Jahren weiter anziehen sollten.

Finanztest empfiehlt deshalb die Leiterstrategie, um für alle Szenarien gewappnet zu sein. Dabei teilen Sie Ihr Geld in mehreren Tranchen auf, zum Beispiel für ein, drei, fünf Jahre und zehn Jahre oder ein, zwei und drei Jahre. So wird regelmäßig ein Teil des Geldes fällig, das wieder neu angelegt werden kann. Ein weiterer Vorteil: Mit dem Geld, das länger gebunden ist, sichern Sie sich die gestiegenen Zinsen für mehrere Jahre. Fallen in der Zwischenzeit die Zinsen am Kapitalmarkt, muss die Bank den vereinbarten Zins für Ihr Festgeld weiter bis zum Ende der Laufzeit zahlen.

Wer kennt sich aus?

Die Stiftung Warentest vergleicht regelmäßig die Zinsangebote am Markt. Sie finden sowohl Übersichten zu Tages- und Festgeld als auch zu Sparplänen. Weitere Informationen erhalten Sie zum Beispiel zum Thema Einlagensicherung – also zur Frage, wie Ihr Geld im Fall einer Pleite Ihrer Bank geschützt ist. All das gibt es unter test.de/zinsen.

Sicherheit auch bei Pleite

Geld, das Sie bei einer Bank in Deutschland oder in einem anderen EU-Land anlegen, ist auch im Fall einer Bankenpleite geschützt. Dafür sorgt die sogenannte Einlagensicherung. Durch die Einlagensicherung gehen Anleger, die bis zu 100 000 Euro in Tages- oder Festgeld investieren, theoretisch kein Risiko ein, denn sie sollten bei einer Bankenpleite entschädigt werden. So sehen es die EU-Regeln vor. Allerdings gibt es noch keine gemeinsame EU-Einlagensicherung, und in vielen Ländern befindet sie sich noch im Aufbau.

Deshalb schaffen es in die Zinsvergleiche von Finanztest nur Angebote von Banken aus Ländern, die von Ratingagenturen Bestnoten für ihre Wirtschaftskraft erhalten, neben Deutschland zum Beispiel Frankreich, die Niederlande, Österreich und Schweden.

Investieren Sie in Deutschland, ist die Einlagensicherung oft aber besser: Über zusätzliche Sicherungssysteme garantieren die meisten Kreditinstitute in Deutschland deutlich höhere Beträge als die genannten 100 000 Euro pro Sparer.

Anleihen: Sie werden zum Kreditgeber

Eine Alternative zu den Sparangeboten der Banken können Anleihen sein. Sie werden unter anderem von Staaten und großen Industriekonzernen herausgegeben, die auf diese Weise zusätzliches Kapital einsammeln. Anleihen werden auch als „Renten" bezeichnet. Ein Teil dieser Papiere ist sehr sicher, mit anderen gehen Sie ein deutliches Risiko ein.

Zu den besonders sicheren Anleihen gehören die „Bundesanleihen". Das sind die Wertpapiere, die die Bundesrepublik Deutschland herausgibt, um zusätzliches Geld einzunehmen. Bundesanleihen gibt es mit Laufzeiten von bis zu 30 Jahren.

Mit dem Zinsanstieg sind diese Papiere wieder attraktiver geworden: So lag etwa die Rendite der zehnjährigen Bundesanleihe Anfang 2024 bei um die zwei Prozent. Mit Anleihen anderer Staaten oder von Unternehmen können Sie deutlich mehr Rendite erzielen. Allerdings gehen Sie mit der Investition auch ein zum Teil deutlich höheres Anlagerisiko ein.

Fonds statt Einzelanleihe

Sie können zwar einzelne Anleihen kaufen, doch im Normalfall kommt eher die Investition in einen Rentenfonds infrage – das Geld vieler Anleger wird in dutzende Anleihen investiert, um das Risiko zu verteilen.

Lange Zeit galten Rentenfonds Euro – das Geld der Anleger fließt nur in Anleihen, die in der europäischen Währung gehandelt werden – als geeigneter Baustein, um Geld sicher anzulegen: etwa als Sicherheitsbaustein im Wertpapierdepot in Kombination mit einem etwas riskanteren Aktienindexfonds.

Gerade 2022 verloren viele Rentenfonds jedoch erheblich an Wert. Das lag an den steigenden Zinsen. Diese führten bei den bereits erworbenen Anleihen in den Fonds zu Kursverlusten, wodurch wiederum die Fonds bis zu etwa 20 Prozent an Wert einbüßten. Die Zinswende hat aber auch eine gute Seite: Die gestiegenen Zinsen tragen dazu bei, dass die Fonds künftig wieder ansehnlichere Erträge herausholen können.

Wie hoch die künftigen Renditechancen sind, hängt davon ab, wie sich die Zinsen entwickeln. Finanztest rechnet damit, dass die Fonds in den kommenden Jahren meist ein Plus erwirtschaften werden. Anleihe-ETF können also wieder als Sicherheitsbaustein eine Alternative im Depot sein.

Immobilien als Chance

Ein sicherer Job und damit ein sicheres Einkommen, dazu gefallene Immobilienpreise: Trotz gestiegener Zinsen spricht einiges dafür, in Immobilien zu investieren – aber mit guter Vorbereitung.

→ **Je nachdem,** an welcher Stelle im Berufs- wie im Privatleben Sie sich gerade befinden, wird bei langfristigen Investitionen ein Faktor eine ganz besondere Rolle spielen: die eigene Immobilie. Schließlich sind die Mieten weiter gestiegen, sodass bei vielen Berufstätigen der Wunsch reifen kann, in die eigenen vier Wände zu ziehen. Die Zeiten dafür sind besser, als Sie womöglich denken: Die Zinsen für Hypothekenkredite haben sich zwar bis Anfang 2024 auf etwa 3,5 Prozent mehr als verdreifacht. Vorbei die Zeiten, als es Baugeld für 1 Prozent gab. Aber im historischen Vergleich bewegen sich Bauzinsen in Höhe von drei bis vier Prozent noch deutlich unter dem Durchschnitt. Hinzu kommt: Die Immobilienpreise sind 2023 kräftig gesunken.

Vielleicht sind Sie gerade Anfang oder Mitte 30, haben sich beruflich etabliert und wollen in den nächsten fünf Jahren in das eigene Zuhause ziehen? Wenn ja, sollten Sie das bei Ihrer weiteren Geldanlagestrategie berücksichtigen. Denn um den Plan oder Traum vom Eigenheim zu verwirklichen, brauchen Sie gerade auf Grund der gestiegenen Kreditzinsen möglichst viel Eigenkapital. Bringen Sie mehr eigenes Geld mit, müssen Sie weniger Geld teuer leihen. Und Sie bekommen den Kredit von der Bank günstiger und zahlen weniger Zinsen. Sie sollten, wenn möglich, zumindest 20, besser 30 Prozent der Baukosten oder des Kaufpreises als Eigenkapital haben und zusätzlich sämtliche Nebenkosten aus vorhandenen Mitteln zahlen können. Nebenkosten sind zum Beispiel die Grunderwerbssteuer, Notargebühren und eventuell Ausgaben für einen Makler.

Um dieses Eigenkapital zu erwirtschaften, empfiehlt es sich, dass Sie bei Ihrer Geldanlage eher auf sichere Produkte wie Festgeld oder einen Bausparvertrag setzen – Geld, das für die Immobilienfinanzierung kurz- bis mittelfristig zur Verfügung stehen soll, ist zum Beispiel in einem ETF nicht optimal aufgehoben.

Was, wenn die Börsenkurse gerade in dem Moment schlecht stehen, in dem Sie Ihre Fondsanteile für Ihr Haus verkaufen wollen? Haben Sie noch Geld in riskanteren Anlagen wie Aktienfonds investiert, verkaufen Sie Ihre Anteile möglichst zu einem günstigen Zeitpunkt. Und wählen Sie die Laufzeiten für Ihre Zinsanlagen so, dass Sie zu Ihren Immobilienplänen passen.

→ Riester-Erspartes nutzen

Haben Sie bereits einen Riester-Vertrag, können Sie Ihr dort Erspartes für Ihre Immobilienpläne nutzen, etwa für eine Sondertilgung (siehe Kasten S. 92). Möglich ist auch, dass Sie riestergeförderte Darlehensverträge oder Kombikredite abschließen.

Können wir es wagen?

Sie sind bereits einen Schritt weiter? Sie haben das nötige Eigenkapital beisammen und wollen schnellstmöglich den Traum vom Eigenheim in die Tat umsetzen?

So schön die Aussicht ist: Handeln Sie nicht unüberlegt und lassen Sie sich nicht von den gesunkenen Preisen blenden. Mehrere Rahmenbedingungen sollten stimmen, damit das Projekt Eigenheim tatsächlich zum Erfolg wird. Zum einen müssen die persönlichen Faktoren passen: Wie steht es beispielsweise mit Ihrer Zeit und Lust, sich um Ihr Projekt zu kümmern? Schließlich ist damit einiger Aufwand verbunden.

Ein weiterer Punkt, den Sie beachten sollten: Als Eigenheimbesitzer sind Sie nicht mehr so flexibel wie vorher. Ist nicht nur Ihr Job sicher, sondern auch der Ihres Partners? Können Sie damit rechnen, dass in den nächsten Jahren keiner von Ihnen in eine andere Stadt versetzt wird? Die Empfehlung lautet deshalb, nur zu kaufen oder zu bauen, wenn Sie wirklich sicher sind, mindestens die nächsten zehn Jahre dort wohnen zu können. Es lohnt sich nämlich nicht, die Nebenkosten wie Grunderwerbsteuer und Maklercourtage zu zahlen, wenn Sie nach wenigen Jahren Ihre Immobilie schon wieder verkaufen müssen, weil eine Vermietung für Sie nach einem berufsbedingten Umzug nicht in Frage kommt.

Es ist allerdings in der Regel nicht ganz einfach, ein passendes Objekt zu finden. Zunächst muss der Preis zu Ihrem Budget passen, und zwar so, dass Ihre Finanzierung nicht zu eng geschneidert ist. Gerade in den gefragten Hochschul- und Großstädten sind die Preise aber immer noch so hoch, dass sich viele Menschen einen Kauf gar nicht leisten können. Daran hat auch der Rückgang der Immobilienpreise nichts geändert.

Neben dem Preis sollten Sie weitere Faktoren in den Blick nehmen: Passen die Verkehrsanbindung und die Infrastruktur? Gibt es Kindergarten, Schule, Supermarkt und Ärzte in der Gegend? Wie weit ist Ihr Arbeitsweg? Muss das Eigenheim energetisch saniert werden, und welche Kosten fallen dafür an? Schauen Sie sich möglichst mehrere Objekte an, und nehmen Sie sich Zeit für Vergleich und Auswahl.

Die Finanzierung

Wenn alles zusammenpasst – Ihre Wünsche, Ihr Eigenkapital, ein passendes Objekt –, geht es nun darum, die passende Finanzierung auf die Beine zu stellen. Beachten Sie bei Ihren Planungen zur Finanzierung, dass mit dem Immobilienkauf oder Bau einige Nebenkosten verbunden sind, zum Beispiel Grunderwerbsteuer, Maklerprovision und Notargebühren. Je nach Bundesland werden zum Beispiel bis zu 6,5 Prozent Grunderwerbsteuer fällig. Kaufen Sie beispielsweise in Nordrhein-Westfalen ein Haus im Wert von 350 000 Euro, zahlen Sie allein 22 750 Euro Steuern.

Je nach Bundesland sollten Sie einplanen, dass Sie gut 10 oder sogar 15 Prozent des Kaufpreises an zusätzlichen Ausgaben haben werden. Dabei sind die Kosten für Umzugsunternehmen, Maler oder Gartenbauer noch nicht einmal berücksichtigt.

Wenn Sie einen Überblick zu Ihrem Eigenkapital und zu sämtlichen zu erwartenden Kosten haben, gehen Sie zur Bank – am besten gleich zu mehreren Banken – und lassen sich dort einen Finanzierungsplan erstellen. Sie sollten am besten so kalkulieren, dass Sie spätestens zu Beginn Ihres Ruhestands schuldenfrei sind. Zumindest sollten die Schulden bis dahin so weit abgebaut sein, dass Sie die Kreditraten problemlos mit Ihrer Pension zahlen können.

Ihr Vorteil: Als Beamte sind Sie gern gesehene Kunden bei den Banken, schließlich können Sie sich im Regelfall auf einen sicheren Job und ein sicheres Einkommen verlassen. Darauf können Sie bei Verhandlungen über Kredite verweisen und sich gute Konditionen sichern.

Nutzen Sie Ihren finanziellen Rahmen gut aus: Viele Haus- und Wohnungsbesitzer sind derzeit gezwungen, niedrigere Tilgungssätze zu wählen, damit Ihnen die Monatsraten nicht über den Kopf wachsen. Sie sollten sich aber bewusst sein, dass Sie bei einem niedrigeren Tilgungssatz von einem Prozent zwar weniger monatlich weniger zurückzahlen müssen, dadurch dauert es allerdings länger, bis Sie ihre Schulden abbezahlt haben. Unbedingt sollten Sie darauf

Wer kennt sich aus?

Die Stiftung Warentest untersucht regelmäßig die Konditionen für Erst- und Anschlussfinanzierungen von Immobilien. Einen Überblick zu den jeweils aktuellen Ergebnissen finden Sie unter test.de mit den Suchworten „Eigenheimfinanzierung" und „Anschlussfinanzierung". Über die Internetseite können Sie außerdem mehrere kostenlose Rechner nutzen und so Ihr Projekt Eigenheim vorbereiten: Welche Immobilie und welche Kredithöhe können wir uns bei unserem Einkommen leisten? Wie viel müssten wir jeden Monat aufbringen, um eine bestimmte Kreditsumme zu begleichen? Ist es günstiger, eine Wohnung zu mieten oder zu kaufen? Sie finden die Rechner unter test.de, Suche nach „Baufinanzierung Rechner".

bestehen, dass Sie die Tilgungsrate während der Laufzeit mehrmals verändern können. Vorteil: Werden Sie befördert und verdienen deutlich mehr, können Sie die Tilgungsrate erhöhen, weil mehr Geld für höhere Monatsraten in Ihrem Haushaltsbudget ist.

Grundsätzlich gilt: Die Finanzierung der Immobilie sollte nicht auf wackeligen Füßen stehen. Planen Sie mögliche Risiken in Ihre Überlegungen ein. Anders als Angestellte müssen Sie zwar das Risiko „Jobverlust" im Regelfall nicht fürchten, doch was, wenn Sie etwa aufgrund einer Krankheit dienstunfähig werden oder sich die familiäre Situation durch den Tod des Partners komplett verändert? Dann kann es schwierig werden, die fälligen Kreditraten zu überweisen. Im schlimmsten Fall kann es Ihnen passieren, dass Sie das Haus verlieren.

Schon längst eingezogen

Sie wohnen längst in Ihrer eigenen Immobilie? Auch wenn sich die Themen „Eigenheim finden" und „Ansparen von Eigenkapital" damit erst mal erledigt haben, spielen Finanzfragen rund ums Haus weiter eine Rolle. Vielleicht läuft in absehbarer Zeit die Zinsbindung für Ihr Immobiliendarlehen aus. Dann müssen Sie sich Gedanken über die Anschlussfinanzierung machen.

Ein wichtiger Termin dafür ist „zehn Jahre nach Auszahlung des Immobiliendarlehens". Entweder, Sie haben sowieso nur eine Zinsbindung über eben diese zehn Jahre vereinbart. Oder Sie haben zwar eine längere Zinsbindung Ihres Kredits vereinbart, doch nach zehn Jahren haben Sie ein Kündigungsrecht, um vorzeitig in einen dann vielleicht günstigeren Anschlusskredit zu wechseln. Die Kündigungsfrist beträgt dabei sechs Monate. Entweder, Sie verhandeln mit Ihrer bisherigen Bank neu über die Finanzierung, oder Sie wechseln zu einer anderen Bank, die Ihnen bessere Konditionen als Ihre Hausbank bietet.

Das mag zunächst sehr aufwendig erscheinen, doch die Mühe kann sich lohnen – wenn Sie andernorts weniger Zinsen zahlen müssen. Als Finanztest 2023 die Konditionen für Anschlussfinanzierungen verglichen hat, ergaben sich je nach Kreditvariante Zinsunterschiede von mehr als 20 000 Euro zwischen den Top-Anbietern und den teuersten Banken. Vergleichen lohnt sich!

„ Forward-Darlehen sind eine Chance, sich vorab für die Zeit nach Ablauf der ersten Zinsbindung bestimmte Kreditkonditionen zu sichern.

Achtung: Auch wenn die zehn Jahre noch nicht ganz rum sind, sondern zum Beispiel erst acht oder neun Jahre seit der Auszahlung des Darlehens vergangen sind, können sogenannte Forward-Darlehen eine Möglichkeit sein, sich schon jetzt für die Zeit nach Ablauf der ersten Zinsbindung gute

Kreditkonditionen zu sichern. Solche Darlehen lassen sich mit einem Vorlauf von bis zu fünf Jahren abschließen. Allerdings verlangen die Banken dafür einen Zinsaufschlag. Das ist quasi ihre Absicherung gegen steigende Zinsen. Je länger die Vorlaufzeit, desto höher der Aufschlag. Letztlich müssen Sie also entscheiden, wie viel Ihnen die Sicherheit wert ist, sich schon heute bestimmte Zinsen für die Zukunft zu sichern.

→ Raus aus dem Haus

Wieder einen Schritt weiter sind Sie, wenn etwa Ihre Kinder mittlerweile auf eigenen Füßen stehen, sodass Ihr bisheriges Eigenheim für Sie zu groß geworden ist. Dann geht es vielleicht um die Frage, wie Sie Ihr Haus oder Ihre Wohnung zu einem vernünftigen Preis verkaufen können. Gelingt das, könnte der Erlös reichen, um davon beispielsweise eine neue Eigentumswohnung zu finanzieren. Doch wie gehen Hausverkäufer am besten vor? Der Verkauf der Immobilie dürfte erneut eines der größten Geschäfte Ihres Lebens sein. Rat und Hilfe können Sie zum Beispiel über die Verbände für Bauherren und Immobilienbesitzer bekommen. Der Ratgeber „Meine Immobilie erfolgreich verkaufen“ fasst zudem die wichtigsten Tipps zusammen, erhältlich unter test.de/shop.

Kaufen und vermieten

Gerade in den Zeiten steigender Mieten mag auch der Gedanke an eine vermietete Immobilie als Geldanlage verlockend erscheinen. Dieser Schritt bedarf wiederum einer genauen Planung. Immerhin kommen damit einige Aufgaben auf Sie zu: die Suche nach dem passenden Objekt, die Instandsetzung und Instandhaltung, die Mietersuche, Nebenkostenabrechnungen. All das kostet Zeit und Mühe und ist nicht unbedingt jedermanns Sache.

Ein weiterer Nachteil ist, dass eine vermietete Immobilie eine sehr unflexible Geldanlage ist. Es drohen Verluste, wenn Sie kurzfristig verkaufen müssen, weil Sie Geld benötigen. Wenn Sie das nicht schreckt und Sie das passende Objekt finden, stellen Sie sicher, dass die Finanzierung steht.

Um den Kredit finanzieren zu können, gilt: Die Nettomiete für Ihre Immobilie – das ist die Kaltmiete abzüglich Betriebskosten – sollte mindestens so hoch sein, dass sie ausreicht, um die laufenden Darlehenszinsen und die Instandhaltungs- und Verwaltungskosten zu decken. Noch besser wäre natürlich, die Nettomiete reicht zusätzlich für die Tilgung aus.

Gut versichert zu jeder Zeit

Neben der Krankenversicherung gibt es einige andere Verträge, um die Sie sich kümmern sollten. Manche Versicherungen sind unbedingt zu empfehlen, andere sind immerhin sinnvoll. Wieder andere können Sie sich sparen. Zeit für einen Versicherungs-Check!

Mit Beginn Ihrer Beamtenlaufbahn stellt sich vor allem die Frage nach der passenden Krankenversicherung (siehe „Beihilfe und Krankenversicherung“, S. 35). Doch es gibt weitere Versicherungen, um die Sie sich kümmern müssen oder sollten. Manche davon sind in bestimmten Situationen gesetzlich vorgeschrieben, etwa die Kfz-Haftpflichtversicherung für Fahrzeughalter. Bei vielen anderen Produkten haben Sie die freie Wahl – und als Beamte eventuell einen attraktiven Vorteil. Denn häufig bieten die Versicherer spezielle Tarife für Beschäftigte im Öffentlichen Dienst mit Beitragsrabatten an. Doch egal, wie günstig eine angebotene Versicherung durch den Rabatt ist: Es empfiehlt sich unbedingt, trotzdem Vergleichsangebote einzuholen.

Achten Sie beim Abschluss aber nicht nur auf den geforderten Beitrag, sondern werfen Sie einen Blick ins Kleingedruckte – auch wenn es spannendere Aufgaben gibt. Doch was nützt Ihnen eine günstige Versicherung, die aber im Ernstfall nicht zahlt, weil der Vertrag eine bestimmte Leistung nicht beinhaltet?

Wer kennt sich aus?

Versicherungsordner entstauben, vorhandenen Schutz prüfen und verbessern, überflüssige Verträge kündigen: Auf dem Weg zum passenden Versicherungsschutz hilft Ihnen das „Versicherungs-Set" der Stiftung Warentest. Hier finden Sie nicht nur ausführliche Informationen zu den wichtigsten Versicherungsarten, zu organisatorischen Fragen vom Vertragsabschluss über die Schadensregulierung bis zur Kündigung, sondern auch zahlreiche Checklisten, die helfen, Ihren Schutz zu optimieren. Sie erhalten das Set im Handel sowie unter test.de/shop.

Im ersten Schritt empfiehlt es sich, dass Sie sich einen Überblick verschaffen, welche Verträge Sie bereits haben, welche Sie je nach Lebenssituation haben sollten und wovon Sie getrost die Finger lassen können.

Welcher Schutz ist wie wichtig?

Mithilfe der großen Übersichtstabelle auf Seite 118/119 können Sie sich einen Überblick zu Ihrem Versicherungsbedarf verschaffen. Hier haben wir die wichtigsten Versicherungen klassifiziert:

- **Unbedingt notwendig:** Ohne einen solchen Schutz wären Sie oder Ihre Familie im Schadensfall womöglich ruiniert. Zu den Verträgen, die unbedingt notwendig sind, gehören beispielsweise die private Haftpflichtversicherung sowie die vom Gesetzgeber vorgeschriebene Krankenversicherung – entweder bei einer gesetzlichen Krankenkasse oder bei einem privaten Versicherer.
- **Sehr zu empfehlen:** Ohne diesen Versicherungsschutz wäre im Ernstfall Ihre finanzielle Existenz bedroht. Dazu zählen wir unter anderem die Wohngebäudeversicherung für Immobilienbesitzer sowie die Risikolebensversicherung für alle, die für Angehörige sorgen.
- **Sinnvoll:** Fehlt dieser Schutz, können Kosten entstehen, die Sie zwar empfindlich treffen, aber im Regelfall anders als ein durch Feuer zerstörtes Zuhause nicht die finanzielle Existenz bedrohen. Ein Beispiel dafür ist die Hausratversicherung je nach Wert der Einrichtung. Auch eine private Pflegezusatzversicherung kann sinnvoll sein, wenn Sie sich für eine mögliche Pflegebedürftigkeit zusätzliche Leistungen wie ein Tagegeld sichern wollen.
- **Mit Einschränkungen sinnvoll:** So bewerten wir beispielsweise die Rechtsschutzversicherung. Sie kann zwar eine wertvolle Hilfe sein, doch unter Umständen gibt es günstigere Alternativen – etwa die Mitgliedschaft im Mieterverein, um sich Rechtsberatung für Streitigkeiten mit dem Vermieter zu sichern.

Der Bedarf ändert sich

Einige der genannten Versicherungen benötigen Sie in jeder Lebenslage. Dazu gehört zum Beispiel die Privathaftpflichtversicherung, die in keinem Haushalt fehlen sollte. Spätestens mit dem Einstieg in das richtige Berufsleben benötigen Sie hier einen eigenen Vertrag.

Andere Verträge können hingegen erst im Laufe des Lebens zum Thema werden, etwa die Wohngebäudeversicherung für Immobilienbesitzer oder eine Risikolebensversicherung, sobald Sie eine Familie gründen oder ein Immobiliendarlehen abbezahlen müssen.

→ Wo finde ich gute Angebote?

Die Frage danach, welche Verträge überhaupt notwendig sind, ist nur der Anfang. Im nächsten Schritt geht es darum, aus der breiten Palette an Tarifen ein passendes, gutes und wenn möglich günstiges Angebot herauszufischen. Die Stiftung Warentest prüft die einzelnen Versicherungsarten in regelmäßigen Abständen. Auf der Internetseite test.de finden Sie die jeweils aktuellen Ergebnisse. Ein Blick darauf lohnt sich auch, wenn Sie die wichtigsten Verträge bereits haben: Gut möglich, dass es mittlerweile günstigere Angebote gibt oder solche mit verbraucherfreundlicheren Vertragsbedingungen.

Sie brauchen längst nicht alles

Es gibt aber auch verschiedene Versicherungen, die Sie sich sparen können, zum Beispiel weil sie nur ein kleineres Risiko abdecken oder ein Risiko, das bereits anderweitig abgesichert ist oder anderweitig besser abgesichert werden kann.

So zählen beispielsweise Handy- oder Brillenversicherungen zu den Verträgen, auf die Sie eher verzichten können. Überlegen Sie vor Abschluss, ob Sie tatsächlich Beiträge dafür zahlen wollen, oder ob es für Sie günstiger ist, separat etwas Geld zurückzulegen, auf das Sie zur Not zugreifen können.

Auch das Geld für eine Reisegepäckversicherung können Sie sich häufig sparen, unter anderem, weil Sie einen gewissen Diebstahlschutz für Ihr Gepäck haben, wenn Sie eine Hausratversicherung abgeschlossen haben. Zum Teil ist Ihr Gepäck auch über den Reiseveranstalter geschützt. Eine zusätzliche Police könnte aber für Schiffs- oder Busreisen hilfreich sein.

Zu den Versicherungen, die Sie sich meist sparen können, zählt außerdem die Sterbegeldversicherung. Hier zahlt der Kunde regelmäßig so viel ein, dass die Angehörigen im Todesfall auf eine Summe zurückgreifen können, mit der sich die Ausgaben für die Beerdigung begleichen lassen. Das erscheint hilfreich, um der Familie später eine schwierige Aufgabe zu erleichtern, doch eine Versicherung ist dafür nicht die günstigste Lösung. Legen Sie stattdessen besser auf eigene Faust Geld zurück.

Versicherungs-Check: Diesen Schutz brauchen Sie

+++ Unbedingt notwendig. Auf diesen Schutz sollten Sie keinesfalls verzichten.
++ Sehr zu empfehlen. Diesen Schutz sollten Sie nach Möglichkeit haben.
+ Sinnvoll. Dieser Schutz ist sinnvoll, muss aber nicht unbedingt sein.
+– Dieser Schutz ist nur mit Einschränkungen sinnvoll.

Wofür?	Welche Versicherung?	Wie wichtig?	Wer braucht sie?
Wenn Sie andere schädigen	Privathaftpflicht	+++	Jeder, egal ob alleinstehend, als Paar oder Familie.
	Kfz-Haftpflicht	+++	Pflicht für Kraftfahrzeughalter.
	Tierhalterhaftpflicht	+++	Hundehalter und Pferdebesitzer. In manchen Bundesländern Pflicht für Hundehalter.
	Gewässerschadenhaftpflicht	+++	Öltankbesitzer.
	Bauherrenhaftpflicht	++	Bauherren.
	Haus- und Grundbesitzerhaftpflicht	++	Eigentümer und Vermieter von Immobilien und von unbebauten Grundstücken.
Krankheit und Pflege	Private Kranken- und Pflegeversicherung	+++	Beamte, als Ergänzung der Beihilfe. Meist ist die private Versicherung in Form eines Beihilfegrundtarifs und möglicher Ergänzungstarife erste Wahl.
	Gesetzliche Krankenversicherung	+++	Beamte, die sich gegen den privaten Schutz entscheiden. Eine gesetzliche Kasse kann eventuell für neue Beamte in unteren Besoldungsgruppen und mit mehreren Kindern interessant sein, wenn der Dienstherr einen pauschalen Zuschuss zu den Beiträgen einer gesetzlichen Kasse zahlt.
	Private Krankenzusatzversicherungen	+	Gesetzlich Krankenversicherte, die sich mehr Leistungen sichern wollen als die der gesetzlichen Krankenversicherung.
	Private Pflegezusatzversicherung	+	Beamte, die sich mehr Leistungen sichern wollen als die, die Ihnen je nach Dienstherr und Pflegepflichtversicherung zustehen.

Wofür?	Welche Versicherung?	Wie wichtig?	Wer braucht sie?
Berufsunfähigkeit und Invalidität	Berufsunfähigkeitsversicherung	++	Alle Erwachsenen, die von ihrem Erwerbseinkommen leben, vor allem wenn sie eine Familie ernähren müssen.
	Erwerbsunfähigkeitsversicherung	++	Alle, die aus Kostengründen oder wegen ihres Risikos keinen Berufsunfähigkeitsschutz erhalten.
	Unfallversicherung	+	Erwachsene, um sich vor den finanziellen Folgen eines Unfalls in der Freizeit zu schützen.
Die Familie gut absichern	Risikolebensversicherung	++	Alle, die für andere sorgen.
	Kinderinvaliditätsversicherung	++	Kinder und Jugendliche bis zum Ende ihrer Ausbildung, danach Berufsunfähigkeitsschutz.
	Kinderunfallversicherung	+	Kinder und Jugendliche, sofern keine Kinderinvaliditätsversicherung vorhanden ist.
Zu Hause und im Alltag	Wohngebäudeversicherung	++	Jeder Eigentümer eines Wohnhauses.
	Hausratversicherung	+	Bei Hausrat mit höherem Wert.
	Rechtsschutzversicherung (Verkehrsrechtsschutz siehe unten)	+–	Selbstständige, Angestellte, Mieter, Privatleute je nach Leistungspaket. Gewerkschaften (Arbeitsrecht) oder Vereine (Mietrecht) bieten für spezielle Probleme oft preiswerteren Rechtsschutz.
Unterwegs immer sicher	Auslandsreisekrankenversicherung	++	Alle Kassenpatienten sowie Privatversicherte, wenn die Kostenübernahme für medizinisch notwendige Rücktransporte aus dem Ausland fehlt.
	Reiserücktrittkostenversicherung	+	Urlauber, die teure Pauschalreisen buchen, vor allem mit kleinen Kindern.
	Kfz-Vollkaskoversicherung	+	Besitzer neuer Fahrzeuge.
	Kfz-Teilkaskoversicherung	+	Besitzer höherwertiger älterer Autos.
	Verkehrsrechtsschutz	+	Jeder Verkehrsteilnehmer.
	Autoschutzbrief	+–	Autofahrer. Preisgünstig beim Kfz-Haftpflichtversicherer abzuschließen.

Wichtiger Schutz für mich

Neben der Krankenversicherung brauchen Sie weiteren Schutz. So sollten Sie sich zum Beispiel um Berufsunfähigkeits-, Unfall- und Haftpflichtversicherung kümmern.

Durch Beihilfe und Krankenversicherung haben Sie die Sicherheit, dass Heil- und Gesundheitskosten voll oder zumindest zu einem Großteil übernommen werden. Aber was, wenn Sie zum Beispiel schwerwiegende Rückenprobleme oder eine psychische Erkrankung daran hindern, Ihren Dienst weiter auszuüben oder sogar in irgendeiner Form weiter berufstätig zu sein? Für diesen Ernstfall sollten Sie sich unbedingt absichern.

Wenn beruflich nichts mehr geht

Sollten Sie Ihren Dienst aus gesundheitlichen Gründen nicht mehr ausüben können, stehen Sie nicht mit leeren Händen da, denn Sie haben Anspruch auf eine finanzielle Unterstützung bei Dienstunfähigkeit. Die Beamtenversorgung sieht hier eine finanzielle Absicherung vor. Ausführlich gehen wir im Kapitel „Versorgungsansprüche bei Dienstunfähigkeit" ab S. 74 auf das Thema und die Höhe der Versorgungsbezüge ein.

Im Bundesbeamtengesetz heißt es zum Beispiel über die Dienstunfähigkeit, dass Beamte auf Lebenszeit in den Ruhestand zu versetzen sind, wenn sie wegen des körperlichen Zustandes oder aus gesundheitlichen Gründen zur Erfüllung der Dienstpflichten dauernd unfähig (dienstunfähig) sind.

Als dienstunfähig kann demnach auch angesehen werden, wer infolge einer Erkrankung innerhalb von sechs Monaten mehr als drei Monate keinen Dienst getan hat, wenn keine Aussicht besteht, dass innerhalb weiterer sechs Monate die Dienstfähigkeit wieder voll hergestellt ist.

Wenn ein Beamter auf Lebenszeit nach mindestens fünf Jahren Dienstzeit bei Dienstunfähigkeit in den Ruhestand versetzt wird, hat er Anspruch auf Versorgungsleistungen. Diese dürfen eine bestimmte Grenze, das „Mindestruhegehalt", nicht unterschreiten. Diese liegen im Durchschnitt bei um die 1800 Euro brutto im Monat, können sich aber je nach Dienstherr unterscheiden. Diese Summe ist natürlich eine gewisse finanzielle Basis und mag dazu verleiten, auf zusätzlichen Schutz zu verzichten. Doch im Vergleich zu den vorherigen Bezügen kann eine deutliche Lücke bleiben. Deshalb empfiehlt es sich, sich zusätzlich finanziell abzusichern.

Gerade für jüngere Beamte, die noch keine fünf Dienstjahre aufweisen können, und alle, die noch nicht auf Lebenszeit verbeamtet sind, ist die Absicherung sogar unbedingt zu empfehlen. Denn wenn die geforderte Mindestdienstzeit noch nicht vorliegt oder wenn Sie sich noch im Vorbereitungsdienst oder in der Probezeit befinden, haben Sie im Normalfall keinen Anspruch auf Leistungen aus der Beamtenversorgung. Sie werden bei Dienstunfähigkeit nicht in den Ruhestand, sondern aus dem Beamtenverhältnis entlassen. In dem Fall werden Sie zwar in der gesetzlichen Rentenversicherung nachversichert. Um hier eine Rente wegen verminderter Erwerbsfähigkeit zu erhalten, müssen sie aber auch mindestens fünf Jahre gesetzlich versichert gewesen sein. Und selbst wenn Sie diese Hürde überspringen, Ihr Antrag akzeptiert wird und Sie eine Rente beziehen, wird der Rentenanspruch, vor allem bei Erwerbsunfähigkeit in jungen Jahren, eher gering sein.

Erste Wahl: Berufsunfähigkeitsversicherung

Mit einer privaten Berufsunfähigkeitsversicherung können Sie sich für diese Situation wappnen und sich für den Ernstfall eine zusätzliche finanzielle Einnahme sichern. Diese Versicherung ist für alle zu empfehlen, die von ihrem Arbeitseinkommen leben. Der Schutz ist aber nicht ganz billig. Umso mehr empfiehlt es sich, vor Vertragsabschluss einen Blick in die genauen Bedingungen zu werfen: Wann und unter welchen Voraussetzungen zahlt der Versicherer?

Eine Klausel, die gerade für Sie als Beamte wichtig werden kann, ist eine spezielle Klausel zur Dienstunfähigkeit. Ohne diese Klausel kann es Ihnen passieren, dass Sie zwar von Ihrem Dienstherrn als dienstunfähig in den Ruhestand oder aus dem Dienstverhältnis entlassen werden, aber noch keine Rente vom privaten Versicherer erhalten.

Das Problem, das sich dahinter verbirgt: Nur weil Sie als dienstunfähig eingestuft werden, heißt das nicht, dass Sie auch nach den Vorgaben des privaten Versicherers „berufsunfähig" sind – oder anders ausgedrückt: Nur weil Sie dienstunfähig sind, haben Sie nicht automatisch Anspruch auf eine private Berufsunfähigkeitsrente.

Das hat mit der Definition von Dienstunfähigkeit und von Berufsunfähigkeit aus Sicht der Versicherer zu tun: Wie oben genannt, kann eine Dienstunfähigkeit schon dann vorliegen, wenn Sie infolge einer Erkrankung innerhalb von sechs Monaten mehr als drei Monate keinen Dienst getan haben und wenn keine Aussicht besteht, dass innerhalb von sechs weiteren Monaten Ihre Dienstfähigkeit wiederhergestellt ist.

Die privaten Versicherer zahlen eine vertraglich vereinbarte Rente dagegen erst, wenn die bisher ausgeübte Tätigkeit dauerhaft nur noch zu höchstens 50 Prozent ausgeübt werden kann. Diese Hürde zu überspringen kann je nach persönlicher Situation deutlich schwerer fallen als die Hürde der Dienstunfähigkeit.

Wer kennt sich aus?

Die Stiftung Warentest untersucht regelmäßig Berufsunfähigkeitsversicherungen und prüft dabei auch, ob die Tarife eine Dienstunfähigkeitsklausel beinhalten. Aktuelle Testergebnisse und weitere Infos finden Sie unter test.de/berufsunfaehigkeit. Unter den Tarifen, die im Sommer 2021 „sehr gut" abschnitten, beinhalten mehrere die Dienstunfähigkeitsklausel. Gegen eine Gebühr von 4,90 Euro können Sie Tarife auch in anderen Details vergleichen. Zudem finden Sie dann unter test.de eine Checkliste, mit deren Hilfe Sie die Qualität eines vorliegenden Angebots selbst prüfen können. Nehmen Sie sich unbedingt die Zeit und werfen einen genauen Blick in die Vertragsbedingungen.

Diese Lücke zwischen Dienst- und Berufsunfähigkeit können Sie schließen, wenn Sie in den Vertragsbedingungen für die private Versicherung darauf achten, dass der Vertrag eine Dienstunfähigkeitsklausel beinhaltet. Der Versicherer erkennt über diese Klausel die Berufsunfähigkeit an, wenn der Versicherte wegen Dienstunfähigkeit aus medizinischen Gründen von seinem Dienstherrn in den Ruhestand versetzt oder entlassen wird. Weitere ärztliche Untersuchungen entfallen dann in der Regel. Häufig gilt diese Klausel nur für bestimmte Berufe oder nur bis zu einem bestimmten Alter.

Schauen Sie sich die Vertragsbedingungen an dieser Stelle genau an: Gibt es eine solche Klausel, und wie ist sie formuliert? Heißt es zum Beispiel, dass die Klausel nur für Beamte auf Lebenszeit gilt, oder gilt die Absicherung auch schon für Beamte auf Probe oder Widerruf oder für Beamtenanwärter? So gibt es etwa spezielle Angebote für Beamtenanwärter und junge Beamte, die noch keinen Anspruch auf die Beamtenversorgung haben. Diese Angebote können dann im Nachhinein umgewandelt werden, sobald sich die Versorgungsansprüche ändern. Informieren Sie sich vor Vertragsabschluss, was für Sie sinnvoll und richtig ist.

→ Besondere Anforderungen

Als Polizist, Feuerwehrmann oder Justizvollzugsbeamter müssen Sie besondere körperliche Voraussetzungen erfüllen, um Ihren Dienst ausüben zu können. Lassen Sie sich deshalb vor Abschluss einer privaten Versicherung beraten, damit Sie ein Angebot finden, das auf Ihren Beruf zugeschnitten ist. Kümmern Sie sich um den Schutz am besten bereits von Beginn der Ausbildung an. Beratungsmöglichkeiten finden Sie etwa über die jeweiligen Gewerkschaften.

Der Weg zum passenden Schutz

Die Dienstunfähigkeitsklausel sollte aber nicht das alleinige Auswahlkriterium sein, auch an anderen Stellen sollten Sie sich für einen leistungsstarken Tarif entscheiden. Insgesamt werden Sie am Markt viele Tarife mit sehr guten Bedingungen finden.

Hilfreich ist zum Beispiel, wenn Sie prüfen, welche Möglichkeiten der Nachversicherung ein Tarifangebot bietet: Unter welchen Bedingungen können Sie die einmal vereinbarte Rente nachträglich erhöhen?

Viele Verträge bieten eine sogenannte Nachversicherungsgarantie, sodass Sie beispielsweise zu bestimmten Anlässen wie Ihrer Hochzeit oder bei Geburt eines Kindes eine höhere Rente vereinbaren können, ohne dass Sie erneut Gesundheitsfragen beantworten müssen. Bei manchen Versicherern ist es auch ohne einen solchen konkreten Anlass möglich, die vereinbarte Rente zu erhöhen.

Wenn Sie sich für ein Angebot für eine Berufsunfähigkeitsversicherung entschieden haben, müssen Sie vor Vertragsabschluss Fragen zu Ihrem Gesundheitszustand beachten. Je jünger und gesünder Sie zu diesem Zeitpunkt sind, desto geringer sind die zu zahlenden Beiträge. Und desto besser sind für Sie die Chancen auf ein leistungsstarkes Angebot. Um zu ermitteln, wie groß das Risiko ist, zahlen zu müssen, stellt der Versicherer meist Fragen, die den Zeitraum der letzten fünf Jahre betreffen.

Hatten Sie in dieser Zeit beispielsweise Allergien, Knie- oder Rückenbeschwerden, kann es Ihnen passieren, dass damit verbundene Risiken vom Schutz vertraglich ganz ausgeschlossen werden oder dass Sie deshalb einen höheren Beitrag zahlen müssen. Gab es zum Beispiel schon einmal eine Psychotherapie oder eine Krebserkrankung, kann das sogar häufig dazu führen, dass Sie gar nicht erst einen Vertrag bekommen.

Am besten holen Sie bei mehreren Versicherern Angebote für den Versicherungsschutz ein und vergleichen dann, was sie bieten und was Sie dafür zahlen müssen.

Nach einem Unfall invalide

Muss es unbedingt eine Berufsunfähigkeitsversicherung sein? Vielleicht schrecken Sie aufgrund der Höhe der Beiträge vom Vertragsabschluss zurück und überlegen, ob beispielsweise eine private Unfallversicherung eine Alternative sein kann.

Die Antwort hier: Eine Unfallversicherung kann zwar sinnvoll sein, aber sie ist nicht vorrangig und nicht geeignet, um sich vor den finanziellen Folgen einer Berufs- beziehungsweise Dienstunfähigkeit zu schützen. Eine Unfallversicherung zahlt – wie es der Name schon sagt – im Normalfall nur, wenn Sie aufgrund eines Unfalls körperliche Einschränkungen haben, also invalide geworden sind. Weitaus häufiger sind aber Erkrankungen der Grund für eine Dienstunfähigkeit, zum Großteil psychische Erkrankungen. Eine private Unfallversicherung bietet für den Fall keinen Schutz. Die private Unfallversicherung kann jedoch für Menschen in Frage kommen, die am liebsten jedes Risiko optimal abdecken wollen. So haben Sie zwar als Beamter Anspruch auf finanzielle Unterstützung, wenn Sie infolge eines Dienstunfalls verletzt beziehungsweise dauerhaft eingeschränkt sind. Doch was, wenn Ihnen in der Freizeit etwas zustößt – wenn Sie etwa mit dem Rad zu einer Freundin fahren und dabei stürzen oder wenn Sie während des Ski-Urlaubs verunglücken und dauerhaft beeinträchtigt sind?

Um sich vor den finanziellen Folgen einer Invalidität zu schützen, kommt die private Unfallversicherung infrage: Kommt es infolge eines „plötzlich von außen auf den Körper einwirkenden Ereignisses" zu einer dauerhaften Invalidität, zahlt die private Unfallversicherung eine vorab vereinbarte Summe. Dauerhaft heißt in der Regel „für mindestens drei Jahre". Die ausgezahlte Summe lässt sich zum Beispiel nutzen, um die Ausgaben für eine Haushaltshilfe zu finanzieren oder das Zuhause behindertengerecht umzubauen. Bedenken Sie aber, dass Sie keinen Schutz haben für den Fall, dass Sie etwa aufgrund einer Krebserkrankung eingeschränkt und auf regelmäßige Hilfe angewiesen sind.

Im Vergleich zu anderen Versicherungen ist eine private Unfallversicherung vergleichsweise günstig. Verträge mit guten Bedingungen gibt es immerhin ab einem Beitrag unter 100 Euro im Jahr. Für sehr guten Schutz können aber auch Beiträge von mehr als 300 Euro fällig werden.

Je nach Beruf oder auch bei gefährlichen Hobbys können die Beiträge höher ausfallen, da die Versicherer dann von einem höheren Versicherungsrisiko ausgehen.

Die Unfallversicherung sollte bei Vollinvalidität mindestens 500 000 Euro und bei 50 Prozent Invalidität mindestens 100 000 Euro auszahlen.

Achten Sie beim Abschluss einer privaten Unfallversicherung vor allem darauf, dass Sie eine möglichst hohe Versicherungssumme vereinbaren. Die Tarife sollten bei Vollinvalidität mindestens 500 000 Euro und bei einer Invalidität von 50 Prozent mindestens 100 000 Euro auszahlen. Das bieten längst nicht alle Verträge: Wenn Sie etwa eine Zusatzversicherung über den Verkehrsclub oder über Ihre neue Kreditkarte mit abschließen, liegen die Versicherungssummen oft nur bei einigen Zehntausend Euro, wenn der Versicherte voll invalide wird. Das ist im Ernstfall zu wenig.

Ein anderer möglicher Haken: Selbst wenn dem ersten Anschein nach alles für einen Unfall spricht, für dessen Folgen der Versicherer doch aufkommen müsste, kann

Sicher ist sicher: Vorteil für Aktive
Ein kurzer Moment der Unachtsamkeit, und schon ist es passiert! Mit privaten Versicherungen schützen Sie sich, falls Ihnen etwas zustößt oder wenn Sie einen Unfall verursachen.

es passieren, dass der Versicherer nicht zahlt. Wenn Sie etwa infolge eines epileptischen Anfalls schwer stürzen, würde der Versicherer sich häufig weigern einzuspringen, da eine Bewusstseinsstörung zu dem Unfall geführt hat. Unfälle, die auf Alkohol- oder Medikamentenmissbrauch zurückzuführen sind, werden ebenfalls meist ausgeschlossen.

Bei den Ausschlüssen gibt es allerdings je nach Tarif Unterschiede. Einige Versicherer zahlen etwa für Unfallfolgen nach einem Schlaganfall oder auch bei begrenztem Alkoholkonsum, andere tun dies nicht. Schauen Sie am besten vor Vertragsabschluss genau, was in den jeweiligen Klauseln steht.

Privathaftpflichtversicherung braucht jeder

Eine weitere Versicherung, die Sie bei Ihrem persönlichen Versicherungs-Check unbedingt unter die Lupe nehmen sollten, ist der Privathaftpflichtschutz: Sind Sie ausreichend abgesichert für den Fall, dass Sie aus Versehen jemand anderen schädigen?

Fehlt der passende Versicherungsschutz, kann es teuer werden. Hintergrund: Wenn Sie jemand anderem einen Schaden zufügen – beispielsweise sein Tablet beschädigen, sein Sofa mit Rotwein beschmutzen oder jemanden als Radfahrer bei einem Unfall verletzen –, haften Sie für die Schäden. Sie haften mit Ihrem gesamten Vermögen für Schäden, die Sie verschulden oder unabsichtlich jemand anderem zufügen.

Ohne Versicherung könnte somit bereits eine kleine Unachtsamkeit im Alltag zu einer enormen finanziellen Belastung werden, wie das Beispiel Fahrradunfall zeigt: Verletzen Sie als Radfahrer zum Beispiel eine Fußgängerin, müssen Sie unter anderem für Behandlungskosten, Schmerzensgeld, Verdienstausfall und eventuell sogar für eine Rente aufkommen, wenn die Verletzte gar nicht mehr arbeiten kann. Ohne Privathaftpflichtversicherung könnten Sie diese Forderungen ruinieren.

Haben Sie dagegen einen Vertrag abgeschlossen, übernimmt der Versicherer die Kosten. Allzu teuer ist die Privathaftpflicht-

Wer kennt sich aus?

Welche Leistungen sollte eine gute Privathaftpflichtversicherung mindestens bieten? Um Ihnen die Tarifauswahl zu erleichtern, hat die Stiftung Warentest einen Grundschutz definiert, den die Angebote beinhalten sollten. Dazu gehört unter anderem, dass der Tarif eine Versicherungssumme von mindestens 10 Millionen Euro pauschal für Personen- und Sachschäden bieten sollte. Aktuelle Testergebnisse finden Sie unter test.de/privathaftpflicht gegen eine Gebühr von 4,90 Euro.

versicherung nicht: Sehr guten Schutz können Sie schon für unter 70 Euro im Jahr bekommen. Wenn Sie schon eine Privathaftpflichtversicherung haben, sollten Sie den Vertrag alle paar Jahre in die Hand nehmen und prüfen, ob es mittlerweile bessere und vielleicht auch günstigere Angebote gibt.

Überlegen Sie auch, ob die Versicherungssumme hoch genug ist. Gerade in älteren Verträgen kann eine Summe von zum Beispiel drei Millionen stehen – mittlerweile empfiehlt die Stiftung Warentest aber, dass der Vertrag mindestens eine Versicherungssumme von zehn Millionen Euro bieten sollte. In dem Fall sollten Sie nachbessern und eine höhere Summe vereinbaren.

Einen eigenen Vertrag brauchen Sie nach Ende der ersten Ausbildung, vorher können Sie sich in aller Regel noch über den Vertrag Ihrer Eltern versichern. Ziehen Sie mit Ihrem Partner zusammen, reicht eine Privathaftpflichtversicherung für beide. Das gilt auch, wenn Sie nicht verheiratet sind, denn auch dann ist es möglich, dass ein Partner in den Vertrag des anderen aufgenommen wird. Er muss dort namentlich mit genannt werden. Die jüngere und dann überflüssige Police können Sie zum nächstmöglichen Termin ordentlich kündigen, je nach Versicherer eventuell früher. Wollen Sie lieber den jüngeren Vertrag behalten, können Sie den älteren ganz normal spätestens drei Monate vor dem Ende des Versicherungsjahres ordentlich kündigen.

Sind Sie zu zweit, kann es finanziell wertvoll sein, wenn der gemeinsame Versicherer für Schadenersatzforderungen der Versicherten untereinander aufkommt. Normalerweise zahlen die Haftpflichtversicherer dafür aber nicht. Doch es gibt Anbieter, die in so einem Fall zumindest für Personenschäden aufkommen. Möglich ist auch, dass beide Partner ihren Vertrag weiterführen. Das hätte den Vorteil, dass Sie Schäden, die Sie sich aus Versehen gegenseitig zufügen, in jedem Fall erstatten lassen können.

Heiraten Sie und haben Sie noch beide Verträge? Dann dürfen Sie den jüngeren Vertrag gleich nach der Hochzeit kündigen und nicht erst zum Ende des jeweiligen Versicherungsjahres.

Manchmal mehr Schutz notwendig

Es gibt jedoch Situationen, in denen selbst die beste Privathaftpflichtversicherung nicht reicht und Sie zusätzlichen Haftpflichtschutz benötigen, etwa als Halter eines Fahrzeugs. Dann ist eine Kfz-Haftpflichtversicherung gesetzlich vorgeschrieben. Sie springt ein, wenn durch Ihr Fahrzeug jemand anders zu Schaden kommt. Für Schäden am eigenen Auto zahlt sie aber nicht, dafür benötigen Sie Kaskoschutz (siehe „Schutz fürs Auto", S 134).

Haben Sie einen Hund, müssen Sie als Tierhalter in vielen Bundesländern mittlerweile Schutz in Form einer Tierhalter-Haftpflichtversicherung abschließen. Wollen Sie eine Wohnung oder einen Teil Ihres Hauses vermieten, sollten Sie das Thema Haftpflicht ebenfalls in den Blick nehmen. Wenn Sie nicht nur ein einzelnes Zimmer oder eine Einliegerwohnung vermieten, reicht die Privathaftpflicht nicht mehr aus und Sie benötigen zusätzlich eine Haus- und Grundbesitzerhaftpflichtversicherung. Beginnen Sie mit dem Bau Ihres eigenen Hauses, ist eine Bauherrenhaftpflichtversicherung zu empfehlen.

→ Zusätzlicher Schutz im Dienst

Verursachen Sie während Ihres Dienstes einen Schaden, haftet zwar grundsätzlich der Dienstherr gegenüber Dritten. Doch er kann Sie in Regress nehmen, sollten Sie einen Schaden grob fahrlässig oder vorsätzlich verursacht haben. Bei solchen Forderungen ist die Privathaftpflichtversicherung im Regelfall außen vor, sodass je nach Amt und Position der Abschluss einer Diensthaftpflichtversicherung sinnvoll sein kann.

Rechtsschutzversicherung – Bei Fragen zum Anwalt

Ob Streit mit einem anderen Autofahrer nach einem Verkehrsunfall oder Auseinandersetzung mit dem Vermieter: Es kann immer Situationen geben, in denen es hilfreich ist, wenn Sie einen Rechtsanwalt um Hilfe bitten können, ohne dafür gleich eine große Summe auf den Tisch legen zu müssen. Für solche Situationen kann der Abschluss einer Rechtsschutzversicherung

---

Mit Versicherungen lässt sich auch fürs Alter vorsorgen, etwa mit einer privaten Rentenversicherung. Über Vor- und Nachteile bei Versicherungen als Altersvorsorge informieren wir ausführlich unter „Mit privater Vorsorge die Pension sinnvoll ergänzen", S. 86.

sinnvoll sein. Vor allem auf den Verkehrsrechtsschutz sollten alle, die aktiv am Straßenverkehr teilnehmen, nicht verzichten.

Eine Rechtsschutzversicherung ist aber kein Rundum-Sorglos-Paket. Es gibt einige Bereiche, in denen die Versicherer nicht einspringen. Geht es etwa um Erbschaftsstreitigkeiten oder Scheidungen, wird der Versicherer keine Anwaltskosten übernehmen oder nur einen kleinen Teil. Überlegen Sie daher gut, ob und für welche Lebensbereiche Sie den Schutz abschließen wollen.

Die Familie absichern

Was wäre wenn? Die Beamtenversorgung bietet eine gewisse Sicherheit für Ihre Familie, sollten Sie sterben. Dennoch ist zusätzlicher Versicherungsschutz wichtig.

Es gibt Fragen, die schiebt man gerne vor sich her. Eine davon: Was wäre, wenn mir etwas zustößt und ich nicht mehr für meinen Partner und meine Kinder sorgen kann? Solange Sie nur für sich verantwortlich sind und noch niemanden (mit-)versorgen, drängt diese Frage nicht allzu sehr. Doch spätestens mit der Geburt des ersten Kindes sollten Sie sich mit diesem Thema beschäftigen. Denn sobald Sie auch für andere sorgen, empfiehlt es sich, für finanzielle Absicherung für verschiedene Situationen zu sorgen.

Wichtig wird zum Beispiel eine Risikolebensversicherung für Sie und den zweiten Elternteil. So können Sie Ihren Nachwuchs oder auch Ihren Partner für den Fall finanziell absichern, dass Sie sterben.

Dieser Todesfallschutz ist unbedingt zu empfehlen, auch wenn Ehepartner und Kinder im Ernstfall Anspruch auf Zahlungen aus der Beamtenversorgung haben. Zum einen wird Sterbegeld gezahlt. Dieses beträgt grundsätzlich das Zweifache der im Sterbemonat zustehenden Dienst- oder Versorgungsbezüge (brutto). Hinzu kommen regelmäßige Zahlungen in Form des Witwen-/Witwergeldes sowie des Waisengeldes.

Diese Ansprüche sind allerdings begrenzt: Hinterbliebene Ehepartner erhalten – je nach Alter und Datum der Eheschließung – als Witwen- oder Witwergeld maximal 55 oder 60 Prozent der Versorgungsbezüge des Partners. Kinder erhalten als Halbwaise 12 Prozent der Versorgungsbezüge als Waisengeld, als Vollwaise 20 Prozent und 30

Prozent, wenn es infolge eines Dienstunfalls zum Tod des Elternteils gekommen ist („Die Familie finanziell absichern“, S. 79).

Im Todesfall eine große Summe für die Angehörigen

Eine zusätzliche Risikolebensversicherung hilft im Ernstfall, damit sich Ihre Angehörigen neben der Trauer weniger finanzielle Sorgen machen müssen. So sollte die Versicherungssumme in etwa das Drei- bis Fünffache des Bruttojahreseinkommens ausmachen.

Der Schutz ist umso wichtiger, wenn Sie einen Partner absichern wollen, mit dem Sie nicht verheiratet oder mit dem Sie keine eingetragene Lebenspartnerschaft eingegangen sind. Denn dieser Partner hätte bei Ihrem Tod keinen Anspruch auf Leistungen aus der Hinterbliebenenversorgung und auch keinen Erbanspruch, sofern Sie ihn nicht in einem Testament bedacht haben.

Wichtig ist zudem, dass nicht nur der Hauptverdiener einer Familie geschützt ist. Wenn Sie zum Beispiel vor nicht allzu langer Zeit Mutter geworden sind und deshalb beruflich kürzertreten, sollten auch Sie den zusätzlichen Versicherungsschutz haben. Denn sollte Ihnen etwas passieren, wird Ihr Partner vermutlich beruflich kürzertreten müssen, um die Kinderbetreuung zu übernehmen. Oder er wird jemanden für die Kinderbetreuung engagieren. Für beide Varianten ist ein finanzielles Polster unbedingt sinnvoll.

Der Preis für diesen Risikoschutz ist gar nicht so hoch: Die Stiftung Warentest hat Ende 2022 ermittelt, dass beispielsweise eine 35-jährige Abteilungsleiterin Controlling einen Vertrag mit 450 000 Euro Versicherungssumme und 32 Jahren Laufzeit gegen einen Jahresbeitrag für unter 500 Euro erhalten kann. Die ausgezahlte Summe kann im Ernstfall eine wertvolle Hilfe sein, um das künftige Leben neu zu organisieren.

Achtung: Erbschaftsteuer

Je nach Familiensituation kann es allerdings sein, dass das Finanzamt einen Teil von der im Leistungsfall ausgezahlten Summe abbekommt: Erbschaftsteuer kann fällig werden. Ob Sie zahlen müssen, hängt unter anderem davon ab, wer Versicherungsnehmer des Vertrags war und in welchem Verhältnis Verstorbener und Begünstigter zueinander gestanden haben.

Sind Sie verheiratet, müssen Sie sich häufig keine Gedanken über die mögliche Steuer machen. Denn Ehepartner und eingetragene Lebenspartner haben den Vorteil, dass für sie bei Erbschaften und Schenkungen ein Steuerfreibetrag von 500 000 Euro gilt. Bleibt das gesamte Erbe – einschließlich der ausgezahlten Versicherungssumme – unter dieser Grenze, geht das Finanzamt leer aus.

Auch Kinder des Verstorbenen haben oft die Möglichkeit, die Versicherungssumme und andere Werte steuerfrei zu übernehmen, denn für sie gilt ein Freibetrag von 400 000 Euro.

Schlechtere Karten gegenüber dem Finanzamt haben Hinterbliebene, die mit dem Verstorbenen nicht verheiratet oder nicht verwandt waren. Dann kann für das Geld aus der Risikolebensversicherung und für andere Werte Erbschaftssteuer fällig werden. Denn in dem Fall bleiben nur 20 000 Euro steuerfrei, für darüber liegende Werte müssen je nach Steuerklasse und Höhe des Erbes mindestens 7 bis maximal 50 Prozent Steuern gezahlt werden.

Zumindest für die Auszahlung aus der Risikolebensversicherung lässt sich diese Steuerlast umgehen: indem die Partner von vornherein quasi überkreuz einen Vertrag abschließen. Mit anderen Worten heißt das: Will etwa ein Mann seine Lebensgefährtin finanziell absichern, falls er selbst stirbt, sollte nicht er als Versicherungsnehmer eine Risikolebensversicherung abschließen, sondern seine Partnerin. Sollte der Mann – als die versicherte Person – sterben, erhält sie das Geld aus ihrem eigenen Vertrag. Das ist kein Erbfall, Steuer wird nicht fällig.

→ In einem Vertrag verbunden

Wenn Sie sich als Paar gegenseitig absichern wollen, kann ein gemeinsamer Vertrag – eine „Verbundene Leben“ interessant sein. Sie ist häufig günstiger als zwei Einzelverträge. Allerdings zahlt der Versicherer die vereinbarte Summe nur einmal aus, nämlich beim Tod der ersten versicherten Person.

Laufende Verträge verbessern

Sobald Nachwuchs da ist, müssen Sie sich in Sachen Versicherungen mit als Erstes um die Frage kümmern, ob er privat oder eventuell gesetzlich krankenversichert wird (siehe „Kind zeitnah versichern“, S. 57).

Speziell zur Absicherung der Kinder können weitere Verträge sinnvoll sein, zum Beispiel Invaliditätsschutz über einen privaten Versicherer. Über die gesetzliche Unfallversicherung haben Ihre Kinder zwar Schutz im Kindergarten oder in der Schule und auf dem direkten Weg dorthin, aber eben auch nur dann und nicht etwa bei Unfällen zu Hause im Garten oder auf dem Weg zum Spielen beim besten Freund.

Um sich vor den finanziellen Folgen eines Unfalls in der Freizeit zu schützen, kann eine Kinderunfallversicherung eine sinnvolle Ergänzung sein. Eine solche Police ist für deutlich unter 100 Euro Jahresbeitrag zu bekommen. Sie schützt aber im Grunde nur dann, wenn ein Unfall zu einer dauerhaften Invalidität geführt hat.

Was zahlt meine Versicherung?

Wenn Sie selbst eine Unfallversicherung haben, schauen Sie zunächst in Ihre eigenen Vertragsbedingungen, bevor Sie einen Vertrag für die Kinder abschließen. Es kann sein, dass Ihre Police einen Unfallschutz für Kinder beinhaltet, zum Beispiel während des ersten Lebensjahres. Dann können Sie sich den Extraschutz fürs Kind zumindest vorerst sparen.

Teurer als die Kinderunfallversicherung, aber deutlich umfangreicher ist der Schutz einer Kinderinvaliditätsversicherung. Hier ist das Risiko einer krankheitsbedingten Invalidität mitversichert. Aus diesem Vertrag können Sie je nach Angebot eine Einmalzahlung, eine Rente oder eine Mischung aus beidem erhalten, falls Ihr Kind aufgrund einer Erkrankung oder eines Unfalls auf Dauer eingeschränkt sein wird. Hier sollten Sie allerdings mit Jahresbeiträgen von mehr als 200 Euro rechnen.

Laufende Verträge anpassen

Neben dem Abschluss neuer Verträge empfiehlt es sich zudem, den Versicherungsordner zu durchforsten und wenn nötig an einigen Stellen den vorhandenen Schutz aufzubessern. Ist beispielsweise die Rente, die Sie in der Berufsunfähigkeitsversicherung vereinbart haben, hoch genug? Reicht sie aus, um bei Dienstunfähigkeit eine weitere Person mitzuversorgen? Wenn nicht, sollten Sie sie aufstocken.

Dank der sogenannten Nachversicherungsgarantie ist das je nachdem, was in Ihren Versicherungsbedingungen steht, zum Beispiel nach der Geburt eines Kindes oder nach dem Erwerb einer Immobilie möglich, ohne dass Sie erneut Fragen zu Ihrem Gesundheitszustand beantworten müssen. Einige Versicherer erlauben auch eine Aufstockung ohne konkreten Anlass. Beachten Sie aber: Wenn Sie eine höhere Rente vereinbaren, müssen Sie mehr Beiträge zahlen.

Wenn Sie kleine Kinder haben, die als „deliktunfähig" gelten, schauen Sie sich zudem die Bedingungen Ihrer Privathaftpflichtversicherung an: Übernimmt der Versicherer Schäden durch solche Kinder? Dieses Extra kann wertvoll sein und zum Beispiel helfen, Streit unter Freunden oder Nachbarn zu umgehen. Das Problem dahinter: Kinder sind zwar über die Privathaftpflichtversicherung ihrer Eltern mitversichert, doch wenn kleine Kinder einen Schaden verursachen, muss der Haftpflichtversicherer nicht automatisch zahlen, da Kinder unter sieben Jahren per Gesetz nicht deliktfähig sind. Im Straßenverkehr gilt eine Altersgrenze von zehn Jahren. Bis zu dem Alter haftet der Nachwuchs nicht für entstandene Schäden. Als Eltern haften Sie in solchen Fällen nur, wenn Sie Ihre Aufsichtspflicht verletzt haben.

Ist den Eltern kein Vorwurf zu machen, muss die Haftpflichtversicherung der Familie nicht einspringen, wenn etwa die vierjährige Tochter aus Versehen das Handy der Nachbarin zerstört. Das hätte zur Folge, dass entweder die Nachbarin auf den Kosten für ein neues Handy sitzen bleibt. Oder Sie als Eltern übernehmen sie, weil Sie ein ungutes Gefühl haben und keinen Streit wollen.

Der Ausweg: Ihr Haftpflichtvertrag schließt als Extraleistung „Schäden durch deliktunfähige Kinder" mit ein. Dann springt der Versicherer zumindest bis zu einer bestimmten, vertraglich vereinbarten Grenze ein, zum Beispiel bis zu 5000 Euro.

Haus, Wohnung, Auto – Hab und Gut versichern

Ein Diebstahl, ein geplatztes Rohr im Haus oder ein Malheur beim Einparken des Wagens: Sachschäden können Sie empfindlich treffen – sorgen Sie am besten für passenden Schutz.

Wenn Sie eine Hausratversicherung haben, überlegen Sie mal: Wann haben Sie Ihre Police das letzte Mal in der Hand gehabt? Schon länger her? Und waren Sie seither größer einkaufen – haben Sie sich vielleicht ein neues Fahrrad gekauft, Computer, Tablet oder Flatscreen? Haben Sie auch die Kinderzimmer mit technischen Geräten bestückt und zusätzlich vielleicht moderne Gartenmöbel erworben?

Selbst wenn es nur einige dieser Posten waren, ist es sinnvoll, Ihre Unterlagen durchzugehen und zu prüfen, ob Sie ausreichend versichert sind. Ist die Versicherungssumme noch hoch genug – vor allem vor dem Hintergrund, dass der Neuwert Ihrer sämtlichen Einrichtung zählt und nicht der Zeitwert?

Ist die Summe nicht mehr ausreichend, passen Sie sie an, da Sie sonst riskieren, dass Sie unterversichert sind. Genau das könnte im Schadensfall teuer werden, da Ihr Versicherer Ihnen dann nicht den vollen Schaden erstatten würde, sondern nur anteilig zahlt, wenn etwa durch ein Feuer oder durch einen Leitungswasserschaden Ihre komplette Wohnungseinrichtung oder zumindest ein Teil davon zerstört würde. Ist die Versicherungssumme hingegen hoch genug, müssen Sie diese Einbußen nicht fürchten.

Wenn nötig wird die Wohnungseinrichtung ersetzt

Die Hausratversicherung springt ein, wenn ein Feuer, Blitzschlag, Leitungswasser, eine Explosion, Sturm oder Hagel den versicherten Hausrat beschädigt oder zerstört. Außerdem ersetzt sie die Kosten für die Wiederbeschaffung von Gegenständen nach einem Raub oder Einbruchdiebstahl. Sie benötigen eine Hausratversicherung, wenn Sie den Verlust Ihrer Einrichtung finanziell nicht verkraften können.

Der Schutz ist häufig noch entbehrlich, solange die Einrichtung noch nicht den großen Wert hat – etwa während Ausbildung oder Studium. Im Laufe der Jahre wird er aber meist sinnvoll. Eine Möglichkeit, um den Wert Ihrer gesamten Einrichtung zu ermitteln, ist es, dass Sie alle Einrichtungsgegenstände auflisten und die jeweiligen Einzelwerte addieren. Das macht etwas Arbeit, aber so nähern Sie sich zumindest einigermaßen genau dem Gesamtwert Ihrer Einrichtung. Achtung: Dazu gehören nicht nur die großen Möbelstücke und technischen Geräte, sondern zum Beispiel auch Geschirr, Kleidung und Spielzeug. Den Wert der Einrichtung müssen Sie bei Abschluss der Versicherung angeben.

Spätestens dann, wenn es einen Schaden gibt, müssten Sie sich diese Mühe sowieso machen, denn der Versicherer wird ganz genau erfragen, welche Verluste oder Schäden zu beklagen sind. Es sei denn, Sie entscheiden sich dafür, einen Vertrag mit „Unterversicherungsverzicht" abzuschließen. Diese etwas bequemere Möglichkeit bieten die Hausratversicherer an. Dabei wird jeder Quadratmeter Wohnraum pauschal mit einer bestimmten Summe versichert. Das kann allerdings zur Folge haben, dass Sie eine zu hohe Versicherungssumme abschließen und damit zu viel Beitrag zahlen.

Am besten fragen Sie die Beiträge für beide Alternativen ab. Entscheiden Sie dann, was für Sie geeigneter ist.

Ab ins Eigenheim

Solange Sie in einer Mietwohnung leben, müssen Sie sich um die weitere Absicherung der Immobilie – etwa Schäden am Dach – keine Gedanken machen, das ist Vermietersache. Sobald Sie aber in das eigene Haus ziehen, wird dringend zusätzlicher Schutz nötig. Mit einer Wohngebäudeversicherung wappnen Sie sich für den Fall, dass Ihr Eigenheim durch Feuer, Leitungswasser, Sturm oder Hagel beschädigt oder sogar komplett zerstört wird. Möglich wäre, sich nur gegen einzelne dieser Risiken zu schützen, doch in der Regel bietet es sich an, den Komplettschutz zu wählen. Vor allem die Schäden durch ein Feuer können die Existenz gefährden.

Sind Sie unterversichert, kann es passieren, dass der Versicherer Ihnen im Ernstfall nicht den kompletten Schaden erstattet.

Solange Sie das Haus noch per Kredit finanzieren, verlangen die Gläubiger die Versicherung sowieso. Und auch danach, wenn das Darlehen längst getilgt ist, sollten Sie auf diesen Versicherungsschutz auf keinen Fall verzichten.

Zwischen den Angeboten der Versicherer liegen zum Teil deutliche Beitragsunterschiede. Die Höhe der Beiträge hängt aber nicht nur vom Anbieter, sondern auch vom Wert des Hauses und von dessen Lage ab. Wichtig ist auch hier, dass Sie eine ausreichend hohe Versicherungssumme abschließen. Um eine Unterversicherung sicher zu vermeiden, lassen Sie den Wert der Immobilie am besten durch das Versicherungsun-

„So lässt es sich aushalten!"
Sichern Sie Haus und Wohnungseinrichtung ausreichend ab, damit Sie sich zum Beispiel nach einem Wasserschaden schnell wieder wohlfühlen.

ternehmen ermitteln. Wären Sie unterversichert, könnte es Ihnen passieren, dass der Versicherer Ihnen im Ernstfall nicht den kompletten Schaden erstattet.

Einige Leistungen wie den finanziellen Ersatz für den Wiederaufbau nach einem Brand bieten alle Wohngebäudeversicherer, wenn Sie den Feuerschutz vereinbart haben. Doch es kann sich lohnen, einen Vertrag zu wählen, der weitere Leistungen beinhaltet. Dazu gehört zum Beispiel, dass der Versicherer komplett für Schäden aufkommt, die grob fahrlässig verursacht wurden. Ohne diese Vereinbarung könnte es zum Streit mit dem Versicherer kommen, wenn Sie etwa vergessen haben, eine brennende Kerze vor Verlassen des Hauses zu löschen, und daraufhin ein Feuer ausgebrochen ist.

Mit der Wohngebäudeversicherung ist es ebenfalls möglich, sich gegen Elementarschäden, etwa durch eine Überschwemmung, zu schützen. Aber Achtung: Diesen Schutz haben Sie in der Regel nicht automatisch, sondern Sie müssen ihn zusätzlich vereinbaren. Das klappt aber leider nicht für jeden wie gewünscht: Hausbesitzer, die etwa aufgrund eines Flusses in der Nähe in „riskanten" Gebieten leben und häufig mit Hochwassern rechnen müssen, bekommen oftmals gar nicht den gewünschten Schutz vor Naturereignissen oder müssen besonders viel dafür zahlen.

Schutz fürs Auto

Als Verkehrsteilnehmer benötigen Sie Versicherungsschutz. Sinnvoll ist zum Beispiel die Verkehrsrechtsschutzversicherung: Nach einem Unfall kann es hilfreich sein, auf Kosten des Versicherers einen Rechtsanwalt einschalten zu können.

Klar ist zudem, dass Sie als Halter eines Kraftfahrzeugs verpflichtet sind, eine Kfz-Haftpflichtversicherung abzuschließen. Der Haftpflichtversicherer springt ein für Personen-, Sach- und Vermögensschäden, die Sie jemand anderem zufügen. Per Gesetz ist eine Mindestdeckung von 7,5 Millionen Euro für Personenschäden, 1,22 Millionen Euro für Sachschäden und 50000 Euro für Vermögensschäden vorgeschrieben. Die Kfz-Versicherer gehen aber in aller Regel deutlich über diese Mindestversicherungssummen hinaus und bieten in ihren Tarifen häufig Deckungssummen von 100 Millionen oder zumindest 50 Millionen Euro für Sachschäden an. Die Deckungssummen für Personenschäden liegen häufig bei 8, 10 oder 15 Millionen Euro. Diese Tarife sind in der Regel nicht viel teurer als die Angebote, die nur die gesetzlich vorgegebenen Summen decken. Deshalb ist es empfehlenswert, wenn Sie sich für einen Tarif mit diesen höheren Deckungssummen entscheiden.

Gerade bei neuen oder neueren Fahrzeugen sollten Sie es aber nicht bei der Kfz-Haftpflicht belassen, sondern zusätzlichen Kaskoschutz abschließen. Bei Neuwagen oder noch sehr jungen Fahrzeugen empfiehlt sich die Vollkaskoversicherung. Wird das Auto älter, reicht irgendwann vermutlich Teilkaskoschutz.

Entscheiden Sie sich für eine Teilkaskoversicherung, zahlt der Versicherer zum Beispiel für Schäden am eigenen Wagen durch Brand, Explosion oder nach Wildunfällen. Auch Diebstahlsschutz haben Sie über die Teilkasko. Wählen Sie die Vollkasko-Absicherung, kommt der Versicherer neben den genannten Teilkaskoleistungen unter anderem für Schäden am eigenen Auto durch Vandalismus und nach einem selbst verschuldeten Unfall auf.

Den passenden Tarif finden

Entscheiden Sie sich nur für die Kfz-Haftpflichtversicherung, kommt es vor allem auf den Beitrag und die Höhe der Deckungssummen an. Wollen Sie zusätzlichen Kaskoschutz, empfiehlt sich ein zusätzlicher Blick in die Vertragsbedingungen. Zahlt der Versicherer zum Beispiel den vollen Schaden, wenn Sie ihn grob fahrlässig verursacht haben? Oder kürzt er die Leistung? Interessant könnte außerdem sein, bis zu welchem Termin der Kaskoversicherer bei neuen Wagen den Neuwert und nicht nur den Wiederbeschaffungswert des Fahrzeugs zahlt.

Ruhestand in Sicht

Ab etwa Mitte 50, spätestens mit Anfang 60 werden die Planungen konkreter: Wann ist der richtige Zeitpunkt, um in den Ruhestand zu gehen? Beginnen Sie frühzeitig mit Ihren Vorbereitungen und klären Sie vorab, wie viel Geld Ihnen dann tatsächlich zur Verfügung steht.

Wissen Sie schon, wann Sie in den Ruhestand gehen wollen? Vielleicht ist die Sache für Sie klar: Sie fühlen sich gut und fit, und vor allem haben Sie Spaß im Dienst, sodass Sie auf jeden Fall bis zur Regelaltersgrenze weiterarbeiten wollen. Oder gehören Sie zu denjenigen, die so früh wie möglich den Absprung schaffen wollen – lieber heute als morgen, zum Beispiel weil der berufliche Druck zu groß geworden ist?

Vielleicht gehören Sie aber auch zu einer dritten großen Gruppe: zu denjenigen, die noch unsicher sind und nicht wissen, wie Sie sich in wenigen Jahren entscheiden. Ob Sie sich bereits sicher sind oder nicht: Spätestens mit Ende 50, Anfang 60 sollten Sie sich erste Gedanken über den Ausstiegstermin machen. Dann haben Sie noch Gestaltungsspielräume, etwa wenn Sie überlegen, wie Sie in den Jahren bis zum Ruhestand noch eine Zusatzeinnahme fürs Alter ansparen können.

Zur weiteren Planung gehört nicht nur, dass sie die gesetzlichen Möglichkeiten und die persönlichen Wünsche allein und mit dem Partner ausloten, sondern Sie sollten

Checkliste

Kann ich mir die vorzeitige Pensionierung leisten?

Nehmen Sie vor Ihrer Entscheidung über den Ausstieg aus dem Dienst Ihre Einnahmen- wie Ausgabenseite in den Blick: Womit können Sie im Ruhestand rechnen?

- ☐ Kassensturz: Rechnen Sie aus, welche Einnahmen Sie im Alter benötigen, um Ihren (gewünschten) Lebensstandard bestreiten zu können. Welche regelmäßigen Ausgaben kommen auf Sie zu, und wo gibt es Veränderungen – zum Beispiel bei den Kosten fürs Wohnen? Planen Sie auch Notfälle ein, etwa eine Reserve für ein neues Auto oder eine Erneuerung der Heizungsanlage in Ihrem Haus.
- ☐ Regelmäßige Einnahmen: Kommen Sie mit der zu erwartenden Pension – gekürzt oder ungekürzt – und mit Ihren sonstigen Einnahmen zurecht, um Ihren Finanzbedarf zu decken? Achtung: Rechnen Sie wenn möglich mit den Netto-Werten – planen Sie die Steuerbelastung ein, mit der Sie voraussichtlich rechnen müssen.
- ☐ Einnahmen erhöhen: Stellen Sie fest, dass Sie eigentlich gerne weitere sichere Einnahmen im Alter hätten, zum Beispiel um die Abschläge für die Frühpensionierung irgendwie auszugleichen, prüfen Sie die Möglichkeiten, sich weitere regelmäßige Einnahmen zu verschaffen, etwa durch freiwillige Zahlungen an die gesetzliche Rentenversicherung.
- ☐ Ersparnisse: Gibt es weitere finanzielle Mittel, auf die Sie vielleicht nicht direkt, aber in absehbarer Zeit oder bei Notfällen zugreifen können? Prüfen Sie, wann Sie an dieses Geld heran können, und verteilen Sie es wenn nötig und möglich um, etwa auf ein Tagesgeldkonto, sodass Sie zumindest auf einen Teil kurzfristig zugreifen können.
- ☐ Neue Einkommensquellen: Können Sie sich vorstellen, auch als Pensionär weiter Geld zu verdienen? Wenn ja, kalkulieren Sie, wie viel Zeit Sie investieren wollen beziehungsweise welches zusätzliche Einkommen Sie erwarten. Ermitteln Sie zum Beispiel

mithilfe eines Steuerberaters oder Lohnsteuerhilfevereins, wie viel Nebenjob sich tatsächlich lohnt. Gut möglich, dass Sie als Pensionär mit einem 538-Euro-Minijob letztlich netto mehr herausholen, als wenn Sie über 538 Euro brutto monatlich verdienen.

- ☐ Alternativen: Wenn Sie über die Frühpensionierung nachdenken, überlegen Sie, ob es mögliche Alternativen gibt, zum Beispiel eine reduzierte Arbeitszeit. Wenn Sie weiter im Dienst bleiben –, wenn auch nur in Teilzeit – umgehen Sie Abschläge auf Ihre Pension und haben trotzdem noch die Möglichkeit, weitere Pensionsansprüche zu erwerben. Vielleicht kommt auch ein Sabbatjahr (Sabbatical) vor der Pensionierung infrage? Berücksichtigen Sie bei Ihren Planungen, wie viel Geld Ihnen dann jeweils zur Verfügung steht.

sich auch die Zeit für einen ausgiebigen Finanzcheck geben: Wo stehe ich, wo stehen wir heute finanziell, und wie wird es im Pensionärsalter aussehen? Kann ich mir beziehungsweise können wir uns die vorzeitige Pensionierung leisten? Denn die Entscheidung über den Beginn Ihres Ruhestands hat auch direkte Folgen auf Ihre finanziellen Spielräume im Alter.

Grundsätzlich gilt: Je früher Sie aufhören zu arbeiten, desto niedriger wird die Pension letztlich ausfallen. Zum einen bedeutet ein früherer Ausstieg, dass Sie auf Dienstjahre verzichten, sodass weniger Jahre als ruhegehaltsfähige Dienstzeit berücksichtigt werden, wenn Ihr Ruhegehalt, also Ihre Pension ermittelt wird. Denn die Dienstjahre werden mit dem derzeitigen Faktor 1,79375 multipliziert, sodass bei verkürzter Dienstzeit ein niedrigerer Wert stehen bleibt (siehe „Pension – die sichere Basis“ S. 59). Hinzu kommt, dass Sie bei vorzeitigem Pensionsbeginn häufig Abschläge auf Ihre Pensionsansprüche hinnehmen müssen.

Letztlich gilt es bei Ihrer Entscheidung über den passenden Zeitpunkt für die Pensionierung neben Ihren persönlichen Wünschen darum, folgende Fragen zu klären:

- Wann dürfen Sie aus dem Dienst ausscheiden?
- Wie hoch werden Ihre Versorgungsansprüche dann sein?
- Reichen die Versorgungsansprüche und weitere Einnahmen aus, damit Sie sich die Frühpensionierung leisten können?

Den Absprung planen

Welchen Termin für den Absprung in den Ruhestand wünschen Sie sich? Klären Sie vor Ihrer Entscheidung, mit welchen Versorgungsansprüchen Sie jeweils rechnen können.

Wie lange bleiben Sie aktiv im Dienst? Konkreter: Wie lange wollen Sie Ihren Dienst leisten, und wie lange müssen Sie eventuell dabeibleiben?

Für Beamte gilt wie für Versicherte in der gesetzlichen Rentenversicherung grundsätzlich, dass die Regelaltersgrenze schrittweise von 65 auf 67 Jahre steigt. Ab dem Jahrgang 1964 ist damit das Zugangsalter 67 erreicht. Für manche Beamtengruppen, etwa für Polizisten, liegt das Eintrittsalter mit 60 beziehungsweise 62 Jahren niedriger. Eine bundesweit einheitliche Regelung gibt es hier nicht – je nach Dienstherr gibt es Abweichungen.

Unter bestimmten Voraussetzungen ist es allerdings möglich, vorzeitig aus dem Dienst auszuscheiden. Wer vor der je nach Bundesland oder Dienstherr vorgesehenen Altersgrenze in Pension gehen will oder aus gesundheitlichen Gründen vorzeitig ausscheidet, muss hinnehmen, dass die Versorgungsansprüche niedriger ausfallen als sonst, wenn sie weiterarbeiten würden:

- **Auf Antrag vorzeitig in Pension:** Viele Beamte können ab dem 63. Geburtstag vorzeitig in Pension gehen. Diese Frühpensionierung müssen sie dann beim Dienstherrn beantragen. Wird der Antrag bewilligt, müssen sie aber meist Abschläge auf ihre Versorgungsansprüche einkalkulieren. Denn für die meisten Beamten gilt je nach Geburtsjahr eine Regelaltersgrenze zwischen 65 und 67 Jahren – analog zu den steigenden Altersgrenzen in der gesetzlichen Rentenversicherung (siehe Tabelle rechts). Für jeden Monat der vorzeitigen Pensionszahlung werden von den erworbenen Ansprüchen aber 0,3 Prozent abgezogen, maximal 14,4 Prozent.
In bestimmten Berufen ist allerdings eine Regelaltersgrenze von zum Beispiel 62 Jahren vorgesehen. Auch dann dürfen Sie vorzeitig gehen. Die Abzüge werden entsprechend dieser jeweiligen Altersgrenze ermittelt.
- **Schwerbehinderung:** Für Menschen mit einer Schwerbehinderung gilt eine besondere Antragsaltersgrenze, die je nach Geburtsjahr zwischen 60 und 62 Jahren liegt. Möglich ist, bis zu drei Jahre vorzeitig in Pension zu gehen. Das bedeutet aber einen Abschlag von bis zu 10,8 Prozent (36 Monate x 0,3 Prozent) von den Pensionsansprüchen.

Anhebung der Regelaltersgrenze (Bundesbeamte)

Am Beispiel der Bundesbeamten zeigt sich, in welchen Schritten die Regelaltersgrenze von ursprünglich 65 Jahren für die künftigen Jahrgänge auf 67 steigt. Für einzelne Berufsgruppen, etwa für Bundespolizisten, gelten andere Altersgrenzen. Auch sie steigen aber – von 60 auf 62 Jahre.

Geburtsjahr	Anhebung um ... Monate	Altersgrenze Jahre	Monate
1955	9	65	9
1956	10	65	10
1957	11	65	11
1958	12	66	0
1959	14	66	2
1960	16	66	4
1961	18	66	6
1962	20	66	8
1963	22	66	10
ab 1964	24	67	0

Quelle: Bundesinnenministerium

- **Dienstunfähigkeit:** Scheiden Sie aufgrund einer Dienstunfähigkeit vorzeitig im Alter von unter 63 Jahren aus dem Dienst aus, müssen Sie für jeden Monat des vorgezogenen Ruhestands 0,3 Prozent Abschläge hinnehmen, höchstens 10,8 Prozent (siehe „Versorgungsansprüche bei Dienstunfähigkeit", S. 74).

Dauerhaftes Minus

Scheiden Sie vorzeitig zum Beispiel mit 63 Jahren aus dem Dienst aus, begleiten Sie die damit verbundenen Abschläge auf Ihre Versorgungsbezüge auf Dauer:

Beispiel: Bernd, ein Verwaltungsbeamter aus Köln, will 2024 nach 40 Dienstjahren im Alter von 63 Jahren in Pension gehen. Per Gesetz sollte er (Geburtsjahr 1961) allerdings erst im Alter von 66 Jahren und 6 Monaten aus dem Dienst ausscheiden. Für die 42 Monate vorgezogener Zahlung werden ihm 12,6 Prozent von seinen bis dato erworbenen Pensionsansprüchen abgezogen. Ohne diese Abschläge käme er auf Versorgungsbezüge von 3 500 Euro. Nach Abzug der 12,6 Prozent bleiben 3 059 Euro.

Der vorzeitige Ruhestand kostet ihn damit zu Pensionsbeginn 441 Euro monatlich.

Die Abschläge für den vorzeitigen Austritt aus dem Dienst begleiten ihn in den kommenden Jahren immer weiter. Die Pension bleibt bis zum Lebensende gekürzt.

→ Richtig rechnen

Achtung, vertun Sie sich nicht, wenn Sie selbst überschlagen, mit welchen Ansprüchen Sie je nach Ausscheiden aus dem Dienst rechnen können. Die Abschläge werden auf die Pensionsansprüche fällig, nicht auf den jeweiligen Ruhegehaltssatz (siehe „Abgesichert im Alter", S. 61). Im ersten Schritt wird ermittelt, wie hoch Ihre Pension ausfällt, wenn Sie pünktlich, also zur vorgesehenen Altersgrenze aus dem Dienst ausscheiden. Erst davon wird der Abschlag für die Frühpensionierung abgezogen. Würden die Abschläge auf den Pensionssatz (maximal 71,75 Prozent) fällig, wäre das deutlich ungünstiger für Sie.

Der Finanzcheck – alle Einnahmen und Ausgaben im Blick

Die Pension wird für die allermeisten von Ihnen die finanzielle Basis für das Leben im Ruhestand sein. Deshalb ist es natürlich wichtig, wenn Sie möglichst genau kalkulieren können, wie viel Geld Ihnen später zusteht (siehe mehr zur Höhe und Berechnung der Pensionsansprüche im Kapitel „Pension – die sichere Basis", S. 59).

Neben Ihrem Ruhegehalt werden Sie im Alter vermutlich weitere Einnahmen haben – zum Beispiel eine gesetzliche Rente, eine Riester-Rente, eine Rente aus einer privaten Versicherung oder auch Miet- und Kapitaleinkünfte. Vielleicht überlegen Sie auch, sich als Pensionär einen Nebenjob zu suchen. Auch diese Einnahmen sollten Sie in den Blick nehmen, bevor Sie sich überlegen, wann Sie in den Ruhestand gehen.

Überschlagen Sie, wie hoch die jeweiligen Leistungen sein werden. Nutzen Sie die Versorgungsauskunft, wenn Sie eine bekommen haben, oder fragen Sie beim für Ihre Versorgungsbezüge zuständigen Amt. Kommen Sie so nicht weiter, nutzen Sie zum Beispiel die Online-Rechner, mit deren Hilfe Sie eine unverbindliche Auskunft über die Höhe Ihrer voraussichtlichen Versorgungsbezüge erhalten können (siehe „Wer kennt sich aus?", S. 71). Hilfreich sind zudem die Standmitteilungen, die etwa die privaten Versicherer einmal jährlich verschicken, damit Sie einschätzen können, wie hoch Ihre privaten Renten ausfallen werden.

Nebeneinkünfte mit Auswirkungen auf die Pension

Wenn Sie alle Übersichten über Versorgungsansprüche, eine mögliche gesetzliche Rente, private Renten, Riester- und Rürup-Verträge nebeneinander legen, entsteht im besten Fall ein beruhigendes Bild: Es ergibt sich eine Summe, die Ihnen im Alter sicher reichen wird, um davon Ihren Lebensalltag zu bestreiten und sich auch ein paar Extras leisten zu können.

Ganz so einfach ist diese Berechnung eventuell aber nicht – je nach Höhe Ihrer Pension und diverser Renten kann es sein, dass Ihnen brutto weniger bleibt als auf den ersten Blick vermutet, weil manche Zusatzeinnahmen dafür sorgen können, dass Ihre Pension gekürzt wird:

- Beziehen Sie neben Ihrer Pension eine Rente aus der gesetzlichen Rentenversicherung, die auf Pflichtbeiträgen beruht, dürfen Sie aus Pension und Rente zusammen kein höheres Einkommen haben als 71,75 Prozent Ihres letzten Bruttoeinkommens abzüglich eines eventuellen Abschlags als Beamter. Überspringen Sie diese Höchstgrenze, wird Ihre Pension entsprechend gekürzt. Hintergrund: Wenn Sie etwa aus einer früheren Tätigkeit als Angestellter einen Rentenanspruch erworben haben, ehe Sie verbeamten wurden, sollen Sie finanziell nicht besser dastehen als jemand, der „nur" Beamter war.
- Auch wenn Sie beispielsweise eine Rente aus einer berufsständischen Versorgungseinrichtung oder als ehemaliger Angestellter im Öffentlichen Dienst eine VBL-Zusatzrente beziehen, können diese Renten zu einer Kürzung Ihrer Pension führen – sollten Sie die Höchstgrenze von 71,75 Prozent Ihres letzten Bruttoeinkommens minus Abschlag überschreiten.
- Aber Achtung: Die Pension wird nur gekürzt, wenn Sie über der Höchstgrenze liegen. Kommen Sie etwa aus Pension und Rente auf 71 Prozent des letzten Bruttoeinkommens, müssen Sie keine Einbußen fürchten.
- Haben Sie freiwillige Beiträge an die gesetzliche Rentenversicherung geleistet, werden die sich daraus ergebenden Rentenansprüche nicht auf die Pension angerechnet.
- Ebenfalls außen vor bleiben Hinterbliebenenrenten für Pensionäre aus einer Beschäftigung des verstorbenen Ehegatten oder auch eigene Renten von Beamtenwitwen oder -waisen.
- Eine Riester- oder Rürup-Rente führt zu keiner Kürzung der Beamtenpension. Das gilt auch für eine Rente aus einer privaten Rentenversicherung ohne staatliche Förderung.
- Erzielen Sie neben einer Pension Einkünfte aus Kapitalvermögen oder aus Vermietung und Verpachtung, müssen Sie ebenfalls keine Kürzung Ihrer Pension fürchten – ganz gleich, wie hoch diese Einkünfte sind.
- Wollen Sie neben der Pension weiter arbeiten? Diese Einkünfte können zur Kürzung Ihrer Pension führen. Mehr zu den Zuverdienstregeln für Pensionäre lesen Sie im Kapitel „Im (Un-)Ruhestand", S. 155.

Eins nach dem anderen

Einen Faktor, den Sie bei Ihren Überlegungen außerdem mit berücksichtigen sollten: Häufig starten nicht alle Alterseinkünfte zeitgleich. Wenn Sie zum Beispiel vorzeitig mit 63 Jahren in Pension gehen wollen, müssen Sie im Regelfall noch auf die Auszahlung einer gesetzlichen Rente warten. Einen Anspruch auf eine Regelaltersrente haben Sie je nach Geburtsjahr zwischen dem 65. und dem 67. Lebensjahr (siehe Tabelle rechts), vorausgesetzt, Sie weisen eine Mindestversicherungszeit in der gesetzlichen Rentenversicherung von fünf Jahren nach.

Es besteht zwar grundsätzlich die Möglichkeit, zum Beispiel ab 63 eine vorzeitige Altersrente zu beziehen. Allerdings kann diese Rente nur vorzeitig ausgezahlt werden, wenn Sie 35 Jahre Versicherungszeit aufweisen können. Das wird im Normalfall kaum möglich sein, wenn Sie nach Ihrer Angestelltentätigkeit noch eine Beamtenlaufbahn eingeschlagen haben.

Letztlich kommt somit im Regelfall nur ein pünktlicher Rentenbeginn infrage. Die Tabelle auf Seite 145 zeigt, in welchem Alter Sie je nach Geburtsjahr Ihre Regelaltersrente beziehen können.

Beispiel: Ärztin Lydia hat über viele Jahre im Gesundheitsamt gearbeitet und will 2024 vorzeitig mit 63 Jahren in Pension. Auf ihre Rente aus einer früheren Tätigkeit als Krankenschwester muss sie aber noch warten: Da sie 1961 geboren wurde, hat sie erst im Alter von 66 Jahren und 6 Monaten einen Anspruch auf ihre gesetzliche Rente. In der ersten Zeit als Pensionärin muss sie auf diese Zusatzrente verzichten.

„Beziehen Sie gesetzliche Rente und VBL-Zusatzrente vorzeitig, müssen Sie Abschläge hinnehmen.

Wenn Sie vor der Verbeamtung im Öffentlichen Dienst angestellt beschäftigt waren, haben Sie nach einer fünfjährigen Angestelltentätigkeit Anspruch auf eine weitere Rente, meist die VBL-Zusatzrente. Grundsätzlich wird die VBL-Zusatzrente erst mit Erreichen der Regelaltersgrenze ausgezahlt, also wie im Beispiel bei 66 Jahren und 6 Monaten bei Geburtsjahr 1961. Sofern aber die gesetzliche Rente ausnahmsweise doch bereits mit 63 Jahren ausgezahlt wird, kann auch die VBL-Zusatzrente vorzeitig mit 63 Jahren bezogen werden.

Wenn der Rentenbescheid der Deutschen Rentenversicherung vorliegt, können Sie diesen sofort an die VBL mit dem entsprechenden Antrag auf VBL-Zusatzrente senden. Aber Achtung: Wenn Sie die gesetzliche Rente und die VBL-Zusatzrente vorzeitig beziehen, müssen Sie einen Abschlag hinnehmen – für jeden Monat der vorzeitigen Zahlung 0,3 Prozent von den eigentlich erworbenen Rentenansprüchen.

Altersgrenzen für die Rente

Die Regelaltersrente gibt es in Zukunft erst mit 67 Jahren. Wer auf mindestens 35 Versichertenjahre kommt, kann aber als langjährig Versicherter mit 63 Jahren mit Abschlägen in Rente gehen. Beamte werden diese Vorgabe kaum erfüllen, sodass für Sie im Regelfall die Rente erst mit Erreichen der Regelaltersgrenze fließen kann.

Geburtsjahr	Regelaltersrente[1]: vorgesehener Rentenbeginn im Alter von	Rente für langjährig Versicherte[1]: Rentenabschlag (in Prozent) bei Rentenbeginn zum 63. Geburtstag
1954	65 Jahren + 8 Monaten	9,6
1955	65 Jahren + 9 Monaten	9,9
1956	65 Jahren + 10 Monaten	10,2
1957	65 Jahren + 11 Monaten	10,5
1958	66 Jahren	10,8
1959	66 Jahren + 2 Monaten	11,4
1960	66 Jahren + 4 Monaten	12,0
1961	66 Jahren + 6 Monaten	12,6
1962	66 Jahren + 8 Monaten	13,2
1963	66 Jahren + 10 Monaten	13,8
ab 1964	67 Jahren	14,4

1) Es gibt Ausnahmen, zum Beispiel können Sie je nach Geburtsjahr und wenn Sie vor 2007 mit Ihrem Arbeitgeber Altersteilzeit vereinbart haben, die Regelaltersrente weiter mit 65 Jahren beziehen und die Rente für langjährig Versicherte im Alter von 65 Jahren ohne Abschläge.

→ Der richtige Zeitpunkt?

Lohnt es sich finanziell überhaupt, bis zur Regelaltersgrenze weiterzuarbeiten? Bringen die letzten Arbeitsmonate noch zusätzliche Pensionsansprüche, oder würden diese sowieso gekürzt, weil der maximale Pensionssatz von 71,75 Prozent überschritten wird? Jeder Einzelfall wird anders aussehen, zum Beispiel weil Renten zu berücksichtigen sind und zu Pensionskürzungen führen können. Wenn Sie allein nicht weiterkommen und unsicher sind, ob und was Ihnen das Weiterarbeiten bis zur Altersgrenze finanziell überhaupt bringt, nutzen Sie Beratungsangebote, etwa wenn Sie Mitglied im DBB sind oder der GEW oder Verdi angehören.

Wie viel Geld bleibt netto übrig?

Haben Sie die Übersicht über all Ihre (zu erwartenden) Bruttoeinnahmen – unter Berücksichtigung der Abschläge, die je nach Alter auf Pension und Rente zu erwarten sind? Dann empfiehlt es sich, für die genaue Finanzplanung noch einen Schritt weiterzugehen: Entscheidend ist letztlich nicht, wie viele Leistungen Ihnen brutto zustehen, sondern wie viel Geld Ihnen davon tatsächlich zur Verfügung steht: Sie müssen auf jeden Fall im Alter Beiträge zur Kranken- und Pflegeversicherung zahlen sowie häufig auch Steuern. Nur das Geld, was nach Abzug der Pflichtausgaben übrig bleibt, können Sie ausgeben oder weiter anlegen.

Die gute Nachricht ist allerdings: Die Ausgaben für die Kranken- und Pflegeversicherung halten sich dank der Beihilfe, auf die Sie ja im Ruhestand weiterhin Anspruch haben, meist in Grenzen. Da der Beihilfesatz für fast alle Pensionäre von 50 auf 70 Prozent ansteigt, müssen Sie meist nicht fürchten, als Pensionär deutlich tiefer für Ihren Versicherungsschutz in die Tasche greifen zu müssen als während Ihrer aktiven Dienstzeit.

Trotzdem müssen Sie auch als Pensionär mit den Beiträgen für die Krankenversicherung rechnen. Planen Sie diesen Posten auf jeden Fall mit ein, wenn Sie sich einen Überblick über Ihr mögliches Budget als Pensionär verschaffen.

Außerdem ist es sinnvoll, wenn Sie auch mögliche Forderungen des Finanzamts einplanen. Sehr viele Pensionäre werden im Alter Steuern zahlen müssen. Ihr Dienstherr wird Ihnen für Ihr Ruhegehalt wie zu aktiven Dienstzeiten Lohnsteuer von Ihrer Bruttopension abziehen. Er wird dabei den sogenannten Versorgungsfreibetrag berücksichtigen. Das ist ein Steuerfreibetrag, dessen Höhe sich danach richtet, in welchem Jahr die Pension erstmals gezahlt wurde oder wird. Er lag 2023 für diejenigen, die ihr erstes Ruhegehalt im Jahr 2024 erhalten, bei 12,8 Prozent – maximal 960 Euro plus 288 Euro Zuschlag. Bei dem jeweiligen Freibetrag bleibt es auf Dauer. Für jüngere

Versorgungsfreibetrag

Für Versorgungsbezüge wie eine Beamten- oder Betriebspension haben Sie Anspruch auf einen Versorgungsfreibetrag. Er wird auf Basis der ersten vollen Monatspension berechnet, die Höhe bleibt für die gesamte Laufzeit gleich. Für jeden Monat, in dem es keine Pension gibt, sinken Freibetrag und Zuschlag um ein Zwölftel. Für Firmenpensionen gibt es den Freibetrag in der Regel aber erst, wenn Sie mindestens 63 Jahre alt sind.

Jahr der ersten Auszahlung	Versorgungsfreibetrag (Prozent/Jahr)	maximal steuerfrei (Euro/Jahr)
2021	15,2	1 140 + 342 Zuschlag
2022	14,4	1 080 + 324 Zuschlag
2023	13,6	1 020 + 306 Zuschlag
2024	12,8	960 + 288 Zuschlag
2025	12,0	900 + 270 Zuschlag
2026	11,2	840 + 252 Zuschlag
2027	10,4	780 + 234 Zuschlag
2028	9,6	720 + 216 Zuschlag
2029	8,8	660 + 198 Zuschlag
2030	8,0	600 + 180 Zuschlag
2031	7,2	540 + 162 Zuschlag
2032	6,4	480 + 144 Zuschlag

Quelle: Einkommensteuergesetz, ausgewählte Werte. Stand 2023, geplante Änderungen nicht berücksichtigt

Pensionärsjahrgänge sinkt der Betrag, aber von 2024 an voraussichtlich nicht mehr so schnell wie bisher. Er wird für alle, die ihr erstes Ruhegehalt beziehen, erst von 2058 und nicht mehr von 2040 an ganz entfallen.

Abzüge je nach Steuerklasse

Die Höhe der Lohnsteuer, die der Dienstherr abzieht, richtet sich außerdem danach, in welcher Steuerklasse Sie sind. Wenn Sie verheiratet sind, haben Sie zum Beispiel die Möglichkeit, zwischen mehreren Steuerklassenkombinationen zu wählen.

Möglich ist zum Beispiel, dass beide Ehepartner Steuerklasse IV nehmen. Oder sie entscheiden sich dafür, dass ein Partner – meist der Besserverdiener – die Klasse III nimmt, während derjenige mit niedrigerem Einkommen die V hat. Gerade diese zweite Kombination kann je nach Einkommenssituation mit der Steuererklärung allerdings eine böse Überraschung bringen. Denn der Lohnsteuerabzug nach Steuerklasse ist nur eine mehr oder weniger genaue Vorabberechnung – die tatsächliche Steuerbelastung steht erst im Zuge der Einkommensteuererklärung fest, die nach Ende des Steuerjahres eingereicht wird. Gerade bei der Kombination III/V kann sich somit eine deutliche Nachforderung ergeben.

Für viele Pensionäre ist die Steuererklärung sowieso Pflicht, zum Beispiel für Ehepaare mit der Steuerklassenkombination III/V. Pflicht ist sie außerdem, wenn Sie neben Ihrer Pension weitere Einkünfte von mindestens 410 Euro im Jahr haben, etwa aus einer gesetzlichen Rente oder aus Vermietung oder Verpachtung. Auch diese Einkünfte müssen Sie in der Steuererklärung angeben.

Einkünfte aus Kapitalvermögen, etwa Zinsen, Dividenden oder Gewinne aus Wertpapierverkäufen, müssen Sie dagegen meist nicht mehr selbst beim Finanzamt abrechnen, da sie der Abgeltungsteuer unterliegen. In den meisten Fällen kümmert sich die eigene Bank darum, dass die Steuer für die Kapitaleinkünfte an das Finanzamt fließt. In manchen Situationen kann es sich allerdings lohnen, dass Sie selbst Ihre Kapitaleinkünfte über die Anlage KAP in der Steuererklärung abrechnen, zum Beispiel wenn Sie Freistellungsaufträge ungünstig verteilt hatten (mehr dazu siehe unter „Das Finanzamt ist mit im Boot“, S. 102).

Gute Karten gegenüber dem Finanzamt

Ganz gleich, ob die Steuererklärung für Sie Pflicht ist oder nicht: Es gibt immer noch gute Chancen, dass Sie Ihre Steuerbelastung gering halten. Vielleicht holen Sie sich über die Steuererklärung ja sogar Geld zurück. Wenn Sie zum Beispiel verheiratet sind und beide Partner Steuerklasse IV haben, stehen die Chancen nicht allzu schlecht – tendenziell fließt dann im Laufe des Jahres immer etwas zu viel Lohnsteuer ans Finanzamt.

Um die Steuerbelastung unabhängig von der Lohnsteuerklasse insgesamt gering zu halten, ist es wichtig, dass Sie sämtliche Posten kennen und auch abrechnen, die Ihnen gegenüber dem Finanzamt einen Vorteil bringen können, zum Beispiel:

- **Versicherungsbeiträge:** Ihre Beiträge zur Basisabsicherung in Kranken- und Pflegeversicherung muss das Finanzamt in jedem Fall anerkennen. Darüber hinaus können auch Beiträge zu anderen Versicherungen einen Vorteil bringen, etwa zur Unfall- oder Haftpflichtversicherung.
- **Spenden und andere Sonderausgaben:** Wenn der Dienstherr Ihre monatliche Lohnsteuer von Ihrer Bruttopension abzieht, berücksichtigt er eine Sonderausgabenpauschale von 36 Euro im Jahr – egal ob Sie Sonderausgaben in dieser Höhe hatten oder nicht. Doch sehr viele von Ihnen werden höhere Sonderausgaben haben: zum Beispiel, wenn Sie in der Vorweihnachtszeit gespendet haben. Auch Kirchensteuern und Unterhaltszahlungen sind Sonderausgaben, die sich in der Steuererklärung bezahlt machen können. Wenn Sie für diese Posten mehr als 36 Euro im Jahr gezahlt haben und alles in der Steuererklärung angeben, bringt das auf jeden Fall einen Steuervorteil.
- **Medikamente und mehr:** Die Ausgaben für Ihre Gesundheit können Ihnen als außergewöhnliche Belastung eine Steuerersparnis bringen. Dazu zählen zum Beispiel Ihre Ausgaben für eine neue Brille, Kontaktlinsen, Medikamente oder Zahnersatz. Voraussetzung ist allerdings, dass die Ausgaben ärztlich verordnet wurden. Ob Sie dadurch einen Steuervorteil haben und wie groß dieser ist, wird im Zuge der Steuererklärung ermittelt.
- **Ausgaben für Handwerker und Haushaltshilfe:** Egal, ob Sie den eigenen Garten von einem Profi in Schuss bringen lassen oder eine Haushaltshilfe zum Waschen und Bügeln engagieren:

Wer kennt sich aus?

Welche Posten lassen sich unter welchen Bedingungen absetzen? Welche Freibeträge stehen mir zu, und wie kann ich von aktuellen Gerichtsverfahren mit profitieren? Antworten auf all diese Fragen bietet das alljährlich neu erscheinende Finanztest Spezial „Steuern" mit Tipps und Ausfüllhinweisen für die aktuelle Steuererklärung. Weitere Hilfe finden Sie im Ratgeber „Steuererklärung – Rentner und Pensionäre", beide Publikationen sind im Handel oder unter test.de/shop erhältlich. Wünschen Sie sich einen direkten Ansprechpartner, wenden Sie sich an einen Lohnsteuerhilfeverein oder einen Steuerberater.

Mit diesen Ausgaben für sogenannte haushaltsnahe Aufwendungen können Sie – so sie unbar bezahlt werden – Steuern sparen. Das Finanzamt wird einen Teil der Arbeitskosten direkt von Ihrer zu zahlenden Steuer abziehen.

Die Liste der abzugsfähigen Posten lässt sich problemlos erweitern – vieles, was Sie in Ihrer aktiven Dienstzeit beim Finanzamt geltend machen können, gilt auch noch im Ruhestand. Je nach Alter haben Sie zudem den Vorteil, dass Sie zusätzlich von diversen Steuerfreibeträgen profitieren können.

Den Versorgungsfreibetrag, mit dessen Hilfe ein Teil Ihrer Pension steuerfrei bleibt, haben wir schon genannt (siehe Tabelle S. 147). Doch auch Ihre Nebeneinkünfte sind nicht voll steuerpflichtig. Wenn Sie etwa aus angestellter Tätigkeit oder aus Vermietung Einkünfte erzielen, bleibt dank des Altersentlastungsbetrags auch davon ein Teil steuerfrei. Anspruch auf diesen Freibetrag haben Sie allerdings erst, wenn Sie am 1. Januar des jeweiligen Steuerjahres mindestens 64 Jahre alt waren. Für jeden neuen Jahrgang sinkt der Altersentlastungsbetrag.

Beziehen Sie eine gesetzliche Rente oder eine Rürup-Rente, steht Ihnen dafür ein Rentenfreibetrag zu.

Mit dem Wissen über Ihre regelmäßigen Abzüge, die an die private Krankenversicherung und das Finanzamt fließen, können Sie Ihren finanziellen Spielraum weiter einschätzen.

Zeit für einen Versicherungs-Check

Unabhängig vom Alter bleibt es dabei, dass Sie Geld für verschiedene private Versicherungen einplanen sollten, zum Beispiel für die Privathaftpflicht-, Unfall- oder Wohngebäudeversicherung. Wenn Sie gerade dabei sind, passend zum Ruhestand Ihre Finanzunterlagen zu ordnen, nutzen Sie doch die Gelegenheit und werfen auch einen Blick in den Versicherungsordner:

Sind Sie noch gut und ausreichend versichert? Gerade wenn Vertragsabschlüsse schon einige Jahre zurückliegen, empfiehlt es sich, die vorhandenen Verträge zu prüfen und eventuell zu aktualisieren:

- Sind die vereinbarten Versicherungsleistungen noch hoch genug?
- Benötigen Sie eventuell zusätzlichen Schutz? Kommt beispielsweise eine spezielle Unfallversicherung für Senioren infrage?
- Auf welchen Schutz können Sie verzichten? Gibt es mittlerweile leistungsstärkere oder günstigere Angebote?

Eine Übersicht zum Versicherungsbedarf – in jungen wie in älteren Jahren – bietet die große Übersichtstabelle „Versicherungs-Check“ auf S. 118/119.

Pension und Renten: So fließt Ihr Geld

Rückt der Ruhestand näher, kommen einige Aufgaben auf Sie zu, damit Sie Ihr Geld pünktlich bekommen. Kommen die Bescheide ins Haus, nehmen Sie sich Zeit, um sie zu prüfen.

Sie haben sich entschieden, dass Sie pünktlich, also mit Erreichen der gesetzlichen Altersgrenze, aus dem Dienst ausscheiden wollen? Dann müssen Sie eigentlich gar nichts machen: Sie erhalten Post von Ihrem Dienstherrn, und aus dem Schreiben geht der Zeitpunkt hervor, zu dem Sie in den Ruhestand versetzt werden. Außerdem wird der Dienstherr Kontakt zur für Sie zuständigen Pensionsstelle aufnehmen. Diese wiederum wird Ihnen dann den Versorgungsfestsetzungsbescheid über die Höhe der Ihnen monatlich zustehenden Versorgungsbezüge zukommen lassen. Es handelt sich um die Bruttobezüge.

Zusätzlich erhalten Sie einen Versorgungsnachweis. Hier sind die einzelnen Bestandteile Ihrer Bezüge dargestellt sowie der Nettozahlbetrag. Solange sich an Ihren Bezügen nichts ändert, erhalten Sie keinen neuen Nachweis über deren Höhe.

Mit entscheidend für die Höhe der Nettobezüge sind Ihre Lohnsteuermerkmale, die Sie ebenfalls in dem Nachweis finden. Ihre Bezüge werden immer im Voraus bezahlt – am letzten Werktag des Vormonats.

Ändert sich etwas an Ihren Familienverhältnissen, sodass sich etwas an der Höhe Ihrer Zuschläge zur Pension ändert, müssen Sie Ihre Versorgungsstelle schriftlich darüber informieren. Das gilt zum Beispiel, wenn Sie heiraten oder sich dauerhaft von Ihrem Partner trennen.

Auch wenn Ihr Ehepartner oder eingetragener Lebenspartner eine Tätigkeit im Öffentlichen Dienst antritt oder beendet, müssen Sie diese Information weitergeben, genauso wenn andere Personen, zum Beispiel eigene Kinder, in Ihre Wohnung einziehen oder wieder ausziehen.

→ Abschlagszahlung bei Verzögerungen

Im Einzelfall kann es passieren, dass Ihre Versorgungsbezüge nicht rechtzeitig festgesetzt werden können. Dann können Sie beantragen, dass Sie eine Abschlagszahlung erhalten, die mit der später beginnenden Zahlung der Versorgungsbezüge verrechnet wird.

Kein Grund zur Sorge
Pension plus Einnahmen aus privater Altersvorsorge: Überschlagen Sie frühzeitig, wann Sie mit welchen Einnahmen rechnen können.

Vorzeitigen Ausstieg beantragen

Wollen Sie hingegen nicht so lange arbeiten, wie es gesetzlich vorgesehen ist, sondern zum Beispiel mit 63 Jahren vorzeitig in den Ruhestand gehen, müssen Sie dies schriftlich bei Ihrem Dienstherrn beantragen. Der Dienstherr kann zwar versuchen, Sie zu überreden, weiter zu arbeiten, aber er kann Ihrem Wunsch auf vorzeitigen Ruhestand nicht in die Quere kommen und Ihnen den vorzeitigen Ausstieg etwa aufgrund akuten Personalmangels untersagen.

Um die vorzeitige Pensionierung möglichst reibungslos abzuwickeln, ist es ratsam, alle sogenannten Laufbahndaten, zum Beispiel Studienzeiten, berufliche Tätigkeiten vor Übernahme ins Beamtenverhältnis und die reine Beamtendienstzeit, noch einmal mitzuteilen, damit sie mit den Eintragungen in der Personalakte verglichen und wenn nötig aktualisiert werden können.

Bescheid gut prüfen

Wenn dann – ob bei pünktlichem Einstieg oder bei vorzeitiger Pensionierung – der Bescheid über die Höhe Ihrer Versorgungsbezüge ins Haus kommt, sollten Sie diesen prüfen beziehungsweise prüfen lassen. Eine erste grobe Übersicht können Sie selbst bekommen: Sind alle Dienstzeiten berücksichtigt? Sind Wechsel zwischen Teil- und Vollzeit richtig eingerechnet worden? Wurden Ihre Vordienstzeiten anerkannt?

Viel Zeit haben Sie aber nicht: Sie haben einen Monat Zeit, um gegen den Bescheid Widerspruch einzulegen.

→ Im Zweifel Rat holen

Sie sind sich nicht sicher, ob alle Daten im Bescheid über Ihre Versorgungsbezüge stimmen? Sie ärgern sich, weil nicht alle Vordienstzeiten zu Ihren Gunsten berücksichtigt wurden? Eine Möglichkeit ist, dass Sie selbst erst einmal bei Ihrem Amt für Versorgung nachhaken. Beratungsangebote finden Sie darüber hinaus beispielsweise beim DBB oder über die Gewerkschaften. Alternativ können Sie einen Fachanwalt für Beamtenversorgungsrecht einschalten.

Die Auszahlung der Zusatzeinnahmen auf den Weg bringen

Wenn Sie aus privater Vorsorge weitere Einkünfte im Ruhestand erwarten können, kommen ein paar organisatorische Aufgaben auf Sie zu, doch letztlich hält sich der Aufwand in Grenzen.

Um eine gesetzliche Rente zu beziehen, kommen Sie nicht umhin, einen Rentenantrag auszufüllen. Das erledigen Sie das spätestens drei Monate vor dem geplanten Rentenbeginn. Dann bleibt dem Rentenversicherungsträger noch genügend Zeit, um Ihren Antrag zu prüfen, sodass die erste Zahlung pünktlich bei Ihnen eingeht.

Es ist sogar möglich, die Rente rückwirkend zu beantragen, doch das funktioniert nicht unbegrenzt. Wenn Sie zum Beispiel am 19. Juni die Altersgrenze für die Regelaltersrente erreichen und die Rente ab Juli fließen soll, sollten Sie spätestens bis zum 30. September im selben Jahr Ihren Antrag beim Rentenversicherer eingereicht haben. Dann bekommen Sie ab dem 1. Juli Ihre erste Rente – wenn nötig eben rückwirkend.

Sie haben ab dem Ersten des Monats, ab dem die Rente fließen soll, maximal drei Monate Zeit. Stellen Sie den Antrag erst nach Ende dieser Frist, also beispielsweise am 5. Oktober, erhalten Sie erst ab dem 1. Oktober die Rente.

Geld aus privater Vorsorge

Steht die Auszahlung aus einer Kapitallebensversicherung oder eine erste Rente aus einer privaten Versicherung ohne staatliche Förderung an, werden Sie in absehbarer Zeit Post von dem privaten Versicherungsunternehmen bekommen. Aus Ihren Vertragsunterlagen wissen Sie, zu welchem Termin die Leistung fällig wird. Je nach Versicherer

Wer kennt sich aus?

Eine Tätigkeit als Angestellter liegt schon einige Jahre zurück und Sie sind sich nicht sicher, welche Zeiten für eine Altersrente zählen? Sie wissen nicht, wann der Rentenbeginn möglich ist? Sie überlegen, ob freiwillige Zahlungen an die Rentenkasse etwas bringen? Nutzen Sie das kostenlose Beratungsangebot der Deutschen Rentenversicherung. Vereinbaren Sie am besten schon einige Jahre vor dem geplanten Rentenbeginn einen Termin – vielleicht fehlen Ihnen noch Versicherungszeiten, um die Wartezeit von fünf Jahren zu erfüllen. Dann können Sie bei einem frühzeitigen Termin klären lassen, ob und wie sich diese Lücke schließen lässt. Zusammen mit einem Berater in der Beratungsstelle können Sie außerdem den Rentenantrag ausfüllen. Termine für eine Beratung vereinbaren Sie unter der Hotline 0800/1000 4800.

kann es sein, dass dieses Schreiben bereits ein halbes Jahr vor der Auszahlung kommt oder erst wenige Wochen vorher. Der Versicherer wird Sie über die anstehende Auszahlung informieren und Sie auffordern, Ihre aktuellen Kontodaten anzugeben.

Je nach Vertrag müssen Sie weitere Unterlagen einreichen, zum Beispiel eine Kopie Ihres Personalausweises oder auch den Versicherungsschein, die sogenannte Police. Finden Sie diese nicht, müssen Sie eine Verlustanzeige des Versicherers ausfüllen. Er wird Ihnen den Verlust bestätigen und Sie bekommen Ihr Geld. Ihre ursprüngliche Police wird dann ungültig.

Haben Sie eine Kapitallebensversicherung, wird der Versicherer Sie vermutlich auch fragen, was aus dem Geld werden soll, ob Sie es nicht weiter bei ihm anlegen wollen, zum Beispiel in Form einer Sofortrente. Überlegen Sie sich gut, ob Sie so eine Wette auf ein langes Leben wirklich abschließen wollen. Bei der lebenslangen Privatrente bekommen Sie oft erst dann mehr Geld heraus, als Sie eingezahlt haben, wenn Sie etwa 95 Jahre und älter werden. Außerdem gibt es attraktive Alternativen, etwa ein Pantoffel-Portfolio mit Auszahlplan. Mehr dazu finden Sie unter „Fonds und mehr“, S. 96 und test.de.

Auch wenn Sie Riester-Sparer sind, wird Sie der Anbieter vor Beginn der Auszahlung anschreiben. Seit Ihrem Vertragsabschluss steht der Beginn der Auszahlung zumindest ungefähr fest. Bei Verträgen, die bis Ende 2011 geschlossen wurden, ist eine Auszahlung ab dem 60. Geburtstag möglich. Bei später geschlossenen Verträgen erst ab dem 62. Geburtstag. Ihr Riester-Anbieter wird Sie über die Höhe Ihrer Ansprüche und über die anstehende Auszahlung informieren.

Bis zu 30 Prozent Ihres angesparten Riester-Vermögens dürfen Sie als Einmalzahlung anstatt einer Rente erhalten.

Er wird auch einige Punkte abfragen – neben Ihren Kontodaten zum Beispiel auch, ob Sie auf einen Schlag einen Teil Ihres Kapitals entnehmen wollen: Bis zu 30 Prozent Ihres angesparten Vermögens dürfen Sie als Einmalzahlung anstatt einer Rente erhalten. Möglich ist auch, dass Sie Ihr Erspartes zur Entschuldung Ihrer Immobilie nutzen.

Außerdem werden Sie gefragt, wie Ihr angespartes Vermögen, das noch nicht ausgezahlt wird, weiter angelegt und dann ausgezahlt werden soll. Wenn Sie etwa einen Riester-Banksparplan haben, können Sie entscheiden, ob Sie Ihr Vermögen gleich als Sofortrente aus einem Versicherungsvertrag erhalten oder ob es zunächst über einen Bankauszahlplan entnommen werden soll. Ab dem 85. Lebensjahr wird es aber auf jeden Fall als Sofortrente ausgezahlt.

Im (Un-)Ruhestand: Neben der Pension arbeiten

Es muss nicht gleich der komplette Ausstieg aus dem Dienst sein: Nebenjobs zur Pension bringen Abwechslung und helfen, das Budget aufzubessern.

Die Statistiken sind eindeutig: Immer mehr Menschen, die eigentlich das Renten- oder Pensionsalter erreicht haben, arbeiten weiter. 2023 waren nach Angaben des Bundesarbeitsministeriums 1,123 Millionen Erwerbstätige älter als 67 Jahre. 251000 hatten eine sozialversicherungspflichtige Beschäftigung, 872000 einen Minijob – Tendenz weiter steigend. Der neue große Vorteil: Seit 2023 können auch Ruheständler, die vorzeitig die Altersrente beziehen, unbegrenzt hinzuverdienen, ohne dass der Zusatzverdienst mit ihrer Rente verrechnet wird. Auch ehemalige Beamte sind unter den Ruheständlern, darunter sind zum Beispiel Lehrkräfte, die dringend weiter an den Schulen gebraucht werden.

Nicht einfach so loslegen

Wollen Sie neben der Pension weiter arbeiten, ist das erlaubt. Allerdings müssen Sie mehr Regelungen und Vorgaben beachten, als dies bei Beziehern einer gesetzlichen Altersrente mit Neben- oder Hauptjob der Fall ist. Organisatorisch ist erst einmal wichtig, dass Sie – selbst wenn Sie nicht mehr im aktiven Dienst sind – nicht einfach so mit einer Nebentätigkeit beginnen dürfen. Per Gesetz ist je nach Dienstherr geregelt, ob und bis wann Sie nach dem Ausscheiden aus dem Dienst Nebentätigkeiten melden müssen.

Finanziell gilt: Überlegen Sie genau, wie viel Sie nebenbei verdienen, denn ein besonders hohes Erwerbseinkommen lohnt nicht immer so wie zunächst erhofft. So heißt es zwar etwa im Bundesbeamtengesetz, dass ein neben die Versorgung tretendes Erwerbs- und Erwerbsersatzeinkommen den Versorgungsberechtigten vollständig erhalten bleibt. Doch es ist möglich, dass die Versorgungsleistungen gekürzt werden, wenn die Summe aus Versorgung und Einkommen über einen Höchstbetrag hinausgeht, der individuell konkret zu bestimmen ist. Entscheidend für diese Berechnung ist die Höhe Ihrer ruhegehaltsfähigen Dienstbezüge. Wichtig ist darüber hinaus, wie alt Sie sind und ob Sie im Öffentlichen Dienst weiter arbeiten.

Wenn Sie die sogenannte Regelaltersgrenze noch nicht erreicht haben und zum

Der Garten muss warten
Nebentätigkeiten als Pensionär sind erlaubt, doch sie sollten gut geplant sein, zum Beispiel um eine Kürzung des Ruhegehalts zu vermeiden.

Beispiel auf Antrag mit 63 Jahren in den Ruhestand gegangen sind, dürfen Sie zu Ihrer Pension so viel hinzuzuverdienen, dass Sie aus dem Ruhegehalt und Ihrem Erwerbseinkommen insgesamt auf den Wert Ihrer letzten Bezüge während der aktiven Dienstzeit kommen, gegebenenfalls zuzüglich eines Familienzuschlags für Kinder. Verdienen Sie mehr, sodass Sie brutto quasi mehr Geld zur Verfügung hätten als vor dem Ruhestand, wird Ihre Pension um den entsprechenden Betrag gekürzt.

Bei dieser Rechnung werden etwa Einkünfte aus einer angestellten Tätigkeit, aus selbstständiger Tätigkeit oder aus Gewerbebetrieb berücksichtigt. Auch Erwerbsersatzeinkommen, zum Beispiel Arbeitslosen- oder Krankengeld, kann letztlich zu einer Kürzung Ihrer Pension führen. Unberücksichtigt bleiben hingegen freiberufliche Einkünfte, die Sie aus Vortragstätigkeiten, aus wissenschaftlicher, schriftstellerischer oder künstlerischer Tätigkeit erzielen.

Sobald Sie die gesetzliche Altersgrenze erreicht haben, kommt es darauf an, in welchem Bereich und in welcher Form Sie weiter berufstätig sind. Im Regelfall können Sie unbegrenzt hinzuverdienen, ohne dass Ihre Versorgungsansprüche gekürzt werden. Doch es gibt eine Ausnahme: Wenn ein Pensionär nebenbei weiter Einkommen aus einer „Verwendung" im Öffentlichen Dienst erzielt und zum Beispiel weiter als Lehrer in einer Schule tätig ist, gilt wiederum grundsätzlich das frühere Endgehalt als Obergrenze. Aber – und deshalb ist es hilfreich, dass Sie sich vorab noch einmal bei der für Ihre Versorgung zuständigen Stelle nach den genauen Regeln erkundigen – auch hier sind Ausnahmen möglich. So hat etwa das Land Nordrhein-Westfalen entschieden, dass zunächst bis Ende 2024 dieses sogenannte Verwendungseinkommen nicht auf die Versorgungsbezüge angerechnet wird.

→ Nach Dienstunfähigkeit

Wurden Sie wegen einer Dienstunfähigkeit oder einer Schwerbehinderung vorzeitig pensioniert, gelten strengere Zuverdienstgrenzen. Grundsätzlich dürfen Sie aus Nebenverdienst und Pension maximal Ihre Höchstpension (71,75 Prozent Ihrer ruhegehaltsfähigen Dienstbezüge) erzielen, ohne dass die Versorgung gekürzt wird. Welcher Verdienst darüber hinaus möglich ist, beispielsweise 525 Euro im Monat für Pensionäre in Nordrhein-Westfalen, ist gesetzlich festgelegt.

Wie viel bleibt netto übrig?

Wie viel Arbeit lohnt sich finanziell? Wenn Sie sich diese Frage stellen, sollten Sie neben einer möglichen Kürzung der Pension außerdem im Blick behalten, wie viel Geld Ihnen netto tatsächlich von einem Nebenverdienst zur Verfügung steht. Da die meisten Pensionäre privat krankenversichert sind, müssen Sie sich anders als viele Rentner keine Sorgen machen, dass von Ihrem Verdienst ein enormer Anteil für Sozialabgaben abgezogen wird. Allerdings müssen Sie einplanen, dass Ihr Nebenverdienst – etwa als Angestellter oder auch als Selbstständiger – steuerpflichtig ist. Ob und wie viele Steuern fällig werden, hängt von der Höhe des Zusatzverdienstes und von Ihrem sonstigen Einkommen ab.

Besonders attraktiv ist ein pauschal versteuerter Minijob neben der Pension. Dann können Sie den Verdienst von bis zu 538 Euro im Monat häufig brutto wie netto einstreichen. Denn in der Regel kümmert sich der Arbeitgeber darum, dass die für den Verdienst fällige Lohnsteuer an die Minijob-Zentrale überwiesen wird. Das sind pauschal 2 Prozent des Einkommens. Übernimmt der Arbeitgeber die Lohnsteuer, müssen Sie selbst sich nicht mehr um die Abrechnung beim Finanzamt kümmern – Ihr Minijobverdienst muss auch nicht in der Steuererklärung auftauchen.

Wenn Sie regelmäßig mehr als 538 Euro brutto im Monat verdienen, wird Ihr Arbeitgeber allerdings je nach Steuerklasse Lohnsteuer vom Bruttoverdienst abziehen und ans Finanzamt überweisen. Da Ihre Pension bereits nach Steuerklasse versteuert wird, bleibt Ihnen für den Nebenjob nur die ungünstige Steuerklasse VI, in der keine Steuerfreibeträge berücksichtigt werden. Dadurch ist der Lohnsteuerabzug besonders hoch. Deshalb ist es umso wichtiger, dass Sie in der Steuererklärung möglichst alle Posten abrechnen, mit denen sich sparen lässt. Das sind zum Beispiel die Werbungskosten, etwa Ausgaben für den Arbeitsweg. So haben Sie häufig über die Steuererklärung die Chance, sich zumindest einen Teil der gezahlten Lohnsteuer zurückzuholen.

Um Ihre Nebentätigkeit besser planen zu können, lassen Sie sich am besten vor Antritt des Jobs von der Personalstelle Ihres Arbeitgebers ausrechnen, wie viel Ihnen netto von Ihrem Nebenverdienst bleibt. Planen Sie daraufhin, wie viel Zeit Sie für den Job investieren.

Hilfe

Fachbegriffe erklärt

Altersgeld: Versorgungsähnliches Geld, das durch die Mitnahme von Pensionsansprüchen beim freiwilligen Ausscheiden eines Beamten berechnet wird.
Anwartschaftsversicherung: Besondere Leistung in der privaten Krankenversicherung. Benötigt ein Versicherter die Leistungen aus dem Versicherungsvertrag vorübergehend nicht, sichert er sich mit der Anwartschaftsversicherung die Möglichkeit, zu einem späteren Zeitpunkt ohne erneute Gesundheitsprüfung wieder in den Vertrag einsteigen zu können.

Dienstunfähigkeit: Dauernde Unfähigkeit eines Beamten zur Erfüllung seiner Dienstpflichten infolge eines körperlichen Gebrechens oder wegen Schwäche der körperlichen oder geistigen Kräfte.

Grundgehalt: Gehalt ohne Familienzuschlag, das gemäß den Besoldungstabellen für Beamte gezahlt wird. Es bestimmt sich nach der Besoldungsgruppe des verliehenen Amtes und steigt je nach Besoldungsordnung im Laufe der Jahre an.

Höchstruhegehaltssatz: Höchstmöglicher Ruhegehaltssatz von derzeit 71,75 Prozent der ruhegehaltsfähigen Dienstbezüge. Beim Ruhegehalt aufgrund eines Dienstunfalls beträgt der Höchstsatz 75 Prozent

80 Prozent (qualifizierter Dienstunfall) der ruhegehaltsfähigen Dienstbezüge.

Nachversicherungsgarantie: Ein Versicherungskunde hat zum Beispiel in der Berufsunfähigkeitsversicherung die Möglichkeit, die vereinbarte Rente zu bestimmten Anlässen, etwa bei Geburt eines Kindes, ohne erneute Gesundheitsprüfung aufzustocken. Je nach Tarif kann das auch ohne konkreten Anlass möglich sein.

Rentenantrag: Wenn Sie neben der Pension eine gesetzliche Rente bekommen wollen, müssen Sie diese bei der gesetzlichen Rentenversicherung beantragen. Am besten nutzen Sie dafür das offizielle Antragsformular (Formular R 0100).

Ruhegehalt: Versorgungsbezüge eines Pensionärs, auch Beamtenpension genannt.

Ruhegehaltsfähige Dienstbezüge: Bemessungsgrundlage für die Pension. Die Höhe der Versorgungsbezüge wird aus der Besoldung des aktiven Beamten abgeleitet. Zu den ruhegehaltsfähigen Dienstbezügen zählen das Grundgehalt, der Familienzuschlag der Stufe 1 und sonstige Dienstbezüge wie ruhegehaltsfähige Zulagen.

Ruhegehaltsfähige Dienstzeit: Die Zeit, die der Beamte vom Zeitpunkt der ersten Berufung in das Beamtenverhältnis an und in den meisten Ländern mittlerweile auch vor Vollendung des 17. Lebensjahres im Beamtenverhältnis zurückgelegt hat und die für die Pension zählt. Wehr- oder Zivildienst und die Zurechnungszeit sind ruhegehaltsfähig. Zeiten im privatrechtlichen Arbeitsverhältnis im Öffentlichen Dienst sollen als ruhegehaltsfähig berücksichtigt werden (Soll-Zeiten). Ausbildungszeiten und förderliche Vordienstzeiten können ruhegehaltsfähige Dienstzeiten (Kann-Zeiten) sein.

Ruhegehaltssatz: Prozentualer Anteil der ruhegehaltsfähigen Dienstbezüge, der als Pension gezahlt wird. Der Höchstruhegehaltssatz liegt bei 71,75 Prozent, für jedes Jahr der ruhegehaltfähigen Dienstzeit beträgt der Steigerungssatz 1,79375 Prozent.

Sterbegeld: Einmalzahlung, die Ehegatte und die Kinder oder Enkel des verstorbenen Beamten beziehungsweise Pensionärs erhalten. Das Sterbegeld beträgt das Zweifache der monatlichen Dienstbezüge des aktiven Beamten beziehungsweise der Pension.

Versorgungsabschlag: Abschlag von der Pension, wenn Beamte vor Erreichen der gesetzlichen Altersgrenze in Pension gehen, etwa auf Antrag im Alter von 63 Jahren.

Versorgungsausgleich: Er findet automatisch statt, wenn eine Ehe geschieden wird. Nur bei Ehen, die weniger als drei Jahre gedauert haben, ist dafür ein Antrag nötig. Mithilfe des Versorgungsausgleichs sollen Renten- und Versorgungsansprüche, die während der Ehe erworben wurden, gleichmäßig auf die Ex-Partner verteilt werden.

Zurechnungszeit: Sie wird berücksichtigt, wenn Beamte vor dem 60. Geburtstag dienstunfähig werden. Dann werden 2/3 der Zeit bis Erreichen des 60. Geburtstags als ruhegehaltsfähige Dienstzeit angerechnet.

Checkliste: Private Krankenversicherung für Beamte

Der Abschluss einer privaten Krankenversicherung ist häufig eine Entscheidung fürs Leben. Später den Versicherer zu wechseln ist im Normalfall keine gute Idee. Umso wichtiger ist es, dass Sie sich vor Vertragsabschluss oder vor einem Tarifwechsel genau über das Angebot informieren. Dabei hilft Ihnen diese Checkliste. Sie finden sie auch im Internet und können sie unter **test.de/formulare-beamte** herunterladen, ausdrucken und ausfüllen. – Wer mag, kann alles auch online ausfüllen. Planen Sie bei Ihrer Entscheidung zum Versicherungsschutz von Anfang an mit ein, ob Sie neben dem Beihilfegrundtarif noch einen Ergänzungstarif abschließen wollen. Sie könnten die Ergänzung zwar noch später abschließen, doch dann wird der Schutz teurer. Wichtig: Diese Checkliste kann Sie bei der Wahl Ihres privaten Krankenversicherungsschutzes nur unterstützen, ein persönliches Beratungsgespräch ersetzt sie nicht. (Stand: 1. Januar 2020)

Versicherer: ____________________ Beihilfetarif: ____________________

Beihilfeergänzungstarif: ____________________ Monatsbeitrag (Euro): ____________________

Versicherter Prozentsatz: ____________________ Beihilfebemessungssatz: ____________________

Beihilferegelung: ____________________

Der Beihilfebemessungssatz und der versicherte Prozentsatz im privaten Beihilfetarif ergeben zusammen 100 Prozent. Die Leistungen des Beihilfetarifs, wie sie in den Punkten 2. bis 27. ermittelt werden, gelten immer bezogen auf den versicherten Prozentsatz. Beispiel: Erstattet der Versicherer für Brillen 100 Euro im Jahr, zahlt er bei einem versicherten Prozentsatz von 30 de facto 30 Euro im Jahr. Wenn wir bei den folgenden Fragen Angaben zu den üblichen Leistungen der Beihilfe machen, handelt es sich um eine erste Orientierungshilfe – für Sie ist immer Ihre konkrete Beihilferegelung ausschlaggebend, die von den genannten Werten abweichen kann.

Allgemeine Bedingungen

1. Selbstbeteiligung

a) Sieht der Tarif eine Selbstbeteiligung vor? Wenn ja, in welcher Höhe? ________ Euro

b) Für welche Leistungen gilt sie (zum Beispiel nur für Arzneimittel, für den ambulanten Bereich oder auch für Zahn- und Krankenhausleistungen)?
Selbstbeteiligung für

____

Ihr maximales Kostenrisiko ermitteln Sie, indem Sie die jährliche Selbstbeteiligung durch 12 teilen und zum Monatsbeitrag addieren.
Beispiel: 300 Euro SB/12 = 25 Euro + 250 Euro Monatsbeitrag = 275 Euro.

2. Außereuropäische Reisen

a) Wie lang gilt der Schutz bei einem vorübergehenden Aufenthalt im außereuropäischen Ausland?

☐ ________ Monate ☐ unbegrenzt

b) Verlängert sich der Schutz, wenn der Versicherte im Ausland erkrankt und die Rückreise nicht antreten kann, ohne seine Gesundheit zu gefährden?

☐ Ja ☐ Nein

☐ ________ Monate ☐ unbegrenzt

c) Ist Auslandsrücktransport mitversichert?

☐ Ja ☐ Nein

d) Bietet die Gesellschaft einen Beihilfeergänzungstarif an, der die Mehrkosten für Auslandsrücktransport zu 100 Prozent erstattet?

☐ Ja ☐ Nein

Der Auslandsrücktransport ist sehr wichtig, weil eine Notfallversorgung ins Geld gehen kann. Da die Beihilfe hier in der Regel keine Leistungen vorsieht, empfiehlt sich in jedem Fall die Vereinbarung von Zusatzschutz. Gibt es bei der Gesellschaft keinen entsprechenden Beihilfeergänzungstarif, geht das auch über eine zusätzliche Auslandskrankenversicherung.

Ambulanter Schutz

3. Arztrechnungen

a) Wird mindestens bis zum Höchstsatz der Gebührenordnung für Ärzte (GOÄ) von 3,5 erstattet?

☐ Ja ☐ Nein

Wird auch über den Höchstsatz hinaus erstattet?

☐ Ja ☐ Nein

Ärzte rechnen im Normalfall bis zum 2,3-fachen GOÄ-Satz (Regelhöchstsatz) ab, bei schwierigen Behandlungen auch bis zum Höchstsatz (3,5-fach). In seltenen Ausnahmefällen kann der Arzt mit dem Patienten ein noch höheres Honorar vereinbaren. Die Beihilfe leistet in der Regel maximal bis zum GOÄ-Höchstsatz. Wir empfehlen eine Erstattung im Beihilfetarif mindestens bis zum GOÄ-Höchstsatz, zumindest immer dann, wenn auch die Beihilfe bis zum Höchstsatz leistet (beihilfefähige Aufwendungen).

b) Bietet die Gesellschaft einen Beihilfeergänzungstarif an, der Honorarkosten erstattet, die weder von der Beihilfe noch vom privaten Beihilfetarif übernommen werden?

☐ Ja, vollständig ☐ Ja, teilweise ☐ Nein

Das kann zum Beispiel sinnvoll sein, wenn Sie für den Fall vorsorgen möchten, dass die Beihilfe die Kosten nur bis zum Regelhöchstsatz erstattet, weil sie die höhere Honorarforderung des Arztes nicht für berechtigt hält.

4. Freie Arztwahl

Erstattet der Versicherer das Arzthonorar auch dann vollständig, wenn Sie einen Facharzt direkt ohne Überweisung durch einen Allgemeinmediziner in Anspruch nehmen?

☐ Ja ☐ Nein

In sogenannten Primärarzttarifen wird das Arzthonorar zum Beispiel nur zu 75 Prozent erstattet, wenn ein Facharzt direkt aufgesucht wird. Wir empfehlen Tarife ohne eine solche Einschränkung.

5. Arzneimittel

a) Werden die Kosten für alle ärztlich verordneten Arzneimittel vollständig erstattet?

☐ Ja ☐ Nein

Folgende Einschränkungen: ______________________________

In einigen Tarifen werden zum Beispiel nur 75 Prozent der Kosten erstattet, wenn ein Originalpräparat statt eines günstigeren Nachahmerpräparates (Generikum) in Anspruch genommen wird oder wenn das Arzneimittel nicht über den Versicherer bezogen wird.

b) Bietet die Gesellschaft einen Beihilfeergänzungstarif an, der Arzneimittel erstattet, die weder von der Beihilfe noch vom privaten Beihilfetarif übernommen werden?

☐ Ja, vollständig ☐ Ja, teilweise ☐ Nein

Die Ergänzung kann zum Beispiel sinnvoll sein, wenn eine Beihilferegelung gilt, nach der Erwachsenen nur verschreibungspflichtige Arzneimittel erstattet werden oder für Arzneimittel wie in der gesetzlichen Krankenversicherung generell Höchstbeträge (Festbeträge) vorgesehen sind.

6. Ambulante Psychotherapie

a) Wie viele Sitzungen im Jahr werden maximal bezahlt? Wie viele davon auch ohne vorherige Genehmigung?
Maximal im Jahr ________, davon ohne Genehmigung ________

b) In welcher Höhe werden die Kosten für ambulante Psychotherapie erstattet? ________ Prozent

c) Besteht ein Leistungsanspruch für ambulante Psychotherapie durch psychologische Psychotherapeuten sowie Kinder- und Jugendlichenpsychotherapeuten?

☐ Ja ☐ Nein

Wir empfehlen eine Erstattung von mindestens 50 Sitzungen im Jahr zu 70 Prozent sowohl durch Ärzte als auch durch psychologische Psychotherapeuten. Achtung: In älteren Beihilfetarifen mit geschlechtsabhängigen Beiträgen (Bisex-Tarife) wird ambulante Psychotherapie oft nur erstattet, wenn Ärzte sie durchführen.

7. Vorsorgeuntersuchungen

a) Werden Vorsorgeuntersuchungen nur im Umfang der gesetzlichen Krankenversicherung (GVK) bezahlt oder auch darüber hinaus?

☐ Im Umfang der GKV ☐ Darüber hinaus, und zwar: ______________________

Teilweise verzichten die Versicherer auf die in der GKV vorgesehenen Zeitintervalle oder Altersvorgaben, oder sie erstatten zusätzliche Verfahren bis hin zu allen zur Früherkennung notwendigen Untersuchungen.

b) Bietet die Gesellschaft einen Beihilfeergänzungstarif an, der Kosten für solche Vorsorgeuntersuchungen erstattet, die weder die Beihilfe noch der private Beihilfetarif übernimmt?

☐ Ja, vollständig ☐ Ja, teilweise ☐ Nein

Die Beihilfe leistet in der Regel für Vorsorgeuntersuchungen nur im Umfang der GKV, erweitert um einzelne zusätzliche Untersuchungen. Ein Ergänzungstarif kann sinnvoll sein, wenn Sie viel Wert auf Vorsorgeuntersuchungen auch außerhalb des GKV-Rahmens legen.

8. Heilmittel

Für welche Heilmittel wie Massagen oder Physiotherapie wird geleistet und in welchem Umfang?

____

____

____

Wir empfehlen mindestens eine Erstattung von 75 Prozent für alle Formen der physikalischen Therapie (wie Krankengymnastik, Massagen, Bäder, Inhalationen), Logopädie (Stimm-, Sprech- und Sprachtherapie) und Ergotherapie (wie zum Beispiel Hirnleistungstraining nach einem Unfall oder Schlaganfall).

9. Sehhilfen

a) In welchem Umfang leistet der Versicherer für Sehhilfen wie Brillen und Kontaktlinsen?

Erstattung ________

Die Erstattung für Sehhilfen liegt derzeit je nach Beihilfetarif etwa zwischen 100 und 600 Euro alle zwei Jahre.

b) Bietet die Gesellschaft einen Beihilfeergänzungstarif an, der Kosten für Sehhilfen erstattet, die weder die Beihilfe noch der private Beihilfetarif übernimmt?

☐ Ja, vollständig ☐ Ja, teilweise ☐ Nein

Die meisten Beihilferegelungen sehen wie die gesetzliche Krankenversicherung für Erwachsene keine Zuschüsse für Sehhilfen vor, sofern nicht eine sehr schwere Sehbeeinträchtigung vorliegt. Brillenträger, für die eine solche Beihilferegelung gilt, sollten den Abschluss eines Ergänzungstarifs prüfen.

10. Hilfsmittel

a) Für welche Hilfsmittel, wie Hör- und Sprechgeräte, Rollstühle, Prothesen oder orthopädische Schuhe, wird geleistet und in welchem Umfang?

____

____

____

Die Hilfsmittelaufstellung im Vertrag sollte nicht abschließend sein (offener Hilfsmittelkatalog), da es künftige Hilfsmittel geben kann, die heute noch nicht bekannt sind. Wir empfehlen außerdem mindestens eine Erstattung von 75 Prozent für technische Hilfsmittel (wie Hör- und Sprechgeräte) und Prothesen. Üblich und bei der Tarifauswahl ebenfalls zu beachten sind Erstattungsobergrenzen für bestimmte Hilfsmittel wie Hörgeräte. Besonders teure Hilfsmittel werden in manchen Tarifen nur dann voll erstattet, wenn diese über den Versicherer bezogen werden.

b) Bietet die Gesellschaft einen Beihilfeergänzungstarif an, der Kosten für Hilfsmittel erstattet, die weder die Beihilfe noch der private Beihilfetarif übernimmt?

☐ Ja, vollständig ☐ Ja, teilweise ☐ Nein

Die Beihilfe leistet in der Regel für Hilfsmittel, die in einem eigenen Hilfsmittelverzeichnis aufgeführt sind. Für einige Hilfsmittel (zum Beispiel Hörgeräte, Perücken) sind dabei Höchstbeträge vorgesehen. Ein Beihilfeergänzungstarif kann sinnvoll sein, wenn Sie sicherstellen wollen, dass Hilfsmittel (wie zum Beispiel Hörgeräte) auch in hochwertiger Ausführung (fast) vollständig erstattet werden.

11. Heilpraktiker

a) In welcher Höhe werden die Kosten für Heilpraktikerbehandlungen erstattet?

Die meisten Tarife erstatten die Kosten bis zu den Höchstsätzen des Gebührenverzeichnisses für Heilpraktiker (GebüH). In einigen Tarifen gibt es Obergrenzen von zum Beispiel 500 oder 1000 Euro für alle Behandlungen eines Jahres. In einigen Beihilfetarifen gibt es gar keine Erstattung.

b) Bietet die Gesellschaft einen Beihilfeergänzungstarif an, der Kosten für Heilpraktikerbehandlungen erstattet, die weder die Beihilfe noch der private Beihilfetarif übernimmt?

☐ Ja, vollständig ☐ Ja, teilweise ☐ Nein

Nach den Beihilferegelungen für das Saarland und Bremen werden Heilpraktikerbehandlungen nicht erstattet. Dort empfiehlt sich für Landesbeamte, die regelmäßig zum Heilpraktiker gehen, der Abschluss eines entsprechenden Ergänzungstarifs.

12. Fahrt- oder Transportkosten zur ambulanten Behandlung

In welchen Fällen werden Fahrt- oder Transportkosten zur ambulanten Behandlung erstattet?

Anlass/Grund der Fahrt:

Es werden zum Beispiel entweder nur Kosten für Transporte und Fahrten zur Erstversorgung bei Unfällen/Notfällen erstattet oder auch solche bei ärztlich bescheinigter Geh- oder Fahrunfähigkeit, manchmal auch bei Fahrten zur Dialyse, Strahlen- oder Chemotherapie oder zu ambulanten Operationen; in einigen Tarifen gar keine Erstattung.

13. Häusliche Krankenpflege

Welche Kosten für häusliche Krankenpflege werden erstattet und in welchem Umfang?

Der Versicherer erstattet Kosten zum Beispiel nur für Behandlungspflege, oder er erstattet sie auch für Grundpflege und hauswirtschaftliche Versorgung, wenn dadurch ein Krankenhausaufenthalt vermieden oder verkürzt wird; in vielen Tarifen werden die Kosten für häusliche Krankenpflege gar nicht erstattet. Das gilt insbesondere für die älteren Bisex-Tarife mit geschlechtsabhängigen Beiträgen.

14. Schutzimpfungen

a) In welchem Umfang werden Kosten für Schutzimpfungen erstattet?

Erstattung für ______________________________

Je nach Tarif werden zum Beispiel nur die Kosten für die Impfungen erstattet, die von der Ständigen Impfkommission am Robert Koch Institut (STIKO) empfohlen werden. In manchen Tarifen werden die Kosten weiterer ausgewählter Impfungen erstattet, teilweise auch die von Reiseimpfungen; in einigen Tarifen gar keine Erstattung von Schutzimpfungen.

b) Bietet die Gesellschaft einen Beihilfeergänzungstarif an, der Kosten für Schutzimpfungen erstattet, die weder die Beihilfe noch von der private Beihilfetarif übernimmt?

☐ Ja, vollständig ☐ Ja, teilweise ☐ Nein

Die Beihilfe erstattet Schutzimpfungen in der Regel nur im Umfang der gesetzlichen Krankenversicherung. Planen Sie viele private Auslandsreisen, die Impfungen notwendig machen, kann es sinnvoll sein, dass Sie den Schutz durch einen Ergänzungstarif aufstocken.

15. Spezialisierte ambulante Palliativversorgung

Werden die Kosten für eine spezialisierte ambulante Palliativversorgung erstattet, die am Ende des Lebens notwendig werden kann?

☐ Ja ☐ Nein

In vielen aktuellen Tarifen werden Leistungen analog zu denen der gesetzlichen Krankenversicherung erstattet; in älteren Bisex-Tarifen oft keine Erstattung.

Stationärer Schutz

16. Unterbringung und Chefarztbehandlung

a) Was ist versichert: Ein- oder Zweibettzimmer je mit Chefarztbehandlung oder nur kassenübliches Mehrbettzimmer mit Behandlung beim Stationsarzt (Allgemeine Krankenhausleistungen)?

☐ Einbettzimmer und Chefarzt ☐ Zweibettzimmer und Chefarzt ☐ Allgemeine Krankenhausleistungen

Leistet die Beihilfe für die Wahlleistungen Zweibettzimmer mit Chefarztbehandlung, sollte der Beihilfetarif ebenfalls mindestens diese Kosten erstatten. Erstattet die Beihilfe jedoch nur die allgemeinen Krankenhausleistungen, sollte auch der Beihilfetarif nur diese Leistungen vorsehen. Die Wahlleistungen im Krankenhaus können in diesem Fall fast immer über einen zusätzlichen privaten Wahlleistungstarif versichert werden.

b) Bietet die Gesellschaft für Beihilfeberechtigte ohne Anspruch auf Wahlleistungen im Krankenhaus einen privaten Wahlleistungstarif an, der die Kosten für die Chefarztbehandlung und das Ein- oder Zweibettzimmer im Krankenhaus erstattet?

☐ Ja, für Einbettzimmer und Chefarzt ☐ Ja, für Zweibettzimmer und Chefarzt ☐ Nein

In den folgenden acht Bundesländern erstattet die Beihilfe Landes- und Kommunalbeamten zurzeit keine Kosten für Wahlleistungen im Krankenhaus: Berlin, Brandenburg, Bremen, Hamburg, Mecklenburg-Vorpommern, Niedersachsen, Saarland und Schleswig-Holstein. Für sie kann ein privater Wahlleistungstarif sinnvoll sein.

17. Chefarztrechnungen im Krankenhaus

a) Erstattet der Tarif die Chefarztbehandlung mindestens bis zum Höchstsatz der gültigen Gebührenordnung (GOÄ) von 3,5?

☐ Ja ☐ Nein

Erstattet er auch darüber hinaus?

☐ Ja ☐ Nein

Chefärzte rechnen im Normalfall bis zum 2,3-fachen GOÄ-Satz (Regelhöchstsatz) ab, bei schwierigen Behandlungen auch bis zum Höchstsatz (3,5-fach). In seltenen Ausnahmefällen kann der Chefarzt mit dem Patienten ein noch höheres Honorar vereinbaren. Die Beihilfe leistet in der Regel maximal bis zum GOÄ-Höchstsatz. Wir empfehlen hier eine Erstattung mindestens bis zum GOÄ-Höchstsatz, immer dann, wenn auch die Beihilfe bis zum Höchstsatz leistet (beihilfefähige Aufwendungen).

b) Bietet die Gesellschaft einen Beihilfeergänzungstarif an, der die Kosten für Chefarzthonorare erstattet, die weder die Beihilfe noch der private Beihilfetarif übernimmt?

☐ Ja, vollständig ☐ Ja, teilweise ☐ Nein

Dieser Zusatzschutz kann insbesondere dann sinnvoll sein, wenn man sich im Fall einer seltenen oder schweren Erkrankung von einem teuren Spezialisten behandeln lassen möchte, der Honorare auch über dem GOÄ-Höchstsatz berechnet.

18. Krankentransporte

Werden bei stationärer Behandlung medizinisch notwendige Transporte zum Krankenhaus erstattet?

☐ Ja ☐ Nein

Die Erstattung muss mindestens die Transportkosten zum nächsten für die Behandlung geeigneten Krankenhaus umfassen.

19. Stationäre Psychotherapie

Zahlt der Versicherer für psychotherapeutische Behandlung in einer Klinik ohne Zeitbegrenzung?

☐ Ja ☐ Nein, auf ________ Tage im Jahr begrenzt

Die Anzahl der erstattungsfähigen Behandlungstage sollte mindestens bei 30 Tagen im Jahr liegen, eher höher, da sich psychotherapeutische Behandlungen meist über einen längeren Zeitraum erstrecken.

20. Hospizaufenthalt

Werden die Kosten für einen stationären Hospizaufenthalt erstattet, der am Ende eines Lebens notwendig werden kann?

☐ Ja ☐ Nein

In den meisten aktuellen Beihilfetarifen werden 100 Prozent der Kosten erstattet, teilweise jedoch maximal bis zur Höhe der GKV-Leistungen. In älteren Bisex-Tarifen oft keine Erstattung.

Schutz rund um den Zahn

21. Summenbegrenzung

In welchem Umfang begrenzt der Versicherer die Kostenerstattung im Zahnbereich (Zahnbehandlung, Zahnersatz, Kieferorthopädie) in den ersten Vertragsjahren auf Höchstbeträge?

____

Einige Beihilfetarife sehen entsprechende Leistungsbegrenzungen in den ersten Vertragsjahren vor. Sie entfallen in der Regel für zahnärztlichen Behandlungen infolge von Unfällen.

22. Zahnarztrechnungen

a) Wird mindestens bis zum Höchstsatz der Gebührenordnung für Zahnärzte (GOZ) von 3,5 erstattet?

☐ Ja ☐ Nein

Wird auch über den Höchstsatz hinaus erstattet?

☐ Ja ☐ Nein

Zahnärzte rechnen im Normalfall bis zum 2,3-fachen GOZ-Satz (Regelhöchstsatz) ab, bei schwierigen Behandlungen auch bis zum Höchstsatz (3,5-fach). In seltenen Ausnahmefällen kann der Zahnarzt mit dem Patienten ein noch höheres Honorar vereinbaren. Wir empfehlen eine Erstattung mindestens bis zum GOZ-Höchstsatz (3,5).

b) Bietet die Gesellschaft einen Beihilfeergänzungstarif an, der solche Honorarkosten erstattet, die weder die Beihilfe noch der private Beihilfetarif übernimmt?

☐ Ja, vollständig ☐ Ja, teilweise ☐ Nein

Die Ergänzung kann zum Beispiel dann sinnvoll sein, wenn Sie für den Fall vorsorgen möchten, dass die Beihilfe die Kosten nur bis zum Regelhöchstsatz erstattet, weil sie die höhere Honorarforderung des Zahnarztes nicht für berechtigt hält.

23. Zahnbehandlung

Werden 100 Prozent der Kosten für Zahnbehandlung (darunter fallen zum Beispiel konservierende Leistungen wie Füllungen oder Wurzelbehandlungen, aber auch Prophylaxe) erstattet?

☐ Ja ☐ Nein

Wir empfehlen für Zahnbehandlung einen Erstattungssatz von mindestens 90 Prozent, üblich sind sogar 100 Prozent.

24. Zahnersatz

a) Werden 100 Prozent der Kosten (inklusive der Material- und Laborkosten) für Zahnersatz erstattet?

☐ Ja ☐ Nein

Zum Zahnersatz zählen zum Beispiel Kronen, Brücken und Prothesen. Wir empfehlen für Zahnersatz einen Erstattungssatz von mindestens 65 Prozent, üblich sind sogar 100 Prozent.

b) Bietet die Gesellschaft einen Beihilfeergänzungstarif an, der Material- und Laborkosten für Zahnersatz erstattet, die weder die Beihilfe noch der private Beihilfetarif übernimmt?

☐ Ja, vollständig ☐ Ja, teilweise ☐ Nein

Die Erstattung von Material- und Laborkosten für Zahnersatz ist in allen Beihilfereglungen begrenzt. Erstattet werden je nach Bundesland entweder 40, 50, 60 oder 70 Prozent der Kosten. In einigen privaten Beihilfetarifen gibt es zudem ebenfalls Begrenzungen durch tarifliche Preisverzeichnisse. Insbesondere dann, wenn die Erstattung durch die Beihilfe mit 40 oder 50 Prozent sehr niedrig ist, ist die Aufstockung der Leistung durch einen Ergänzungstarif zu empfehlen.

25. Inlays

a) Werden 100 Prozent der Kosten (inklusive der Material- und Laborkosten) für Inlays erstattet?

☐ Ja ☐ Nein

Wir empfehlen für Inlays einen Erstattungssatz von mindestens 65 Prozent, üblich sind sogar 100 Prozent.

b) Bietet die Gesellschaft einen Beihilfeergänzungstarif an, der Material- und Laborkosten für Inlays erstattet, die weder die Beihilfe noch der private Beihilfetarif übernimmt?

☐ Ja, vollständig ☐ Ja, teilweise ☐ Nein

Die Erstattung von Material- und Laborkosten für Inlays ist in den verschiedenen Beihilferegelungen in der gleichen Weise begrenzt wie die für Zahnersatz. In einigen privaten Beihilfetarifen gibt es zudem ebenfalls Begrenzungen durch tarifliche Preisverzeichnisse. Auch für Inlays empfiehlt sich daher oft die Aufstockung der Leistung durch einen Beihilfeergänzungstarif.

26. Implantate

a) Werden die Kosten für Implantate (inklusive der Material- und Laborkosten) zu 100 Prozent erstattet?

☐ Ja ☐ Nein

b) Ist ein eventuell notwendiger Knochenaufbau mitversichert?

☐ Ja ☐ Nein

c) Gibt es eine Erstattungsobergrenze je Implantat oder für alle Implantate eines Jahres? Welche?

☐ Ja ____________ ☐ Nein

d) Ist die Anzahl erstattungsfähiger Implantate begrenzt, wenn ja, in welcher Weise?

☐ Ja ☐ Nein

e) Bietet die Gesellschaft einen Beihilfeergänzungstarif an, der Material- und Laborkosten für Implantate erstattet, die weder die Beihilfe noch der private Beihilfetarif übernimmt?

☐ Ja, vollständig ☐ Ja, teilweise ☐ Nein

Die Erstattung von Material- und Laborkosten für Implantate ist in den verschiedenen Beihilferegelungen in gleicher Weise begrenzt wie die für Zahnersatz. In einigen privaten Beihilfetarifen gibt es zudem ebenfalls Begrenzungen durch tarifliche Preisverzeichnisse. Auch für Implantate empfiehlt sich daher oft die Aufstockung der Leistung durch einen Beihilfeergänzungstarif.

27. Kieferorthopädie

Wie viel Prozent der Kosten (inklusive der Material- und Laborkosten) werden für Kieferorthopädie erstattet? ________ Prozent

Kieferorthopädische Maßnahmen für Erwachsene werden von manchen Tarifen nur in Ausnahmefällen (zum Beispiel nach Unfällen oder bei schweren Erkrankungen) erstattet. Diese Tarifleistung ist vor allem für die Versicherung von Kindern von Bedeutung. Der Erstattungssatz liegt meist bei 100 Prozent.

Stichwortverzeichnis

A

B

C, D

E, F

G

H, I

K

L, M

N, P

R

S, T

U, V

W

Z

Die Stiftung Warentest wurde 1964 auf Beschluss des Deutschen Bundestages gegründet, um dem Verbraucher durch vergleichende Tests von Waren und Dienstleistungen eine unabhängige und objektive Unterstützung zu bieten.

Thomas Öchsner war 23 Jahre lang als Redakteur in der Süddeutschen Zeitung tätig. Zuletzt leitete er das Finanzteam in der Wirtschaftsredaktion. Inzwischen schreibt Öchsner als freier Journalist über Geldanlagen, Altersvorsorge und Immobilien. Für die Stiftung Warentest hat er den Ratgeber „Ihr Vermögensturbo ab 50" verfasst.

Isabell Pohlmann arbeitet als Redakteurin bei der Zeitschrift Finanztest. Als freiberufliche Journalistin hat sie zuvor für die Stiftung Warentest zahlreiche Bücher verfasst, unter anderen die Ratgeber „Das Versicherungs-Set", „Finanzplaner für Frauen", „Finanzplaner 60 plus" und „Meine Rente".

2., aktualisierte Auflage

Stiftung Warentest
Lützowplatz 11–13
10785 Berlin
Telefon 0 30/26 31–0
Fax 0 30/26 31–25 25
www.test.de
email@stiftung-warentest.de

USt-IdNr.: DE136725570

Vorständin: Julia Bönisch
Weitere Mitglieder der Geschäftsleitung: Dr. Holger Brackemann, Daniel Gläser, Dr. Birger Venn-Hein

Programmleitung: Niclas Dewitz

Autoren: Thomas Öchsner (Aktualisierung der 2. Auflage), Isabell Pohlmann (Erstauflage)
Projektleitung: Alexandra Germann
Lektorat: Heike Plank
Korrektorat: Christoph Nettersheim
Fachliche Unterstützung: Karin Baur, Beate Bextermöller, Michael Nischalke, Max Schmutzer, Werner Siepe, Michael Sittig
Titelentwurf: Josephine Rank, Berlin
Layout: Büro Brendel, Berlin
Grafik, Satz, Bildredaktion: Anne-Katrin Körbi
Bildnachweis: istock (Titel); Gettyimages: E+ (5 oben, 16, 39, 82 PeopleImages; 25 Stígur Már Karlsson/Heimsmyndir; 76 Steve Cole, 152 SilviaJansen); iStock (4, 12 Sturti, 49 Moyo Studio, 68 Nensuri, 136 Kzenon, 144 Anna Nahabed, 88, 98, 106); 34 Joos Mind; Ojo Images (5 unten, 125 Sam Edwards, 156) Shutterstock: 5 Mitte, 58 Robert Kneschke, 114 Kzenon
Produktion: Anne-Katrin Körbi
Verlagsherstellung: Rita Brosius (Ltg.), Romy Alig, Susanne Beeh
Litho: tiff.any, Berlin
Druck: MEO MEDIA, eine Marke der Meinders & Elstermann GmbH & Co. KG, Belm

ISBN: 978-3-7471-0543-6

Wir haben für dieses Buch 100 % Recyclingpapier und mineralölfreie Druckfarben verwendet. Stiftung Warentest druckt ausschließlich in Deutschland, weil hier hohe Umweltstandards gelten und kurze Transportwege für geringe CO_2-Emissionen sorgen. Auch die Weiterverarbeitung erfolgt ausschließlich in Deutschland.

Willibald Josef Gruber
Erfolg durch Souveränität mit ATLANTIS Management

Willibald Josef Gruber

Erfolg durch Souveränität mit ΛTLΛNTIS Management

September 2002

Satz und Layout: Buch & media GmbH
Umschlaggestaltung: Kay Fretwurst, Spreeau
Herstellung: Books on Demand GmbH, Norderstedt
Printed in Germany
ISBN 3-8311-4261-0

Dieses Buch ist meinen Freunden gewidmet.

Mein Dank gilt allen Menschen in meiner Umgebung, die mich den Erfolg durch Souveränität mit ATLANTIS Management erkennen ließen.

Meiner Familie und der mir sehr nahe stehenden Familie Gromes entbiete ich meinen Dank für die Geduld, die sie mir täglich entgegenbringen.

Mein größter und herzlichster Dank gilt Elisabeth-Theresia-Franziska und Astrid-Maria, da sie meine ehrlichsten Kritiker und größten Förderer sind. Das erstere im *Offenen*, das Zweite im *Stillen*. Beide Damen sind meine besten Trainer für den Erfolg durch Souveränität mit ATLANTIS Management!

Einen besonderen Dank haben sich Michaela (Lektorat) und Martina (Schreibservice) verdient.

Bei Heidrun bedanke ich mich zudem ganz herzlich für ihre Hilfe, Unterstützung und ihr Verständnis.

Für die spezielle Unterstützung hinsichtlich Gestaltung und inhaltlicher Abstimmung ein großes Dankeschön Corinna Grutza sowie Herrn Dr. Wolfram Göbel von BUCH & medi@.

Willibald Josef Gruber

Inhalt

Zum Werdegang dieses Buches

Wie kommt ein Mensch auf die Idee, im Zeitalter der Informationsflut und zwischenmenschlichen Kommunikationsstille, ein Buch mit dem Titel

---

Erfolg durch Souveränität
mit
ATLANTIS Management

---

zu schreiben?

Es gibt doch schon sehr viele Bücher, die nach einiger Zeit aus den Regalen der Buchhändler verschwinden! Es gibt doch gerade auf dem Gebiet »Anleitung zum Erfolg« hervorragende Literatur, die uns die Geheimnisse von Erfolg und Misserfolg erläutert. Und übrigens: Wer liest denn heutzutage noch Bücher? Die Zeit ist ja sowieso knapp bemessen.

Ja, wie kommt ein Mensch dazu, ein Buch zu schreiben? Noch dazu eines, das den Titel »*Erfolg durch Souveränität* mit ATLANTIS Management« trägt. Die Antwort, die ich Ihnen an dieser Stelle geben möchte, lautet: *Lesen und arbeiten Sie mit diesem Buch*!

Erwarten Sie keine Erfolgsrezepte, sondern denken Sie über alles kritisch nach. Setzen Sie sich mit dem Inhalt sinngemäß so auseinander, als wenn Sie ihn zensieren müssten. Dann werden Sie am Schluss feststellen, was »*Erfolg durch Souveränität* mit ATLANTIS Management« ist und für Sie bedeutet.

Bei dieser Arbeit – Sie haben richtig gelesen: Das Lesen dieses Buches ist *Arbeit* – wünsche ich Ihnen bestmögliche Konzentration und vor allem recht viel Spaß.

Haben Sie Freude bei dieser Arbeit, dann haben Sie ein Stück Erfolg bereits gepachtet.

Nur der freudige Mensch ist ein optimistischer Beitrag für unsere Gesellschaft!

Arbeitsanleitung

Ein bekannter Arbeitsmethodiker und Praktiker sagt stets: Vorbereitungszeiten verdoppeln – Ausführungszeiten halbieren. Wenn Sie also das Buch nicht zwei, drei oder vier Mal von der ersten bis zur letzten Seite lesen wollen, dann biete ich Ihnen eine hervorragende Anleitung zum Bearbeiten dieses Buches an:

- **Lesen Sie konzentriert, mit Freude und vor allem in Abschnitten! Also nicht: einfach mal lesen, am besten zur Schlafenszeit.**
- **Verwenden Sie Textmarker zur Markierung der für Sie wichtigen Stellen! Dazu verwenden Sie drei Farben:**

  a) rot: für besonders wichtige, Ihnen noch unbekannte Passagen,
  b) grün: für Passagen, die Sie unter Umständen aus anderen, Ihnen bestens bekannten Bereichen gut kennen,
  c) gelb: damit heben Sie Passagen hervor, die Sie nicht auf Anhieb verstehen bzw. bei denen Sie die Erklärungen nicht sofort anwenden können!

- **Für die Textstellen, bei denen Sie grundsätzlich anderer Meinung sind, machen Sie sich im Buch an der Seite einige Notizen, die Ihren Gedankengang festhalten!**

Wenn Sie so mit Ihrem Buch arbeiten, dann muss es eine Selbstverständlichkeit sein, dass Sie dieses Buch nicht ausleihen sollten. Nach dem Durcharbeiten ist das Buch mit Ihrem Geist versehen und diesen sollten Sie nicht auf Wanderschaft schicken. Auch dies werden Sie sich am Ende erklären können.

Arbeiten Sie mit diesem Buch nur in Zeiten, in denen es Ihnen angenehm ist. Vielleicht dauert es bei Ihnen Monate, gar Jahre, bis Sie *durch* sind. Vielleicht haben Sie gerade deshalb den größten Nutzen. Dies ist bereits ein Stück *Souveränität.*

Sollten Sie ein Mensch sein, der seit Jahren nach der von uns dargelegten Methode Bücher *liest,* dann werten Sie unsere Ausführungen als *Ihnen dienenden Hinweis* bzw. als *Bestätigung Ihres bisherigen Vorgehens.*

Also, auf zu fröhlichem Schaffen, dann erreichen Sie ganz bestimmt:

Erfolg durch Souveränität
mit
ATLANTIS Management

Versprechen

Eines verspreche ich Ihnen bereits zu Beginn: Ich werde alles tun, um Sie mit einfachen Mitteln auf den Weg zur individuellen Zukunfts- und Lebensgestaltung zu bringen. Die Mittel werden Sie verblüffen, da Sie sofort anwendbar und umsetzbar sind.

Dabei fallen mir zwei Abkürzungen ein, die das ausdrücken, was für das gesamte Leben wichtig ist:

T-U-N: **Tag und Nacht!**

T-A-S-T-E: **Tägliche Anwendung sichert totalen Erfolg!**

Wenn Sie sich versprechen, diese beiden Aussagen in Ihr Leben zu integrieren, dann werden Sie dem Titel dieses Buches mehr und mehr zustimmen.

Ob Sie dieses Versprechen eingehen und diesem Versprechen gerecht werden wollen, ist unsere gemeinsame Sache. Für mich bedeutet es, Sie zum Arbeiten mit diesem Buch zu bringen, und für Sie bedeutet es, die für Sie wichtigen Teile im Alltag – privat wie beruflich – nutzbringend einzusetzen.

Werden Sie also ein Praktiker in der Anwendung der Möglichkeiten dieses Buches! Dann sind wir in der Lage, unsere Versprechen gegenseitig einzulösen.

Die Bausteine von ATLANTIS Management

Beim Schreiben dieser Zeilen fällt mir ein, selbst einmal den eigenen Standpunkt kritisch zu hinterfragen.

Gerade in den vergangenen Tagen waren einige echte Härtetests in Bezug auf Souveränität angesagt. Es begann damit, dass säumige Kunden meine Rechnungen nicht *fristgerecht* bezahlen. Es setzte sich damit fort, dass meine Familie *brüskiert* reagierte, als ich zum Osterfest nicht zuhause war. Es geschah, dass Menschen, die sich für eine Mitarbeit interessierten, kurzfristig unter einem Vorwand fest vereinbarte Termine *absagten* oder *versäumten.* Zu guter Letzt stellte ich fest, dass private Freunde (eigentlich meine wertvollsten!) gestern *keine Zeit und Lust* hatten, mit mir zum Essen zu gehen. Interessant war dabei, dass sie unter einem *Vorwand* absagten. Vergessen möchte ich zudem nicht, dass die gestrige Hundeausstellung nicht den *erhofften,* ganz großen Erfolg – sprich Sieg – brachte.

Eigentlich waren dies Ereignisse, die früher Zornesröte und Spektakel bei mir ausgelöst haben.

Sie werden es erahnen: All dies konnte mich nicht großartig erschüttern! Im Gegenteil, erst *im Nachhinein* wurde mir bewusst, wie *souverän* und damit *erfolgreich* meine Reaktionen waren.

Der gestrige Abend wurde damit belohnt, dass ich durch *Zufall* beim Betreten meines Stammquartiers zwei gute Bekannte traf, mit denen ein sehr gutes Gespräch stattfand. Dieses Gespräch war für mich sehr hilfreich, interessant und anregend (siehe Einleitung zu diesem Kapitel!). Ergo waren die ganzen Entwicklungen und Aktionen für mich *erfolgreich.*

Erfolgreich souverän und *souverän erfolgreich* sein bedingt sich gegenseitig. Wer beide Seiten eines Ganzen erkennt, wird sein Leben zukünftig selbstverantwortlich und nutzbringend gestalten. Und damit ist die Grundlage für ein sinnerfülltes und innerlich ausgeglichenes Leben geschaffen.

Aber was können Ihnen nun speziell die Bausteine von ATLANTIS Management hierfür bieten?

Im Wesentlichen werden Sie mit drei Bausteinen konfrontiert:

---

1. Das ERKENNTOGRAMM®

= Selbsterkenntnis, Menschenkenntnis, zwischenmenschliche Kommunikation, Arbeitsmethodik, Selbstorganisation, Zeitmanagement

= Der sichere Weg zu Menschenkenntnis und Erfolg!

2. Das ZYKLOGRAMM®

= Geistige Gesetze, Vergangenheit – Gegenwart – Zukunft, mentale Übungen, Verursachungsprinzip

= Der systematische Weg zu Intuition und Innovation!

3. Das STRATEGOGRAMM®

= Entwicklung von persönlichen und beruflichen Strategien

= Der einfache Weg zu Strategie, Ausdauer und Tatkraft!

Die nachfolgende Darstellung verdeutlicht den näheren Zusammenhang der Bausteine:

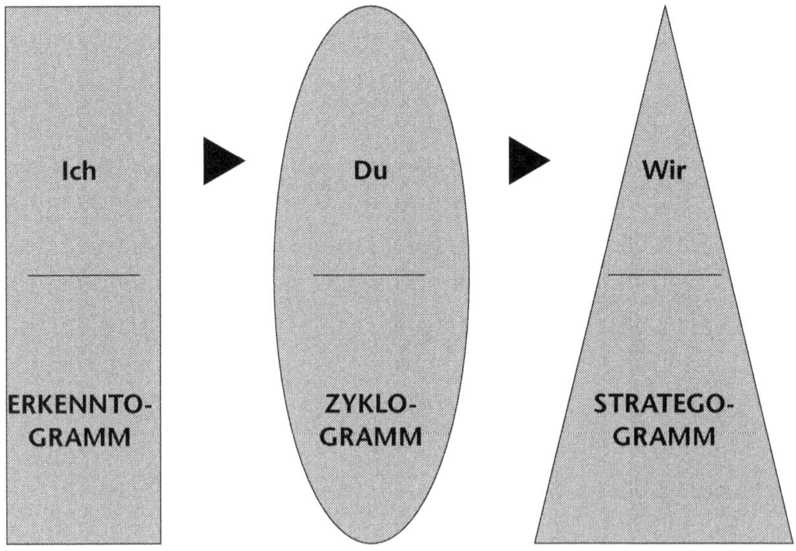

Abb. 1: Bausteine

Den Zusammenhang zum Titel dieses Buches stellt folgende Abbildung her:

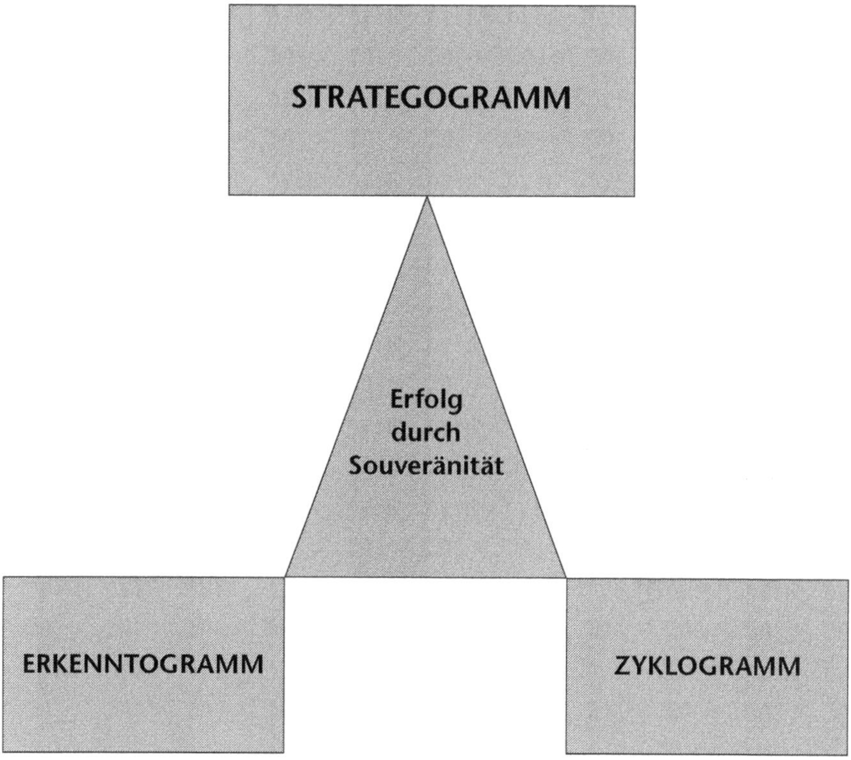

Abb. 2: Die Bausteine von ATLANTIS Management

Um *Erfolg* durch *Souveränität* zu erreichen, ist es absolut notwendig, dass wir gemeinsam jeden Teil des Ganzen und jeden Schritt sorgfältig bearbeiten.

Sie sollten jetzt die erste Aufgabe in Angriff nehmen, damit wir *ins Rollen* kommen:

Aufgabe Nr. 1:
Beschreiben Sie folgende Begriffe ausführlich und möglichst mit Ihren eigenen Worten!

Ich:

....

....

....

....

Du:

....

....

....

....

Wir:

....

....

....

....

Lassen Sie sich beim Beantworten dieser drei Begriffe ausreichend Zeit. Je kompetenter Sie diese beschreiben, desto mehr werden Sie vorher darüber nachgedacht haben.

Sie werden feststellen, dass Sie über alle Begriffe *viel* sagen können, aber dass es *verdammt* schwer ist, sie kurz und prägnant mit eigenen Stilmitteln zu beschreiben bzw. zu definieren.

Bevor Ihnen dies nicht zufrieden stellend gelungen ist, sollten Sie nicht weiterlesen bzw. weiterarbeiten.

Viele von Ihnen werden den Spruch des Orakels von Delphi: *Erkenne Dich selbst!* bereits kennen.

Aber was drückt dieser Spruch aus? Die meisten Menschen erkennen und kennen sich nur, wenn sie allmorgendlich in den Spiegel sehen und feststellen, wie *gut* oder wie *schlecht* sie gerade *heute* wieder aussehen.

Das Orakel meint nicht dieses *äußerliche Erkennen!*

Im Gegenteil: das *innere Erkennen* ist der weit wichtigere Teil des Menschen, den es zu erforschen gilt. In Bezug auf andere Menschen sind wir oft sehr *sicher* in der Einschätzung – denken wir zumindest – weil wir sie weniger erkennen denn vielmehr ver- und beurteilen. Äußerlichkeiten sind uns dabei in der Regel wichtiger als z.B. charakterliche Eigenschaften.

Wir können dies genauso auf den Unternehmensbereich übertragen. Auch hier lassen wir uns gerne von den Außenmerkmalen (z.B. Firmengebäude, Größe, Bilanzsumme, Gewinn, Mitarbeiterzahl) beeindrucken. Die Innenmerkmale (z.B. eine Unternehmensphilosophie, die auch gelebt wird, Firmenkultur, Pflege des »Humankapitals«) sind nur noch teilweise erkennbar, auch wenn dies nicht mehr ganz so einfach ist.

Die *innersten* Merkmale eines Unternehmens zu erkennen, ist ein sehr, sehr schweres Unterfangen. Da sind z.B.:

1. **Wie denkt das Management *wirklich*?**
2. **Welche *wahren* Absichten hat das Management?**
3. **Werden *ethische* Prinzipien gelebt?**
4. **Wie sieht es mit der Wahrheit ganz allgemein aus?**
5. **Wie wertvoll sind die Menschen im Unternehmen?**

Mit Sicherheit dauert es einige Zeit, um die richtigen und zutreffenden Antworten auf diese Fragen geben zu können. Gerade die letzte Frage ist eine sehr bedeutungsvolle, da wir die Menschen im Unternehmen sowohl als *Persönlichkeiten* wie als *Produktionsfaktoren* betrachten können.

Im ersteren Fall wird sich das Unternehmen wie eine *Mutter zu ihren*

Kindern, die allerdings mündig sind, benehmen (Pflege des Humankapitals), im zweiten Fall reduziert sich das Zusammenwirken auf die Erbringung einer möglichst produktiven Arbeitsleistung (Pflege des Produktionsfaktors). Kommen wir nun zu Ihrer zweiten Aufgabe:

Aufgabe Nr. 2:
Beschreiben Sie aus Ihrer Einschätzung heraus die folgenden 16 Aspekte genau und präzise!

1. *Nach welchem Schema bauen Sie Ihre zwischenmenschlichen Beziehungen auf? Und warum?*

2. *Leben Sie lieber in der guten alten Zeit, lieber in der Gegenwart oder träumen Sie am liebsten von der Zukunft? Und warum?*

3. *Wenn Sie »Stress« haben, wie werden Sie am einfachsten damit fertig? Und warum?*

4. *Wie sieht es mit Ihrem persönlichen Engagement in den meisten Lebenslagen aus? Und warum?*

5. *Welche sind Ihre wesentlichsten Verhaltensmerkmale im Umgang mit Menschen und Situationen? Und warum?*

6. *Wie verhalten Sie sich persönlich bei Diskussionen und Entscheidungen? Und warum?*

7. *Wie schätzen Sie Ihr Temperament ein? Und warum?*

8. *Wie führen Sie Menschen bzw. wie würden Sie gerne Menschen führen? Und warum?*

9. *Wie waren Sie als Kind? Und warum?*

10. *Wie schätzen Sie Ihre Kondition und Ihre Konstitution (körperlich) ein? Und warum?*

11. *Wie gehen Sie generell an das Thema »Arbeit« heran? Und warum?*

12. Wie beschreiben Sie Ihre generelle Einstellung zum Leben? Und warum?

13. Wie beurteilen Sie Ihre Gesundheit? Und warum?

14. Worin, glauben Sie, liegt der Sinn Ihres Lebens begründet?

15. Welches sind Ihre Lieblingsfarben? Und warum?

16. *Wie lässt sich Ihre Grundeinstellung am besten beschreiben? Untergliedern Sie nach Möglichkeit die einzelnen Punkte!*

Sie werden mir zumindest Recht geben, dass die Beantwortung dieser 16 Fragen, wenn dies sorgfältig erledigt wird, einige Zeit beansprucht. Lassen Sie sich wirklich Zeit, die Fragen immer wieder aufzugreifen, um immer wieder neue Antworten zu finden.

Gerne können Sie diese Fragen durch eigene Fragestellungen ergänzen. Sie werden feststellen, dass Sie dabei immer tiefer in Ihre Persönlichkeit eindringen werden. Gerade dort, wo die Beantwortung einer bestimmten Frage schwer fällt, sollten Sie intensiv nachdenken und nachforschen. Geben Sie weniger auf die Meinung anderer als vielmehr auf die eigene Einschätzung.

Mit anderen Worten: Ihre Einschätzung ist wichtiger als die von anderen Personen, mögen Ihnen diese noch so wohlgesonnen sein. Hier gilt es also abzuwägen, was *eher* stimmt bzw. zutreffend ist. Seien Sie bewusst selbstkritisch, denn damit bekommen Sie ein sehr objektives Bild von sich selbst.

Sie wissen nun, weshalb Sie dieses Buch nicht anderen Leuten zugänglich machen sollten. Ihre Eindrücke sind einzig und allein für Sie und niemand anderen bestimmt!

Wenn Sie in den vorhergehenden Kapiteln alle Fragen genau und konzentriert beantwortet haben, dann sind Sie in der Lage abzuschätzen, ob andere Menschen gleiche, ähnliche oder ganz andere Eigenschaften wie Sie haben. Wir sollten dabei das so genannte »Harmoniedreieck« näher betrachten, da es uns hilft, mit unseren Mitmenschen besser auszukommen:

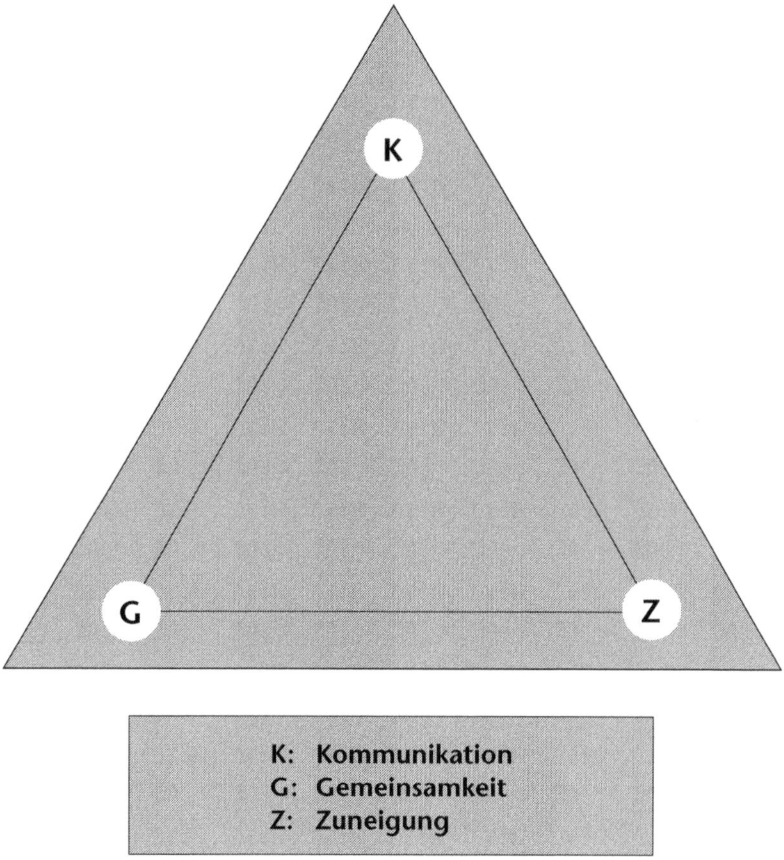

Abb. 3: Harmoniedreieck

Dieses Harmoniedreieck (als gleichseitiges Dreieck) drückt aus, dass bei einer Stärkung eines Punktes (z.B. Kommunikation) automatisch die anderen Punkte mit verstärkt werden.

Dies bedeutet: Verbessern wir die Zuneigung zu einem Menschen, dann verbessern wir damit zugleich die Gemeinsamkeit und die Kommunikation. Bezogen auf unser Thema bedeutet dies, dass wir durch das richtige Erkennen unserer Mitmenschen Folgendes erreichen:

1. Die Zuneigung füreinander wird gestärkt, da das Trennende außer Acht gelassen werden kann.
2. Damit stellen wir Gemeinsamkeiten stärker heraus als Gegensätzlichkeiten.
3. Sind Zuneigung und Gemeinsamkeit hergestellt, wird die Kommunikation deutlich verbessert.

Eine optimale Menschenkenntnis kann somit dreigeteilt dargestellt werden:

1. Menschen werden analysiert und nicht be- bzw. verurteilt oder getestet.
2. Auf Menschen werde ich mich demzufolge besser und wertfreier einstellen.
3. Meine Persönlichkeit will im Umgang mit Menschen weder dominieren noch laufend integrieren oder ständig nett sein und versucht so vor allem, die anderen zu nehmen, wie sie sind.

Wir müssen uns also weniger darauf konzentrieren, wie wir uns den anderen Menschen *verkaufen,* sondern stattdessen versuchen auf Grund unserer möglichst fairen Analyse, auf der Wellenlänge des anderen zu agieren und zu reagieren. Dabei versuchen wir, unsere Stärken (= Erfolgseigenschaften) so einzusetzen, dass sie für andere akzeptabel sind, und unsere Schwächen (= Begrenzungen) durch die Stärken anderer optimal auszugleichen.

Ein Beispiel soll Ihnen dies näher erläutern:

Nehmen wir an, Sie sind ein Mensch, der für alle Überlegungen viel Zeit und möglichst viele Informationen benötigt. Dies wissen Sie auf Grund der Analyse in der zweiten Aufgabe.

Der Vorteil für Sie ist, dass Sie gründlich arbeiten; nachteilig ist, dass Sie dafür jede Menge Zeit benötigen. Im beruflichen Bereich bedeutet dies, dass Sie sich den penibIen, langfristigen Aufgaben mehr widmen, während Sie die kurzfristigen, drängenden Aufgaben dem impulsiven Menschen in Ihrem Umfeld übertragen. Damit wird eine optimale Synergie erreicht: Jeder setzt seine Stärken bzw. Erfolgseigenschaften ein.

Dies werden Sie aber nur zulassen, wenn Sie sich selbst und andere Menschen treffsicher einschätzen lernen. Dadurch werden Sie erkennen, dass Sie nicht alles beherrschen müssen und stattdessen Ihre Mitmenschen aktivieren können. Denkbar wäre, dass Sie dadurch bei der Anwendung dieser Methode Ihre Ziele realistischer einschätzen und somit besser erreichen werden.

Sie werden jetzt fragen: *Ja, aber wie komme ich zu einer treffsicheren Menschenkenntnis?*

Die Antwort lautet:

Erkenne dich selbst!!

Je besser Sie sich kennen, desto besser wird es Ihnen dauerhaft gelingen, Ihre Menschenkenntnis auszubauen. Deshalb rate ich Ihnen, dass Sie die Fragen zur Selbsterkenntnis immer wieder neu durcharbeiten. Der Erfolg wird nicht ausbleiben.

Widmen wir uns deshalb gleich der dritten Aufgabe.

Aufgabe Nr. 3:
Wie ist zurzeit mein Umgang mit Menschen, und was gilt es, zukünftig zu beachten?

1. *Welche Stärken fehlen mir, die ich gerne ausgleichen möchte? Und warum?*

2. *Welche Menschen in meinem Umfeld könnten meine fehlenden Stärken ausgleichen? Und warum?*

3. *Wie muss ich mich verhalten, um mit diesen Menschen gut auszukommen? Und warum?*

4. *Wie werde ich ab sofort versuchen, Menschen immer besser zu analysieren? Welche Folgen hat dies für mich?*

Wenn Sie diese Aufgabe gewissenhaft erledigt haben, dann wenden Sie sich bitte der vierten Aufgabe zu:

Aufgabe Nr. 4:
Versuchen Sie, für jede wichtige Person in Ihrem Umfeld mindestens drei wesentliche Merkmale festzulegen, und geben Sie einen Hinweis, wie Sie ab sofort mit dieser Person harmonieren wollen.

Name	*1. Merkmal*	*2. Merkmal*	*3. Merkmal*	*Eigener Hinweis*

Name	*1. Merkmal*	*2. Merkmal*	*3. Merkmal*	*Eigener Hinweis*

Seien Sie auch bereit, die Analyseergebnisse für die drei Merkmale sowie für die eigenen Hinweise immer wieder zu korrigieren. Im Laufe der Zeit werden Sie immer genauer und deutlicher die Merkmale anderer Personen feststellen können und dann immer mehr in der Lage sein, sich optimal darauf einzustellen.

Sind Sie nicht erstaunt, wie einfach es ist, mit quasi eigenen Mitteln eine gute Menschenkenntnis aufzubauen?

Sie haben zwei Stufen auf dem Weg zum *Erfolg durch Souveränität* erklommen. Die Freude, die wir Ihnen zu Beginn versprochen haben, werden Sie vor allem beim Umsetzen Ihrer neuen Kenntnisse und Fertigkeiten spüren. Setzen Sie also recht viel um!

Leben Sie aber auch mit Ihren Misserfolgen! Der Misserfolg ist stets der Tarnmantel des Erfolges. Bereits an dieser Stelle dürfen wir Ihnen sagen, dass Sie gerade dann erfolgreich sein werden, wenn andere Personen auf Grund von Misserfolgen bereits aufgegeben haben!

Zwischenmenschliche Kommunikation

Wie wichtig die zwischenmenschliche Kommunikation für uns Menschen ist, haben wir Ihnen im vorhergehenden Kapitel kurz aufgezeigt. Sie wissen, dass Kommunikation mit anderen Menschen sehr stark davon abhängt, wie wir uns und die anderen einschätzen können. Nehmen wir mal an, dies sei Ihnen jetzt möglich.

Dann ist es an der Zeit, einige praktische Orientierungshilfen für gute Kommunikation zu geben. Die nachfolgende Abbildung gibt Ihnen hierzu einige Hinweise:

Sie selbst	Der andere	Ihr Verhalten
Aufbrausend; tatkräftig; schnell handelnd	Sachlich; taktvoll; lange abwägend	Versuchen Sie, das Tempo des anderen zu beachten und vermeiden Sie Überrumpelungen jeglicher Art!
	Gemütlich; stilvoll; auf Vergangenem aufbauend	Versuchen Sie, Neues mit Altem im Gespräch zu verbinden und seien Sie der ausgeglichene Kontinuität zeigende Partner!
Sachlich; taktvoll; lange abwägend	Aufbrausend; tatkräftig; schnell handelnd	Gehen Sie zügiger und entschlossener voran, um zur Tat zu schreiten. Achten Sie dabei den Tatendrang des anderen!
	Gemütlich; stilvoll; auf Vergangenem aufbauend	Bewundern Sie die schöne Umgebung und zeigen Sie auf, dass auf Vergangenem die Zukunft leicht zu gestalten ist!
Gemütlich; stilvoll; auf Vergangenem aufbauend	Aufbrausend; tatkräftig; schnell handelnd	Versuchen Sie trotz aller schönen Dinge des Lebens den Alltag mehr herauszustellen!
	Sachlich; taktvoll; lange abwägend	Lassen Sie den anderen Abstand halten und rücken Sie ihm nicht zu sehr »auf die Pelle«!

Abb. 4: Zwischenmenschliche Orientierungshilfen

Werten Sie diese Regeln als allgemeine Hilfen und versuchen Sie, eigene Strategien aufzubauen. Die folgende fünfte Aufgabe soll Ihnen dabei helfen:

Aufgabe Nr. 5:
Teilen Sie sich und Ihr persönliches Umfeld in folgende drei Komponenten ein!

1. *D =*
   - *Natürliche Autorität*
   - *Streben nach Führungspositionen ist dominant*
   - *Spontane, augenblickliche Entscheidungen*
   - *Praktisches Denken und starker Realitätsbezug herrschen vor*
   - *Erfolgsmerkmal: Mitreißen!*
2. *L =*
   - *Benötigt Zeit und Abstand beim Aufbau von zwischenmenschlichen Beziehungen*
   - *Planung und Konsequenz in allen Lebensfragen sind grundlegende Merkmale*
   - *Ordnungsliebe, systematisches und abstraktes Denken herrschen vor*
   - *Erfolgsmerkmal : Überzeugen durch Fakten!*
3. *S =*
   - *Menschliche Beziehungen sind lebenswichtig und werden schnell gefunden*
   - *Erfahrungen und Vertrauen sind die wichtigsten Orientierungshilfen*
   - *Intuition ist stark ausgeprägt*
   - *Erfolgsmerkmal: Sympathie!*

Anhand dieser Übersicht ordnen Sie diese drei Grundkomponenten Ihren Mitmenschen zu. An erster Stelle setzen Sie die Komponente, die dieser Person am meisten entspricht, an zweiter Stelle die zweitstärkste und an dritter Stelle die schwächste Komponente.

Name	*1. Komponente*	*2. Komponente*	*3. Komponente*
z.B. Meier	*D*	*L*	*S*

Durch diese Zuordnung (in Verbindung mit den vorhergehenden Kapiteln) haben Sie sich eine qualifizierte Grundlage für eine deutlich verbesserte zwischenmenschliche Kommunikation geschaffen. Sie werden zukünftig Ihre Mitmenschen noch intensiver analysieren, um darauf aufbauend Ihre Gesprächsstrategie und Ihr sonstiges Verhalten abzustimmen.

Setzen Sie Ihre Kenntnisse bei jedweder Gelegenheit ein und Sie werden erfreut feststellen, wie Ihnen die tägliche Anwendung laufend Fortschritte aufzeigt.

(Bemerkung: Über die Adresse des Autors können Sie noch mehr über diese Analyse erfahren. Stichwort: ERKENNTOGRAMM®-Analyse)

Arbeitsmethodik

Nachdem wir uns bisher mehr den psychologischen Bereichen zugewendet haben, wollen wir im Folgenden unsere Aufmerksamkeit auf betriebs- und selbstorganisatorische Belange richten. Dabei ist es mein Ziel, Ihnen eine kompakte Anleitung zu liefern.

Zunächst wollen wir uns der Einteilung der Aufgaben nach Prioritäten zuwenden. Der frühere amerikanische General und Präsident der Vereinigten Staaten von Amerika, Eisenhower, teilte seine gesamten Aufgaben in drei Kategorien ein:

A-Aufgaben: Sofort oder in der Regel selbst tun!

B-Aufgaben: Warten und eventuell delegieren!

C-Aufgaben: Notfalls selbst tun; besser rechtzeitig delegieren!

Denken Sie dabei an das »Pareto-Prinzip«, wonach 20% des Aufwandes 80% des Erfolges ausmachen.

Pareto stellte im 19. Jahrhundert fest, dass ca. 20% der landwirtschaftlichen Nutzflächen ca. 80% des gesamten Ertrags daraus einwirtschafteten.

Diese Erkenntnis ist später auf viele betriebs- und volkswirtschaftliche Modelle übergegangen.

Dieses Prinzip hat auch heute noch seine Gültigkeit.

Nun wollen wir uns in der nächsten Aufgabe Ihren »Prioritäten« zuwenden.

Aufgabe Nr. 6:
Teilen Sie Ihre Aufgaben in die A-, B-, und C-Prioritätsskala gemäß Eisenhower ein!

Aufgabenbeschreibung	*Privat/Beruflich*	*Priorität A, B, C*

Des Weiteren sollten Sie jede Tätigkeit gemäß folgendem Frage-Katalog prüfen:

---

1. *Ist diese Tätigkeit nötig?*
   - *Wenn NEIN:* — *Sofort einstellen!*

2. *Muss ich sie selbst tun?*
   - *Wenn NEIN:* — *Daueraufgaben mit Aufgabe, Kompetenz und Verantwortung delegieren; Einzelfälle durch Aufträge an Mitarbeiter erledigen; Für komplexe, einmalige Aufgaben Projektteam bilden!*

3. *Muss ich sie gleich tun?*
   - *Wenn NEIN:* — *Wichtiges vor Dringendem tun!*

4. *Tue ich sie optimal?*
   - *Wenn NEIN:* — *Arbeit vereinfachen, automatisieren; Methoden sowie Techniken/Hilfsmittel optimal nutzen!*

Sie werden schnell erkennen, dass Sie mit diesem geordneten Vorgehen Zeit, Geld und Ärger sparen werden. Und damit wären wir wieder beim Thema *Freude.*

Unsere Arbeitsmethodik soll Ihnen Freiräume für die Freude schaffen. Also überprüfen Sie regelmäßig (z.B. quartalsmäßig) Ihre Aufgaben nach der Prioritätencheckliste. Sie werden sich wundern, wie rasant man in längst abgeschaffte Fehler zurückfällt. Dabei geht es mir nicht anders als Ihnen!

Zeitmanagement

Sie kennen sicher viele Methoden, wie man die Zeit einigermaßen sinnvoll verbringen kann. Da gibt es einerseits den Beruf, andererseits den Privat- und Freizeitbereich. Wir wollen zunächst die Frage *Wie man Zeit gewinnt* beantworten. Dazu sollten Sie die folgenden 16 Punkte beachten (Abb. 5):

Zeitgewinn durch ...	**Warum?**
1. Zweckmäßiges Ablagesystem aufbauen!	Zugriff wird erleichtert (auch für Terminüberwachungen)
2. Zusammengehörige Unterlagen nach • Termin • Name • Suchbegriff ablegen!	Komplette »Vorgänge« erleichtern den Zugriff
3. Nur Aufträge annehmen, die gut *und* termingerecht erledigt werden!	Qualitätsmanagement vor Quantitätsmanagement
4. Aufträge so einfach wie möglich, so aufwendig wie nötig erteilen!	Mündige Mitarbeiter, Team-Mitglieder, etc. aufbauen
5. Gesprächszeiten durch Anfang und Ende festlegen!	»Zeitdiebe« werden eleminiert
6. Mitarbeiter entwickeln durch fordern und fördern! (delegieren)	Mitarbeiter wird zum »Mitunternehmer«
7. Diktiergerät für das Schreiben von Manuskripten benutzen!	Zeitersparnis
8. In Gesprächen ERKENNTOGRAMM beachten!	Sach- und Beziehungsebene beachten und pflegen (= Konfliktvermeidung)
9. Checkliste für Konferenzen anlegen!	Vorbereitung/Durchführung rationalisieren
10. »Nein!« sagen wollen und können!	Überlastung vermeiden
11. Störungen minimieren und dadurch Qualität und Zeit gewinnen!	»Zeitdiebe« werden eleminiert
12. Produktiv telefonieren! (Sperrzeiten einführen)	Kostenersparnis

13. Man braucht für eine Arbeit so lange, wie Zeit dafür zur Verfügung steht!	Parkinson-Gesetz
14. »Zeitdiebe« beseitigen!	Siehe Punkt 5 und Punkt 11
15. Entscheidend ist das Zusammenführen von geplanter Arbeit und dafür vorgesehener Zeit!	Geordneter Ablauf
16. Terminkalender (bei Grundkomponenten D/S) bzw. Zeitplanbuch (bei Grundkomponente L) konsequent benutzen!	Arbeitsmethodik

Abb. 5: Wie man Zeit gewinnt

Die Möglichkeiten, Zeit zu gewinnen, verschaffen Ihnen bei konsequenter Anwendung die Freiräume, die Sie für Ihre persönliche Entwicklung benötigen. Jede Sekunde ist bekanntlich ein Stück Ihres Lebens. Unter Umständen werden Sie jetzt behaupten, dass Sie für das Beachten der *Zeitgewinnregeln* mehr Zeit benötigen als Sie einsparen. Das ist richtig! Darin stimme ich Ihnen voll und ganz zu!

Aber ...

Versehen Sie die 16 Regeln mit einer Reihenfolge entsprechend Ihrer drückendsten Probleme. Versuchen Sie alle paar Tage einen anderen Punkt aktiv anzupacken. Sie werden sehen, plötzlich funktioniert es. Aufgabe 7 ist gemäß diesem Prinzip aufgebaut.

Aufgabe Nr. 7:
Legen Sie einen Zeit- und Prioritätenplan für die 16 Regeln des Zeitgewinns fest!

Regel	*Prioritäten (A, B, C)*	*Zeitpunkt/Zeitraum*
1		
2		

Regel	Prioritäten (A, B, C)	Zeitpunkt/Zeitraum
3		
4		
5		
6		
7		
8		
9		
10		
11		
12		
13		
14		
15		
16		

Immer wenn Sie einen Punkt erfüllt haben, schreiten Sie gemäß Ihrer Prioritäteneinstufung zur nächsten Aufgabe. Tun Sie dies aber immer erst, wenn Sie die in Angriff genommene Aufgabe voll und ganz erfüllt haben.

Mit dieser Vorgehensweise ist sichergestellt, dass Sie auf dem Weg zum *Zeitgewinn* keine Umwege bzw. notwendige Wiederholungen machen müssen.

Sie werden dabei erkennen, wie viel Zeit Sie jetzt tatsächlich zur Verfügung haben. Eine Zeit, die Sie für sich und für andere Menschen *souverän* einsetzen werden. Der permanente Zeitdruck lässt sich zwar nicht gänzlich beseitigen, aber zumindest spürbar lindern.

Folgende Trainingskarten sollten Sie in den nächsten Tagen (blaue Schrift auf gelbem Papier = prägt sich dem Unterbewusstsein besser ein!) anfertigen und mindestens eine Woche lang permanent eine Trainingskarte an einem markanten Platz anbringen.

Aufgabe Nr. 8:
Fertigen Sie neun Trainingskarten nach dem folgenden Muster an und verwenden Sie jede Karte mindestens eine Woche lang!

1. *Ich formuliere Ziele richtig!*
2. *Ich kürze Gespräche!*
3. *Ich plane den nächsten Tag, die nächste Woche, den nächsten Monat, das nächste Jahr!*
4. *Ich pflege eine gute Konferenztechnik!*
5. *Ich nehme Aufträge richtig an!*
6. *Ich erteile Aufträge richtig!*
7. *Ich kontrolliere richtig!*
8. *Ich delegiere richtig!*
9. *Ich frage vor jeder Aktivität:*
   - *Ist diese Tätigkeit nötig?*
   - *Muss ich sie selbst tun?*
   - *Muss ich sie jetzt gleich tun?*
   - *Tue ich es optimal?*

Sie werden innerhalb eines einzigen, allerdings konsequenten Durchlaufs erstaunliche Ergebnisse erzielen. Dies wird Sie motivieren, in gewissen zeitlichen Abständen immer wieder mit diesen Trainingskarten zu arbeiten.

Spätestens nach dem zweiten abgeschlossenen Durchlauf brauchen Sie sich nur noch auf die für Sie wesentliche(n) Trainingskarte(n) konzentrieren. Die restlichen Karten können Sie für einige Zeit zur Seite legen.

Denken Sie dabei stets an unsere zwei Eingangsprinzipien:

T-U-N:	**Tag und Nacht!**
T-A-S-T-E:	**Tägliche Anwendung sichert totalen Erfolg!**

Wenn Sie diese Abkürzungen auf die Anwendung der neun Trainingskarten beziehen, werden Sie neun Wochen für einen Trainingsdurchgang beschäftigt sein. Versuchen Sie vor allem im zweiten Durchlauf die Erfahrungen des ersten einzubeziehen.

Dann entwickeln Sie step-by-step Ihr eigenes System. Viel Spaß dabei, und denken Sie an unsere Prinzipien!

Zusammenfassung

Sie haben jetzt einiges zum Umsetzen. Deshalb wollen wir Ihnen einen kurzen Überblick über das Bisherige geben: Wir haben damit begonnen, Ihnen eine gute Arbeitsanleitung für das Durcharbeiten des Buches zu liefern. Des Weiteren haben wir uns gegenseitige Versprechen in Bezug auf die Zielsetzungen gegeben.

Die Bausteine von ATLANTIS Management haben wir Ihnen in Kürze dargestellt. Von der Selbsterkenntnis haben wir übergeleitet zur Menschenkenntnis, wobei Sie erfahren haben, dass jede Verbesserung der Selbsterkenntnis Ihre Menschenkenntnis verstärkt.

Über das Harmoniedreieck sind wir in den Bereich der zwischenmenschlichen Kommunikation eingestiegen. Hier haben Sie Ihre eigenen Erfolgsrezepte entwickelt. Wichtig bei all dem ist, sich optimal auf die anderen Gesprächspartner einzustellen.

Mit Arbeitsmethodik und Zeitmanagement haben Sie ein Werkzeug an die Hand bekommen, welches Ihnen bei konsequenter Anwendung den Tag erleichtern wird.

Gerade hier haben wir auf unsere zwei Grundprinzipien

- **T – U – N**
- **T – A – S – T – E**

verwiesen, denn nur so werden Sie Erfolg haben!

Solange Sie die vorhergehenden Aufgaben 1 bis 8 noch nicht restlos erfüllt haben, rate ich Ihnen, *nicht weiter zu arbeiten!*

Warum? Auf einem halb fertigen Fundament kann man kein Haus bauen!

Oder?

Geistige Gesetze nach Hermes Trismegistos

Sie werden sich fragen, was die sog. geistigen Gesetze in diesem *Arbeitsbuch* zu suchen haben. Ganz einfach: Sie werden Ihnen den Hintergrund für unser weiteres Vorgehen liefern!

Es wird Ihnen wesentlich leichter fallen, die dann nachfolgenden Übungen richtig zu verstehen und anzuwenden. Wir wollen dabei nicht unendlich weit ausholen und kompliziert erklären, sondern Sie sollen befähigt werden, *Kleinigkeiten* in einem größeren Zusammenhang zu sehen. Sehr oft sind es gerade die Kleinigkeiten, die große Taten verhindern. Dazu fallen Ihnen mit Sicherheit etliche Vorhaben ein, die an Kleinigkeiten gescheitert sind.

Bevor wir aber die geistigen Gesetze näher betrachten, zunächst einige Erklärungen, um Ihnen das Verstehen zu erleichtern: Die geistigen Gesetze sind in Teilbereichen durchaus der Bevölkerung bekannt. Der gesamte Bereich hingegen nur wenigen Menschen.

Wir entnehmen die geistigen Gesetze dem *Kybalion,* welches die Bezeichnung einer mündlich überlieferten Sammlung grundsätzlicher hermetischer Lehren ist. Die Lehre selbst wird dem sagenumwobenen *Hermes Trismegistos,* dem Schriftgelehrten der Götter, zugeschrieben, der angeblich im alten Ägypten lebte und den Legenden nach ein Zeitgenosse Abrahams gewesen sein soll. Viele, wenn nicht sogar alle esoterischen und religiösen Lehren können auf *Hermes Trismegistos* zurückgeführt werden. Und dies im Osten wie im Westen, was eine gemeinsame Wurzel all der heutigen Lehren erklären würde.

Schon die Eingeweihten des Altertums verwiesen darauf, dass alle Lehren und Prinzipien im Alltag anzuwenden sind, da nur dort der Sinn der Prinzipien zu finden sei. Dies zeigt uns, warum Sie in diesem Buch »arbeiten« müssen und weshalb dies so enorm wichtig ist. Dabei ist allerdings festzuhalten, dass die wirklichen »Weisen« schweigen, weil dadurch *Weisheit* einzig und allein auf *vorbereitete* Menschen trifft.

Da wir uns nicht ganz so tief in die einzelnen Weisheiten einarbeiten werden, genügt es, Ihnen einen gewissen Überblick zu verschaffen. Wenn Ihnen dieses Gebiet zusagt, dann werden Sie andere, weiterführende Literatur im Buchhandel finden. Sie brauchen dazu gar nicht so weit zu suchen. Die christliche Bibel liefert Ihnen genügend Anregungen, Ihr Leben nach bestimmten (geistigen) Werten und Normen zu gestalten. Vielleicht sind die geistigen Gesetze ein neuer Anstoß, sich nach längerer Zeit wieder einmal mit der geistigen Heimat des Abendlandes zu befassen. Hand aufs Herz! Wann hatten Sie zuletzt in der Bibel gelesen?

Egal wie lange dies zurückliegt: Nutzen Sie die Gelegenheit und lesen Sie darin! Vielleicht jeden Tag eine kurze Passage. Versuchen Sie aber auch hier, das Geschriebene in den Alltag zu integrieren. Denken Sie dabei an unsere zwei Prinzipien, Sie wissen schon:

- **T – U – N**
- **T – A – S – T – E**

Wir wollen zunächst die sieben hermetischen Prinzipien, auf denen die ganze hermetische Philosophie begründet ist, kurz aufführen:

Das Prinzip der	**Geistigkeit**
Das Prinzip der	**Entsprechung**
Das Prinzip der	**Schwingung**
Das Prinzip der	**Polarität**
Das Prinzip des	**Rhythmus**
Das Prinzip von	**Ursache und Wirkung**
Das Prinzip des	**Geschlechts**

Abb. 6: Die sieben hermetischen Prinzipien

Bevor wir weiterfahren, sollten Sie für sich selbst eine kurze Definition dieser Prinzipien vornehmen.

Aufgabe Nr. 9:
Definieren Sie in wenigen Worten die sieben hermetischen Prinzipien!

Prinzip	***Ihre Definition...***
Geistigkeit	
Entsprechung	
Schwingung	
Polarität	
Rhythmus	
Ursache und Wirkung	
Geschlecht	

Seien Sie nach der Durchführung dieser Aufgabe nicht zu deprimiert, weil Ihre Definition von den folgenden Darlegungen abweicht.

Sie sollen bei dieser Übung nur lernen, auch Ihnen (noch) unbekannte Thematiken festzulegen. Damit werden Sie immer mehr in die Lage versetzt, zu allen Bereichen des Lebens durch eigenständiges Denken und Handeln die eigene Meinung aufzubauen.

Es ist wesentlich einfacher und bequemer, die Meinung anderer Personen als die eigene gelten zu lassen. Wenn dies weiterhin bei Ihnen der Fall sein sollte, dann können Sie an dieser Stelle das Durcharbeiten dieses Buches beenden.

Warum? Weil Sie dann nur schwerlich zu absoluter Souveränität gelangen werden.

Wenden wir uns nun der Beschreibung der sieben hermetischen Prinzipien zu, die jeweils mit einem Zitat aus dem *Kybalion* definiert werden:

Prinzip der Geistigkeit

Das All ist Geist, das Universum ist geistig.

Erläuterung: Erklärt die wahre Natur von *Energie, Kraft* und *Stoff.* Alles ist der Herrschaft des Geistes unterworfen.

Prinzip der Entsprechung

Wie oben, so unten; wie unten, so oben.

Erläuterung: Universales Gesetz, welches auf den verschiedenen Ebenen des materiellen, geistigen und rein geistigen Bereiches in Erscheinung tritt.

Prinzip der Schwingung

Nichts ist in Ruhe, alles bewegt sich, alles ist in Schwingung.

Erläuterung: Alles ist ständig in Bewegung, da alles ständig schwingt; nichts ist in Ruhe, alle Manifestationen hängen von den verschiedenen Graden der Schwingung ab.

Prinzip der Polarität

Alles ist zwiefach, alles hat zwei Pole, alles hat sein Paar von Gegensätzlichkeiten; gleich und ungleich ist dasselbe; Gegensätze sind identisch in der Natur – nur verschieden im Grad; Extreme berühren sich; alle Wahrheiten, alle Widersprüche können miteinander in Einklang gebracht werden.

Erläuterung: Der Unterschied besteht nur in den verschiedenen Graden der einzelnen Wirklichkeiten. Jedes Ding hat zwei Pole. Die Kunst der Polarisation ist ein Teil der geistigen Alchemie, die befähigt, seine eigene Polarität willentlich zu ändern.

Prinzip des Rhythmus

Alles fließt aus und ein, alles hat seine Gezeiten, alle Dinge steigen und fallen, das Schwingen des Pendels zeigt sich in allem; das Maß des Schwunges nach rechts ist das Maß des Schwunges nach links; Rhythmus kompensiert.

Erläuterung: Bewahrheitet sich im gesamten Leben. Durch die Methode der willentlichen Neutralisation kann ein gewisser Grad der Selbstbeherrschung erreicht werden.

Prinzip von Ursache und Wirkung

Jede Ursache hat ihre Wirkung, jede Wirkung ihre Ursache; alles geschieht gesetzmäßig, Zufall ist nur der Name für ein unbekanntes Gesetz. Es gibt viele Ebenen der Ursächlichkeit, aber nichts entgeht dem Gesetz.

Erläuterung: Durch die Erhebung auf eine höhere/geistige Ebene werden Wirkungen zu Ursachen, die helfen, willentlich das Spiel des Lebens selbst zu spielen. Man beherrscht dabei Stimmungen, den Charakter sowie Eigenschaften und Kräfte.

Prinzip des Geschlechts

Geschlecht ist in allem, alles hat männliche und weibliche Prinzipien. Geschlecht offenbart sich auf allen Ebenen.

Erläuterung: Männliche und weibliche Prinzipien sind immer am Werk. Jede Form enthält in sich diese zwei Elemente. Beide Prinzipien arbeiten in Richtung Zeugung, Wiedererzeugung und Schöpfung. Dies ist die Lösung für viele Mysterien des Lebens.

Abb. 7: Beschreibung der sieben hermetischen Prinzipien

Wenn Sie diese Ausführungen mit den Ihrigen vergleichen, so werden Sie wahrscheinlich erkennen, dass diese Prinzipien alle Veränderungen im Leben eines Menschen bzw. in einem Unternehmen erklären. Diese Veränderungen sind in drei Schritten herbeizuführen:

- **Durch den Willen!**
- **Durch einen Plan!**
- **Durch die Tat!**

Auch dieses Buches ist nach diesem Prinzip aufgebaut.

Sie stärken Ihren Willen, weil Sie nach Plan alles in die Tat umsetzen. Der Wille wirkt dort am besten, wo Stärken sinnvoll eingesetzt werden.

Planung bedeutet, Gesetzmäßigkeiten aller Art zu beachten und zum Wohle aller anzuwenden.

Die Tat wiederum ist notwendig, um Dinge entstehen zu lassen.

Lassen Sie diese Überlegungen einige Zeit auf sich wirken und versuchen Sie, im täglichen Leben das Wirken dieser Gesetzmäßigkeiten zu erkennen. Wären wir in der Lage, diese Gesetze in ihrem ureigensten Sinn zu verstehen und anzuwenden, wären wir von dem Moment an *souverän* und *erfolgreich*. Und dies auf allen Ebenen des Lebens.

Sie erhalten zum Abschluss dieses Kapitels noch eine Aufgabe. Es ist Ihnen freigestellt, sie zu lösen:

Aufgabe Nr. 10:
Versuchen Sie, Ereignisse des abgelaufenen Tages mit Hilfe der sieben hermetischen Grundprinzipien zu erklären!

Wir wollen Ihnen an dieser Stelle einige Zitate mit auf den Weg geben, die Ihnen zusätzliche Energie zum Durchhalten vermitteln werden:

Zitat 1:
Management ist, in sinnvoller Weise geschehen lassen. Manager sein heißt Katalysator sein, und ein Katalysator ist ein sehr wirksamer Stoff, der, in kleinsten Mengen eingebracht, eine Reaktion beschleunigt, ohne sich selbst zu verbrauchen.
(Josef Schmidt)

Zitat 2 :
Jeder Tag ist 24 Stunden Freiheit.
(Französisches Sprichwort)

Zitat 3 :
Wohin wir auch blicken, überall entwickeln sich die Chancen aus den Problemen.
(Nelson A. Rockefeller)

Zitat 4 :
Wer glaubt, ganz oben zu sein, ist schon auf dem Weg nach unten.
(Placido Domingo)

Zitat 5 :
Große Dinge sprechen sich am besten durch Schweigen aus.
(Polnisches Sprichwort)

Zitat 6 :
Untreue und böses Geld findet man in aller Welt.
(Sprichwort)

Zitat 7 :
Ein Weib, das schweigen kann, das ist eine Gabe Gottes.
(Bibelwort)

Zitat 8 :
Weisheit entspringt nicht so sehr aus dem Verstande als aus dem Herzen.
(Peter Rosegger)

Zitat 9 :
Zufriedenheit mit seiner Lage ist der größte und sicherste Reichtum.
(Cicero)

Zitat 10 :
Sobald der Mensch in Zorn gerät, gerät er in Irrtum.
(Talmud)

Zitat 11 :
Bei Gott ist kein Ding unmöglich.
(Bibelwort)

Zitat 12 :
Was Du tust, so bedenke das Ende!
(Bibelwort)

Diese Zitate können Sie auf Grund des bisher Erarbeiteten leicht in Einklang mit Ihren Aufzeichnungen bringen. Vielleicht liefern Ihnen diese Zitate nochmals Anregungen, die eigenen Erkenntnisse *nachzubessern*. Somit ist es uns wiederum gemeinsam gelungen, einen weiteren Schritt in Richtung

---

Erfolg durch Souveränität

---

zu gehen.

Ein paar Anmerkungen

Liebe Leser, Sie sind mir jetzt ein gutes Stück des zurückzulegenden Weges gefolgt, sodass es mir ein ganz persönliches Bedürfnis ist, Ihnen für die bisher gezeigte Leistung ein besonders Lob auszusprechen. Dieses Buch ist für *Anwender* und weniger für *Wissenssammler* geeignet. Wie ich Ihnen bereits zu Beginn dargelegt habe, geht es mir nicht darum, weiteres *Wissen* zu vermitteln, sondern es ist für mich viel erstrebenswerter, *Wissen* zum Anwenden in der Praxis weiterzugeben.

Beim Betrachten und Analysieren meines Lebens bin ich heute der Auffassung, dass mir das Wissen, das ich im Alltag – als Manager, Unternehmer, Berater, Studierender, Sohn, Bruder, Lebenspartner, Freund, Verliebter, Geliebter, Helfer, Leiter, Geleiteter, Führer, Redner, Zuhörer, Sportler, Schüler, Leser, Schreiber, Entwickler, Förderer, Geförderter, Mitarbeiter, Kollege, Mitglied, Gründer, Familienmitglied, erweitertes Familienmitglied usw. – angewendet habe, stets zum Nutzen war.

Interessant dabei ist, dass der Nutzen für mich dann am größten ist, wenn zunächst der Nutzen für andere Personen im Vordergrund steht. Allerdings leitet sich mein Nutzen nicht direkt aus jeder nutzbringenden Aktion für bestimmte Personen ab, sondern kommt meist auf ganz anderen Ebenen – eventuell durch ganz andere Personen! – zurück.

Damit möchte ich ausdrücken, wie relevant es für alle ist, sich im *Nutzen-bieten* von niemandem übertreffen zu lassen. Dies gilt für Unternehmen genauso wie für einzelne Personen.

Der Schein trügt, wenn man glaubt, dass die *egoistischeren* Menschen zugleich die *erfolgreicheren* seien. Das kann auf einem bzw. auf einigen Gebiet(en) der Fall sein, aber betrachten wir das gesamte Leben solcher Menschen, dann werden wir erkennen, welcher *Preis* dafür zu zahlen ist.

Die Absicht meines Buches ist, dass Sie *Erfolg* auf allen Ebenen durch *Souveränität* erreichen. Diesem wünschenswerten Endzustand streben wir zu. Leben Sie damit, dass dies nicht immer und überall *funktioniert,* denn die Chancen erwachsen wie immer aus den Problemen. Ihre persönliche Einstellung ist dafür entscheidend, wie Sie mit entstehenden Problemen und Hindernissen zurechtkommen.

Packen Sie Probleme und Hindernisse an, schieben Sie diese vor sich her, beachten Sie diese gar nicht oder warten Sie, bis diese sich von alleine lösen? Die Antwort kann zukünftig eigentlich nur lauten:

ANPACKEN!

Setzen Sie dabei vor allem bedacht Ihre Kräfte ein und bedenken Sie, dass nicht jeder Schritt ein Schritt nach vorne sein muss. Lenken Sie also Ihre Kräfte und versuchen Sie, diese Kräfte möglichst nicht zu vergeuden.

Mir hat dabei immer die Beantwortung der Frage geholfen: *Was will das Leben wirklich von mir?*

Sie werden erstaunt sein, wie die Antwort in den meisten Fällen ausfällt:

Das Leben wollte etwas ganz anderes ... als ich wollte!

Meines Erachtens kann dies nur erfahren werden, wenn man sich dem Gebet und der Meditation widmet. Vielleicht gibt es auch noch andere, mir bis dato unbekannte Möglichkeiten. Wenn Sie eine bestimmte Lösung bereits entwickelt haben, dann sollten Sie diese gebrauchen.

In der folgenden Abbildung Nr. 8 möchte ich Ihnen das Geschriebene verdeutlichen:

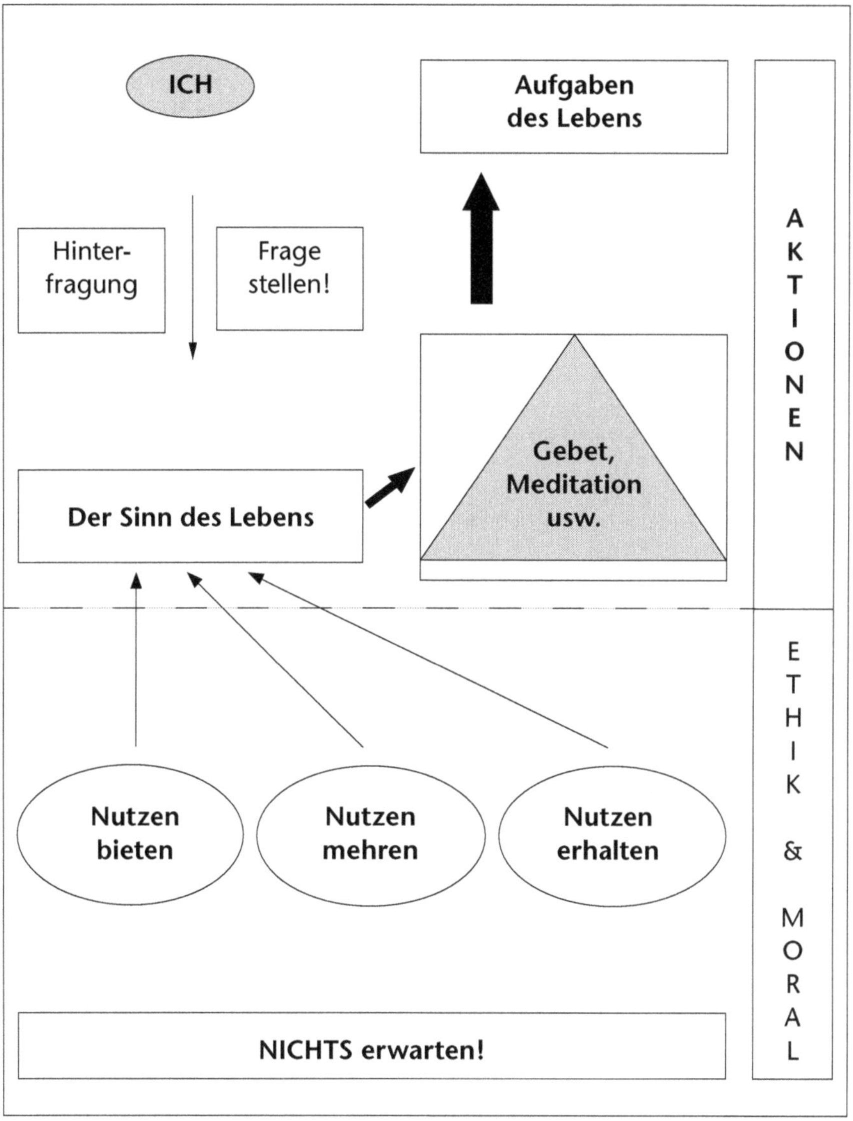

Abb. 8: Das andere Weltbild

Dieses andere Weltbild zeigt Ihnen deutlich, dass es für Sie entscheidend ist, Ihren Lebenszweck zu erkennen und zu definieren. Um dies zu erreichen, sollten Sie die folgenden Kapitel genauso intensiv durcharbeiten wie die zurückliegenden.

Es war meine Absicht, Sie mit diesen Zielen zu motivieren, neue Aufgaben anzupacken und zu lösen.

Denken Sie dabei – wie immer – an die Freude und den Spaß, weil Sie damit den größtmöglichen Erfolg erzielen werden. Lassen Sie sich nicht von der möglichen schlechten Laune Ihres Umfeldes anstecken. Bauen Sie dagegen einen Schutzschild auf, der nicht zulässt, dass Ihnen andere Personen *schlechte Laune* usw. bringen.

Vergangenheit – Gegenwart – Zukunft

Haben Sie die Begriffe *Vergangenheit – Gegenwart – Zukunft* schon einmal genauer untersucht?

Erinnern wir uns doch einmal an unseren Grammatikunterricht in der Schule. Bestimmte Wortveränderungen drücken aus, ob wir etwas Vergangenes, Gegenwärtiges oder Zukünftiges beschreiben. Ihnen sind dabei mit Sicherheit die einzelnen grammatikalischen Übungen noch geläufig. Die gleichen Übungen erlebten wir später beim Erlernen von Fremdsprachen. Immer waren Wörter entscheidend, um Vergangenheit, Gegenwart und Zukunft zu bestimmen.

Beim Lesen von Büchern, Zeitungsartikeln, Zeitschriften, Manuskripten, bei Nachrichtensendungen oder in Gesprächen drückt das Wort die *Zeitperiode* aus, in der sich alles abspielt.

Dabei wissen wir, dass Vergangenheit unveränderbar ist, die Zukunft zwar geplant werden kann, in der Gegenwart aber entschieden wird, was in der Zukunft geschieht.

Abbildung 9 stellt dies dar:

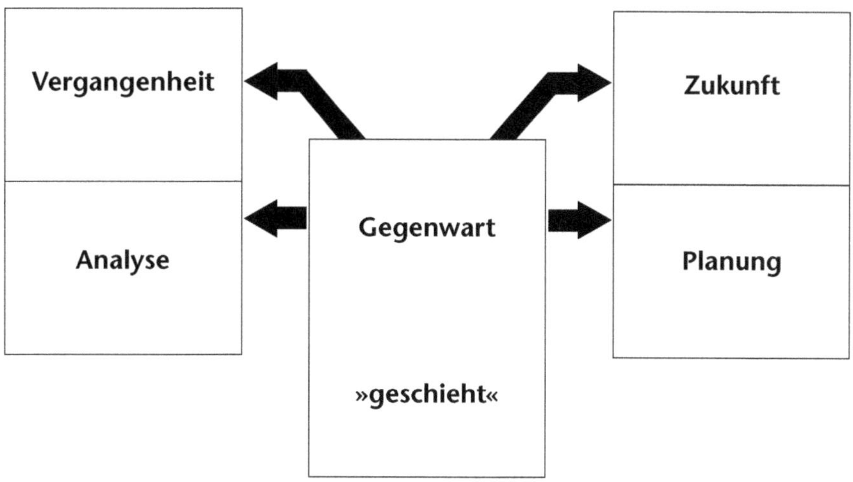

Abb. 9: Vergangenheit – Gegenwart – Zukunft

Es erhebt sich die Frage, was wir daraus lernen können. Analysieren wir dabei zunächst die *Vergangenheit* und beantworten uns folgende Fragen:

1. **Was ist passiert?**
2. **Wie ist dies passiert?**
3. **In welcher Form war ich daran beteiligt?**
4. **Welche Wirkungen haben sich für mich ergeben?**
5. **Welcher Art waren diese Wirkungen – angenehm oder unangenehm?**
6. **Erkenne ich aus allem den Lernvorgang für mich?**
7. **Was lerne ich daraus?**
8. **Wie nutze ich diese Erkenntnisse in Zukunft?**

Dieser Vorgang erscheint uns zunächst als sehr zeitaufwendig. Aber gerade die zeitaufwendigen *Projekte* sind es, die wir für unseren persönlichen und auch unternehmerischen Fortschritt am meisten nutzen können. Der Selbstlernvorgang ist die einfachste Methode, im Leben vorwärts zu gehen. Gerade die Vergangenheit zeigt uns – zwar wie hinter einem Schleier, aber dafür umso heftiger! – wie unsere Zukunft aussehen wird. Wir können ein Haus nur auf dem Grund bauen, den wir dafür vorbereitet haben! Wir können nur dort ernten, wo wir gesät haben!

Die Elemente der Vergangenheit wirken sich so lange in unserem Leben aus, bis wir deren Sinn erkannt haben. Dabei ist es für das Leben gleichgültig, ob dies für uns positiv oder negativ war. Sehr oft hören wir den Spruch: Aus *Fehlern lernen*. Genauso wichtig ist es darüber hinaus, aus den erfolgreichen Ausprägungen des Lebens zu lernen. Beim Beantworten der vorgenannten Fragen sollten Sie somit vor allem die positiven und erfolgreichen Abschnitte Ihres Lebens betrachten. Beides –Erfolgreiches wie Erfolgloses – hat in unserem Leben irgendeine Bedeutung. Sie sind die einzige Person in Ihrem Leben, die daraus lernen kann.

Dabei hilft Ihnen folgende Checkliste gemäß Abb. 10 :

Vergangenes Ereignis	*Positiv/ Negativ*	*Datum, wann ich darüber nach-gedacht habe*	*Eigene Erkenntnis*

Abb. 10: Checkliste I- Vergangenheit

Auf Grund dieses *Vergangenheits-Checks* gibt es noch eine zusätzliche Hilfe. Teilen Sie Ihr Leben stets in so genannte *Siebener-Perioden* ein, d.h. das Leben in Perioden von je sieben Jahren, das Jahr wiederum in sieben Jahresperioden, den Tag in sieben Tagesperioden. Dies sieht wie folgt aus (Abb. 11 bis 13) :

Aufgabe Nr. 11:
Lebensperioden bzw. Lebenszyklen

Periode	*Lebensalter*	*Wichtige persönliche Ereignisse*
I	*Geburt –* *7. Lebensjahr*	
II	*– 14. Lebensjahr*	
III	*– 21. Lebensjahr*	
IV	*– 28. Lebensjahr*	
V	*– 35. Lebensjahr*	
VI	*– 42. Lebensjahr*	
VII	*– 49. Lebensjahr*	
VIII	*– 56. Lebensjahr*	
IX	*– 63. Lebensjahr*	
X	*– 70. Lebensjahr*	
XI	*– ? Lebensjahr*	

Abb. 11: 7- Lebensperioden der Vergangenheit

Wenn Sie ein Unternehmen besitzen bzw. führen, dann sollten Sie die gleiche Periodeneinteilung für Ihr Unternehmen vornehmen.

Aufgabe Nr. 12:
Jahresperioden bzw. Jahreszyklen

Periode	*Aufteilung in Tagen für das Jahr*	*Wichtige Ereignisse/Erkenntnisse*
I	*1.01. – 21.02.*	
II	*22.02. – 14.04.*	
III	*15.04. – 05.06.*	
IV	*06.06. – 27.07.*	
V	*28.07. – 17.09.*	
VI	*18.09. – 08.11.*	
VII	*09.11. – 31.12.*	

Abb. 12: 7- Jahresperioden der Vergangenheit
(Anmerkung: Schaltjahr nicht berücksichtigt; VII. Periode um einen Tag aufgerundet!)

Auch hinsichtlich der sieben Perioden im Jahr ist es ratsam, Gleiches für Ihr Unternehmen zu untersuchen.

Aus der Analyse der Lebensperioden und der Jahresperioden werden Sie – bei entsprechend gründlicher Analyse – wichtige Rückschlüsse ziehen. Vielleicht ist es Ihnen gar möglich, im Siebener-Zyklus gewisse Trends für bestimmte Aktionen und Aktivitäten zu erkennen. Diese Trends lassen sich dann zukünftig in Ihre Planung leicht einbauen.

Untersuchen Sie jetzt den Tageszyklus.

Aufgabe Nr. 13:
Tagesperioden bzw. Tageszyklen

Periode	*Uhrzeit von – bis*	*Erkenntnisse*
I	*0:00 – 03:25*	
II	*– 06:51*	
III	*– 10:17*	
IV	*– 13:42*	
V	*– 17:08*	
VI	*– 20:34*	
VII	*– 24:00*	

Abb. 13: 7-Tagesperioden der Vergangenheit

Auch bei der Analyse des Tageszyklus werden Sie rückwirkend für Sie günstige bzw. weniger günstige Perioden erkennen. Sie wissen somit ab sofort, welche Aktivitäten Sie in welche Periode – nach Möglichkeit – legen sollten. Der Lerneffekt stellt sich ein, wenn Sie konstant mit diesen Perioden und deren Aussagen arbeiten.

Beschließen wir nun das Kapitel *Vergangenheit* und wenden wir uns der *Zukunft* zu. Die Zukunft ist der Bereich des Lebens, der uns – oberflächlich betrachtet – viel Unvorhergesehenes und Überraschendes bringt. Wir sollten diese Denkweise ein für alle Mal aus unserem Bewusstsein streichen! Die Zukunft lässt uns immer nur das *ernten*, was wir in der Vergangenheit *gesät* haben. Dies bedeutet zudem, dass Sie aus den Erkenntnissen der Vergangenheit die Gegenwart für Planung und Durchführung in Bezug auf Zukunftsgestaltung nutzen sollten.

Beides – Analyse und Planung – müssen in der Gegenwart durchgeführt werden und sind eigentlich *ineinanderlaufende* Elemente, die sich in der Gegenwart *treffen*. **Zeitpunkte** vorbereiten bedeutet, **Höhepunkte** des zukünftigen Lebens vorbereiten!

Höhepunkte sind *Ziele*, die wir in unserem Leben willentlich erreichen wollen. Sie wissen aus den anderen Kapiteln, dass Sie mit Ihrem Willen die Planung in die Tat umsetzen. Damit dieser Wille in der Tat erfolgreich und zielgerichtet von Ihnen eingesetzt wird, benötigen Sie eine Planung.

Zukunft und Planung sind unmittelbar zusammenhängende Begriffe, die es mit System anzupacken gilt. Das folgende Vorgehen wird Sie dabei an die Analyse der Vergangenheit erinnern.

Fassen wir aber zunächst die Ergebnisse zusammen und beantworten Sie sich folgende Fragen:

Aufgabe Nr. 14:

1. *Meine persönlichen Stärken sind …*

2. *Meine persönlichen Begrenzungen sind …*

3. *Welche Chancen ergeben sich daraus …*

4. *Welche Gefahren ergeben sich daraus …*

Als Nächstes bauen wir die Zukunft mit Hilfe unserer sieben Perioden auf (Abb. 14).

Aufgabe Nr. 15:
Lebensperioden der Zukunft

Periode	*Visionen – Ziele – Pläne – Vorhaben*
I *(in 7 Jahren)*	
II *(in 14 Jahren)*	
III *(in 21 Jahren)*	
IV *(in 28 Jahren)*	
V *(in 35 Jahren)*	
VI *(in 42 Jahren)*	
VII *(in 49 Jahren)*	

Abb. 14: 7-Lebensperioden der Zukunft

Betrachten wir jetzt Ihre Visionen – Ziele – Pläne – Vorhaben der ersten Periode (in den nächsten sieben Jahren) und versuchen wir, diese jeweils in Teilziele zu untergliedern.

Aus diesen Teilzielen lassen sich sehr leicht Jahresziele ableiten. Diese Jahresziele sollten Sie wiederum in die entsprechenden Perioden des Jahres untergliedern (Abb. 15):

Aufgabe Nr. 16:
Jahresperioden der Zukunft

Periode	*Teilziele privat/beruflich*	*Umsetzung*
I *(01.01. – 21.02.)*		
II *(22.02. – 14.04.)*		
III *(15.04. – 05.06.)*		
IV *(06.06. – 27.07.)*		
V *(28.07. – 17.09.)*		
VI *(18.09. – 08.11.)*		
VII *(09.11. – 31.12.)*		

Abb. 15: 7-Jahresperioden der Zukunft

Wichtig für die Aktivitäten zur Zielerreichung ist, dass die Teilziele relativ *klein* und *erreichbar* sind, weil dadurch bei der Erreichung dieser Teilschritte *Motivation* ausgelöst wird. Erfolg motiviert!

Nutzen Sie diese Hinweise und Sie werden spüren, wie dies Kräfte in Ihnen freisetzt.

Kommen wir nun zu Ihrer künftigen Einteilung eines Tagesablaufes (Abb. 16) :

Aufgabe 17:
Tagesperioden der Zukunft

Periode	*Uhrzeit von – bis*	*Vorrangige Aktivitäten*
I	*0:00 – 03:25*	
II	*- 06:51*	
III	*- 10:17*	
IV	*- 13:42*	
V	*- 17:08*	
VI	*- 20:34*	
VII	*- 24:00*	

Abb. 16: 7- Tagesperioden der Zukunft

Um das Ganze noch weiter abzurunden, können Sie die sieben Tage einer Woche – diesen Zyklus kennen Sie von Kindesbeinen an – ebenfalls mit bestimmten Aktivitäten unterlegen.

Aufgabe Nr. 18:
Wochenzyklus

Wochentag	*Aktivitäten …*
Montag	
Dienstag	
Mittwoch	
Donnerstag	
Freitag	
Samstag	
Sonntag	

Abb. 17: Wochenzyklus

Nachdem wir die Vergangenheit analysiert, die Zukunft geplant und strukturiert haben, werden Sie denken, dass wir in punkto Gegenwart ähnliche *Werkzeuge* schaffen können. Dies ist mit den gezeigten Möglichkeiten leider nicht so ohne weiteres möglich, da die Gegenwart den Augenblick, das unmittelbar jetzt sich Vollziehende, beinhaltet.

Sie können allerdings einen Ratschlag erhalten:

Erfülle den Augenblick!

Dies bedeutet, dass Sie mit offenen Augen, Ohren und allen sonstigen aktivierbaren Sinnen sich auf das

Derzeitige

konzentrieren.

Vielleicht sind Sie der Meinung, dies bereits zu beherrschen. Eine kleine Geschichte soll Ihnen den Widerspruch erläutern.

Ein erfolgreicher Manager wurde einmal von einem Journalisten gefragt, weshalb er so unwahrscheinlich viel Glück bei all seinen Aktivitäten habe. Er sei – so der Journalist – bekanntlich ein erfolgreicher Geschäftsmann, ein glücklicher Familienvater, ein begehrter Redner und Gast, ein angesehener Fachmann, ein ideenreicher Entwickler, absolut gesund und stets zufrieden. Er fragte den Manager, was denn sein Geheimnis sei.

Der Manager antwortete: »Wenn ich stehe, dann stehe ich; wenn ich esse, dann esse ich; wenn ich lese, dann lese ich; wenn ich schreibe, dann schreibe ich; wenn ich liebe, dann liebe ich ... und so fort.« Der Journalist war sichtlich enttäuscht über diese Antwort und erwiderte: »Das mache ich doch auch so – was ist denn wirklich Ihr Geheimnis?« Und wieder antwortete der Manager: »Wenn ich stehe, dann stehe ich; wenn ich esse, dann esse ich ...« Er wurde durch den Journalisten fast barsch mit den Worten »das mache ich doch auch so!« unterbrochen.

Der Manager lächelte, lehnte sich in seinem Sessel gemütlich zurück und antwortete freundlich und nett: »Lieber Freund, ich glaube da irren Sie sich! Vielleicht machen Sie es in der folgenden Art und Weise, dass Sie beim Stehen essen, beim Essen lesen, beim Lesen schreiben, beim Lieben denken usw.«

Jetzt wurde dem Journalisten endlich klar, was er vorhin nicht verstanden hatte. Tatsächlich musste er sich eingestehen, dass er genauso lebte.

Nun, meine lieben Leser, vielleicht geht es Ihnen ebenfalls wie unserem Journalisten. Versuchen Sie ab sofort Ihre Gedanken auf das zu konzentrieren, was Sie gerade machen. Dann werden Sie die positiven Wirkungen dieses den *Augenblick erfüllen* spüren.

Viel Freude und Spaß bei dieser Alltagsübung!

Mentale Übungen

Im vorhergehenden Kapitel haben wir Ihnen den Wert der Konzentration dargelegt. Konzentration ist etwas, was man lernen kann und was durch Training bzw. durch Üben verbessert wird. Die Stetigkeit und Konstanz, mit denen dies geschieht, sind entscheidend für den Erfolg. Wer die Konzentration beherrscht, verbessert seine Souveränität in allen Lebenslagen.

Will man Konzentration definieren, so kann man dies im weitesten Sinne mit *Sammlung* bezeichnen. Dabei ist vorrangig die *geistige Sammlung* gemeint. Sicher spielt hier der Begriff *Aufmerksamkeit* eine gewisse Rolle. Entscheidend ist, sich nicht mit Gewalt *konzentrieren* zu wollen. Jede Anspannung bewirkt bekanntlich das genaue Gegenteil. Je entspannter Sie Ihre Konzentration herbeiführen, desto leichter wird Ihnen dies gelingen. Wir wollen zunächst zwei Übungen zur Stärkung und Verbesserung Ihrer Konzentration vorstellen, um Ihnen dann einen Aufgabenplan an die Hand zu geben.

Mentale Übung Nr. 1 (Konzentration auf eine Farbe)
Stellen Sie sich sowohl mit offenen als auch mit geschlossenen Augen eine Farbe vor (z.B. Blau)! Lenken Sie Ihre gesamte Aufmerksamkeit zumindest für kurze Zeit auf die Vorstellung dieser Farbe!
Wichtig ist, dass Sie sich die Farbe in all ihren Nuancen vorstellen. Entweicht das Bild, dann holen Sie es sanft und ohne Gewalt in Ihre Aufmerksamkeit zurück.

Mentale Übung Nr. 2 (Konzentration auf einen Gegenstand)
Stellen Sie sich mit geschlossenen Augen einen Ihnen bestens vertrauten Gegenstand geistig vor! Lenken Sie Ihre gesamte Aufmerksamkeit auf diesen Gegenstand und versuchen Sie, vor allem viele Details und Feinheiten zu erkennen!
Trotz aller Details und Feinheiten bzw. aller besonderen Merkmalen müssen Sie stets den *ganzen* Gegenstand auf Ihrem geistigen Bildschirm betrachten und im Bewusstsein halten. Entschwindet dieses Bild aus Ihrem Bewusstsein, dann versuchen Sie es ohne Gewalt wieder zurück zu holen.

Aufgabe Nr. 19:
Führen Sie jede der beiden Übungen mindestens drei Mal täglich für je zwei Minuten durch und dies 14 Tage lang!

Nachdem Sie mit den Übungen Nr. 1 und Nr. 2 Ihre Konzentration verbesserten, widmen wir uns nun der Imagination.

Imagination drückt mit anderen Worten die geistige Vorstellungs- bzw. Einbildungskraft aus. Durch Imagination entseht ein *geistiges* Bild von etwas, was noch nicht in der äußeren Welt vorhanden ist. Zu betonen ist, dass durch Imagination das *geistige* Bild erschaffen wird bzw. geistig entsteht.

Wir wollen uns auf dem Weg des *Erfolgs durch Souveränität* der zielgerichteten Imagination widmen.

Mentale Übung Nr. 3 (Zielgerichtete Imagination)
Nehmen Sie ein *bestimmtes* Wort oder eine *bestimmte Redensart* in Ihr Bewusstsein (z.B. Frieden, Zukunft des Unternehmens) und halten Sie diesen Gedanken fest!
Alsbald werden Ihnen dazu Gedanken und Ideen, die Ihnen bisher zum Teil noch nicht bekannt waren, zufließen.

Aufgabe Nr. 20:
Führen Sie die Mentale Übung Nr. 3 einmal täglich eine Woche lang für zehn Minuten durch!

Der Unterschied zwischen Imagination und Fantasie ist, dass bei der Fantasie die Gebilde nicht in Einklang mit der Umgebung bzw. Realität stehen. Auch *Tagträumen* ist keine Form der Imagination. Unsere zielgerichtete Imagination soll Ihnen helfen, sich auf geistigem Wege Dinge des Lebens vorzustellen.

Ein wichtiger Bereich der Souveränität ist der vernünftige Umgang mit Gefühlsbewegungen, wie z.B. Furcht, Zorn, Freude, Scham, Erregung. Die meisten Menschen sind abhängig von ihren Gefühlsbewegungen und handeln deshalb vorwiegend nach ihren Gefühlen und weniger nach den Schlussfolgerungen des Intellekts. Vielleicht scheitern gerade deshalb in der heutigen Zeit so viele Ehen, weil Gefühle mehr beachtet werden als der Intellekt.

Tatsache ist, dass Gefühle durch äußere und innere Reize ausgelöst werden. Mystiker und andere philosophische Schulen führen an, dass äußere Reize stets einer Täuschung unterliegen. Täuschung führt bekanntlich in einen Irrweg, aus welchem man nur durch den Intellekt befreit werden kann.

Heutzutage sind wir in vielen Bereichen unseres Lebens den äußeren Reizen fast schutzlos ausgesetzt. Entscheidend für uns ist das Wissen, dass äußere und innere Reize zu verschiedenen gefühlsgetragenen Stimmungen führen, wobei die Reize als Schwingungen über Impulse an das Zentralnervensystem (spinales und vegetatives Nervensystem) und von dort an die entsprechenden Organe, Muskeln und Drüsen weitergeleitet werden. Dadurch lassen sich z.B. Erröten, Gänsehaut, Schweiß und Tränen erklären.

Setzt der Mensch seine Vernunft willentlich (Bemerkung: Sie wissen ab diesem Zeitpunkt, warum die Willenskraft so enorm wichtig ist!) ein, so kann der Mensch die Äußerung seiner Gefühle sehr gut meistern. Dies bedeutet keineswegs, keine Gefühle zu haben. Entscheidend ist einzig und allein, mit der Willenskraft unter Einsatz der Vernunft zu agieren und zu reagieren. Damit sind also Vernunft und Wille die Hüter, die den Menschen vor übertriebenen Gefühlsausbrüchen schützen. Denken Sie dabei vor allem an Ihre zwischenmenschlichen Beziehungen (durch Streit beispielsweise werden sie zerstört). Es ist sehr leicht, sich auf Grund äußerer Reize in jemanden zu verlieben. Das Gefühl wird uns alles Mögliche zuflüstern, um uns zu bestärken.

Ist die Partnerin bzw. der Partner wirklich die bzw. der, mit dem Liebe und alles, was damit zusammenhängt, aufgebaut werden soll? Oder »machen wir uns nur etwas vor«? Vielleicht sieht der *kosmische Plan* (andere nennen es Vorsehung) etwas ganz anderes vor? Darauf kann uns ausschließlich das *Innere Selbst*, das Gewissen, Auskunft erteilen. Und die *richtige* Partnerin bzw. den *richtigen* Partner zu erkennen, kann einige Zeit dauern.

Dieses Beispiel soll darauf hinweisen, dass Sie bei Ihren *Gefühlsbewegungen* stets abwägen, ob diese *positive* oder *negative* Folgen haben können.

Mentale Übung Nr. 4 (Gefühlsbewegungen steuern)
Prüfen Sie mit Hilfe Ihrer Vernunft, bevor Sie den Gefühlsneigungen folgen, ob dieser Gefühlszustand positive oder negative Folgen für Sie hat. Setzen Sie dabei Ihre Willenskraft ein!

Aufgabe Nr. 21:
Prüfen Sie die folgenden Gefühlsregungen hinsichtlich ihrer Folgen unter Einsatz Ihrer Vernunft und Ihrer Willenskraft!

Gefühlsregung	*Positive Folge(n)*	*Negative Folge(n)*
Ekel		
Zuneigung		
Kummer		
Tränen		
Erröten		
Scham		
Ärger		
Besorgnis		
Stolz		
Gewissensbisse		
Eifersucht		
Furcht		
Zorn		
Freude		
Begeisterung		
Schweiß		
Gänsehaut		
Entsetzen		
Zärtlichkeit		
Hass		
Angst		
Zuneigung		
Liebe		

Abb. 18: Gefühlsbewegungen

Diese Aufgabe wird Sie längere Zeit beschäftigen, deshalb sollten Sie trotzdem mit unserem Stoff und dessen Anwendung fortfahren.

Mit Hilfe der *Lenkung* von Gefühlsregungen werden Sie allmählich Herr Ihrer Gefühle. Akzeptieren Sie, dass Ihnen dies nicht immer und überall gelingen wird.

Als Letztes wenden wir uns in diesem Kapitel der *Visualisation* und *Suggestion* zu.

Suggestion ist das sachte *Einflüstern*, bei dem der Suggerierende bewusst bestimmte Gedankeninhalte seines Bewusstseins (= Tagesbewusstsein) an das Unterbewusstsein weiterleitet.

Das Unterbewusstsein regelt u.a. die unwillkürlichen Tätigkeiten wie z.B. Herzrhythmus, die Blutzirkulation. Das Bewusstsein beheimatet in seinem objektiven Teil die fünf Sinne *Sehen, Hören, Fühlen, Riechen, Schmecken* und in seinem subjektiven Teil *Wille, ganzheitliches Denken* und *Imagination.*

Durch Suggestion wird unbewusstes Tun aus Impulsen des Unterbewusstseins aufgebaut. Zuvor sind dem Unterbewusstsein die vom Bewusstsein übermittelten Entscheidungen zum Gesetz geworden!

Prägen Sie sich diesen Merksatz ganz genau ein!

Visualisation hingegen bedeutet, sich bestimmte Gegenstände usw. (die also in der Realität existieren) geistig vorzustellen. Fotos und Bilder sind dabei ein gutes Trainingsmaterial

Mentale Übung Nr. 5 (Visualisation und Suggestion)

a) Nehmen Sie ein Ihnen gut vertrautes Foto und betrachten Sie es ganz genau, schließen Sie dann die Augen und stellen Sie sich das gesamte Foto vor!

b) Treffen Sie eine Entscheidung, welches Ergebnis Sie in Bezug auf ein bestimmtes Vorhaben/Projekt haben wollen (= Verstand einsetzen!)! Geben sie dann diese Entscheidung mit vollem Vertrauen und ohne Zweifel an das Unterbewusstsein weiter! Halten Sie diesen Gedanken für einige Minuten mittels Ihrer Willenskraft fest! Anschließend entlassen Sie alles aus Ihrem Bewusstsein!

Aufgabe Nr. 22:
Üben Sie die Mentalen Übungen 5a und 5b täglich!
Zeitplan dazu:

Gewünschtes Ergebnis	*Training* *Beginn:* *Ende:*

Abb. 19: Zeitplan für Visualisations- /Suggestionstraining

Mit den Mentalen Übungen Nr. 1 bis 5 haben wir die Grundlagen für das Verursachungstraining gelegt. Auch wenn Sie später Verursachungstraining regelmäßig durchführen, sollten Sie doch in gewissen Zeitabständen die Grundübungen dieses Kapitels wiederholen und trainieren.

Auf diese Art und Weise schreiten Sie am sichersten voran.

Verursachungstraining

Zu Beginn dieses Kapitels stellen wir ein Zitat von Schiller heraus:

»Strebe nach Ruhe, aber durch das Gleichgewicht, nicht durch den Stillstand deiner Tätigkeit.«

Unser Verursachungstraining basiert auf den bisherigen Übungen und Erkenntnissen, die Sie aus dem Inhalt dieses Buches gewonnen haben, und auf dem Prinzip der *Ruhe.* Absolute Ruhe des Geistes und der Gedanken zu erreichen, ist ein erstrebenswerter Zustand, der einem sehr schwer fällt. Sie können dies auf Grund der Erfahrungen mit den Mentalen Übungen Nr. 1 bis 5 bestätigen. Immer dann, wenn man einen bestimmten Gedanken konzentriert betrachtet, sind nach relativ kurzer Zeit ganz andere Ideen im Bewusstsein.

Verzagen Sie nicht! Üben Sie trotzdem weiter! Es ist noch kein Meister vom Himmel gefallen!

Wenden wir uns nun den Vorarbeiten des Verursachungstrainings zu. Sie müssen zunächst ein bestimmtes Ziel/Ergebnis ins Auge fassen. Verwenden Sie dabei die entsprechenden Aufzeichnungen. Versuchen Sie als Zweites ein inneres Bild zu entwickeln. Auch dafür setzen Sie das bisher Gesagte und Geschriebene ein.

Denken Sie unter Einsatz Ihrer Vernunft und Ihres Willens gründlich darüber nach, ob Sie diesen Endzustand tatsächlich anstreben und erreichen wollen. Haben Sie dies geprüft, dann formulieren Sie Ihr Ziel/Ergebnis kurz, prägnant, in der Gegenwartsform und als Befehl (→ für das Unterbewusstsein)!

Aufgabe Nr. 23: »Zielfindung«

1. *Meine Zielformulierung lautet:*

....

....

....

....

2. *Als Nächstes versuchen Sie die Hindernisse und Hemmnisse in Bezug auf Ihr Ziel/Ergebnis zu formulieren:*

3. *Nachdem Sie dies erledigt haben, denken Sie über mögliche Hilfen bzw. Problembeseitigungsmöglichkeiten nach:*

Und nun lassen Sie alles zunächst auf sich wirken.
Tun Sie absolut nichts!

4. *Nach einer gewissen Zeit formulieren Sie nochmals Ihr Ziel bzw. Ihr gewünschtes Ergebnis:*

Mit dieser Aufgabe haben Sie die Basis für das anschließende Verursachungstraining geschaffen.

Folgende Übung zum Entspannen sollten Sie möglichst täglich (auch ohne Verursachungstraining) durchführen:

Mentale Übung Nr. 6

1. Setzen Sie sich mit gerader Rückenhaltung, Beine etwas auseinander, auf einen bequemen Stuhl!
2. Schließen Sie die Augen!
3. Atmen Sie drei Mal kräftig ein, halten Sie jeweils die Luft kurz an und atmen Sie langsam aus!
4. Dann lenken Sie Ihre Konzentration abwechselnd von einem Körperteil zum anderen (= auf beiden Körperseiten nach Möglichkeit gleichzeitig), als ob Sie eine Energie durch Ihren Körper leiten würden:
   - beide Füße (bei den Zehen beginnend)
   - beide Unterschenkel
   - beide Knie
   - beide Oberschenkel
   - beide Hüften
   - Genitalien
   - Bauch (mit den Eingeweiden)
   - Brust
   - vom Steißbein aus über die Wirbelsäule bis zum Nacken
   - beide Hände (bei den Fingern beginnend)
   - beide Unterarme
   - beide Oberarme
   - beide Schultergelenke
   - beide Schultern
   - Hals
   - Mund (mit den Zähnen des Unter- und Oberkiefers)
   - beide Ohren
   - beide Nasenflügel
   - beide Augen
   - gesamtes Gehirn
   - Kopf
   - Haare

   →Bis zum höchsten Punkt des Hinterkopfes!
   →Dann: gesamte Energie freigeben. Danken!

Abb. 20: Übung Nr. 6

Sollten Sie Körperteile dabei nicht *spüren,* so lenken Sie Ihre Atmung bewusst in diese. Stellen Sie sich gedanklich vor, Sie ziehen ein enges Kleidungsstück an.

Der Schritt zum Verursachungstraining – Sie werden erstaunt sein – ist sehr kurz und einfach.

Aufgabe Nr. 24:

Gönnen Sie sich täglich zu einer bestimmten Zeit zehn Minuten Ruhe, entspannen Sie sich mit Hilfe der Übung Nr. 6 und stellen Sie sich Ihr gewünschtes Ziel anschließend einige Zeit geistig vor!

Bild und Konzentration lenken Sie dabei unter Einsatz Ihrer Willenskraft auf diesen gewünschten Endzustand!

1. Phase:
Übung Nr. 6.

2. Phase:
Wort, Bild, Konzentration für den gewünschten Endzustand durch Willenskraft aufbauen. Viel Gefühl einsetzen.

3. Phase:
Augen öffnen → Da sein!

Abb. 21: Verursachungstraining (Anleitung)

Geistesblitze, die Ihnen nach diesen drei Phasen einfallen, sollten Sie in ein Notizbuch notieren und später auswerten. Dadurch stärken Sie die Erfolgswahrscheinlichkeit enorm!

Die Freude auf dem Weg zum *Erfolg durch Souveränität* mit ATLANTIS Management ist die mehr als reichhaltige Belohnung für all diese Anstrengungen.

Zusammenfassung

Bravo! Sie haben bisher sehr gut mitgearbeitet. Für diese Konsequenz und Stetigkeit gebührt Ihnen ein besonderes Lob.

Ihnen sind in den zurückliegenden Kapiteln praxisorientierte Unterweisungen gegeben worden, die Ihnen durch das Umsetzen in den privaten und beruflichen Alltag kurz-, mittel- und langfristigen Nutzen bringen werden. An diesem Nutzen wird Ihr gesamtes Umfeld partizipieren, wodurch Sie Ihr »Ich« und das »Du« fördern werden.

Das Leben »leben« heißt, alles im Leben aufnehmen und aus allem lernen. Dazu bedarf es eines Weges, der vom Start bis zum Ziel auf dem sichersten Boden, den es gibt, aufgebaut ist. Dazu benötigen Sie ein ganzheitliches Gedankenmodell, welches wir Ihnen hiermit liefern werden. Alles beginnt mit einem Kreis:

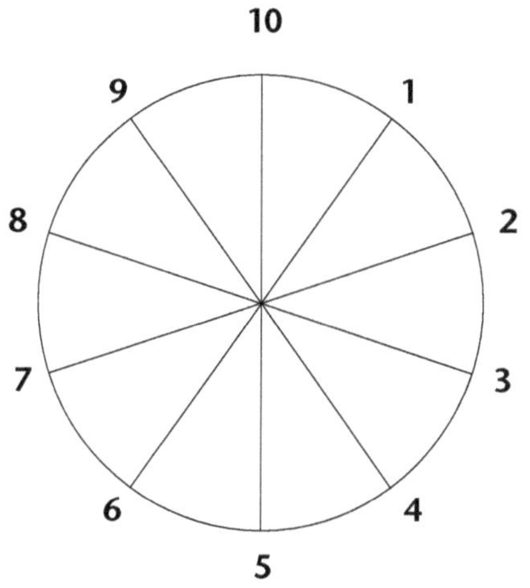

Diesen Kreis werden wir im Folgenden nach und nach mit Leben auffüllen und die Stationen mit Begriffen bezeichnen.

Beginnen wir mit dem Punkt 1, der heißt:

VISIONEN!

Visionen leiten sich aus Wünschen, Neigungen und Interessen ab und sind nach Goethe *Vorboten* unserer *Fähigkeiten*. Visionen haben also mit Wachstum zu tun; dabei ist dieses Wachstum zum positiven wie auch zum negativen Bereich hin möglich. Die Wahl haben Sie!

Wenn Sie aufbauende, fördernde Ideale entwickeln, dann werden Sie dem positiven Richtungspfeil folgen. Darum prüfen Sie doch einmal Ihre Ideale bzw. Ihre charakterlichen Ausprägungen.

Aufgabe Nr. 25:
Meine Ideale/charakterlichen Ausprägungen sind:

Dieser *Selbstcheck* führt uns zur nächsten Aufgabe.

Aufgabe Nr. 26:
Was sind Ihre Wünsche, Neigungen und Interessen?

Wünsche	*Neigungen*	*Interessen*

Wünsche	*Neigungen*	*Interessen*

Abb. 22: Wünsche, Neigungen, Interessen

Als Hinweis möchte ich Ihnen folgenden Sinn des Lebens aufzeigen, welchen Sie bei der Entwicklung Ihrer Vision einbauen können:

- Erkenntnisse sammeln!
- Den Augenblick erfüllen!
- Meine Aufgaben erkennen!
- Selbstverwirklichung!
- Den Tod als Krönung des Lebens betrachten!

Betrachten Sie diese fünf Punkte als sich gegenseitig ergänzende Bausteine: Einer ist so wichtig wie der andere!

Der zweite Punkt auf unserem Kreis lautet:

SITUATIONSANALYSE!

Dieser Bereich ist Ihnen durch das Durcharbeiten dieses Buches bereits geläufig. Jetzt sollten Sie Ihre Situation in Bezug auf Ihre Visionen kritisch analysieren.

Versuchen Sie dabei die neutrale Position eines externen Beobachters einzunehmen.

Aufgabe Nr. 27 hilft Ihnen dabei:

Wünsche, Neigungen, Interessen, (Stichwort)	*Situation momentan/heute*

Abb. 23: Situationsanalyse

Helfen können Ihnen Überlegungen, die Sie nach folgendem Muster gliedern:

- Persönliche Situation
- Familiäre Situation
- Berufliche Situation
- Was lieben Sie, was lehnen Sie ab?
- Was steht im *Tagebuch* Ihres Körpers?

Der dritte Punkt des Kreises lautet:

ZIELE!

Wie Sie unter Umständen bereits vermuten, führen die Stationen 1 und 2 zum dritten Punkt, der die Synthese darstellt. Dabei wollen wir die Ziele dergestalt einteilen, dass wir unterscheiden nach:

- Ideellen Persönlichkeitszielen (Lebensgeheimnis erkennen)!
- Philosophischen Bildungszielen (Offen sein für Neues)!
- Ökonomischen Berufszielen (Nutzen bieten)!

Punkt 3 steht in enger Beziehung mit Punkt 8. Darüber später mehr.

Hinweis:
Sie können an dieser Stelle das Ziel aus dem Vorkapitel verwenden oder aber ein gänzlich neues Ziel formulieren.

Aufgabe Nr. 28:
Mein nächstes Ziel lautet:

Durch die *richtige* Zielsetzung können Sie auch jederzeit Probleme unter Beachtung folgender Vorgehensweise lösen:

Exakte Definition des Problems!	**=**	**Ursachenforschung**
Exakte Definition des Zieles!	**=**	**Zielbeschreibung**
Exakte Beschreibung des Weges zum Ziel!	**=**	**Eigene Empfehlung**
Exakte Beschreibung der erforderlichen Schritte!	**=**	**Innere Voraussetzungen**
»Meine« Motivation!	**=**	**Eigene Lösungsbereitschaft**
Alternative festlegen, wenn es unter den gegebenen Umständen keine Lösungen gibt!	**=**	**Neue Umstände schaffen**
Problem lösen, oder Misserfolg erkennen!	**=**	**»Alles ist gut – so wie es ist«**

Wenden wir uns nun dem vierten Punkt des Kreises zu, der da lautet:

VERURSACHEN!

Mit den geleisteten Vorarbeiten beginnt jetzt die Phase der geistigen Verursachung. Die Technik dazu haben Sie im zurückliegenden Kapitel kennen gelernt. Beachten Sie deshalb die dort gemachten Ausführungen und Anleitungen.

Sie sehen somit, wie wichtig die geleisteten Vorarbeiten sind und wie wenig es nützt, wenn wir versuchen würden, den Prozess abzukürzen.

Aufgabe Nr. 29:
Verursachen Sie mit Hilfe unserer Prinzipien Ihr vorgenanntes Ziel bzw. Ihre vorgenannten Ziele!

Bemerkung: *Beginn (Datum):* ....

Ende (Datum): ....

Nächste Station ist der Punkt 5, der lautet:

STRATEGIE!

Zur Zielerreichung müssen Sie Maßnahmen und Mittel festlegen, die Sie nach folgendem Muster entwickeln:

Aufgabe Nr. 30:

<table>
<tr><td colspan="3">ZIEL:</td></tr>
<tr><td>Maßnahme</td><td>Feingliederung</td><td>Mittel</td></tr>
<tr><td rowspan="3"></td><td></td><td></td></tr>
<tr><td></td><td></td></tr>
<tr><td></td><td></td></tr>
<tr><td rowspan="3"></td><td></td><td></td></tr>
<tr><td></td><td></td></tr>
<tr><td></td><td></td></tr>
<tr><td rowspan="3"></td><td></td><td></td></tr>
<tr><td></td><td></td></tr>
<tr><td></td><td></td></tr>
</table>

Abb. 24: Strategieplan

Dieser Strategieplan ist absolut nichts Statisches, sondern *lebt*, wenn Sie Ihre Eingebung (durch Intuition) mit Hilfe der Vernunft prüfen und je nach Entscheidung als Maßnahme einsetzen. Damit ist Ihr Plan mit Dynamik unterlegt. Seien Sie aber dazu bereit, Vorgehensweisen zu ändern oder im Extremfall vollkommen neu aufzubauen.

Je fleißiger Sie sind, desto dynamischer ist Ihr Plan!

Unser sechster Punkt des Kreises lautet:

ZIELENTWICKLUNGSHILFE!

Denken Sie dabei daran, dass Ziele am leichtesten im Team erreichbar sind. Dies bedeutet, den Kampf »jeder gegen jeden« aufzugeben, da der *andere* mein Helfer zur Erreichung meiner Ziele ist. Gehen wir auf unsere Mitmenschen offen zu, kommen wir Ihnen zuvor, tun wir Ihnen *Gutes*, und Sie werden uns unterstützen.

Goethe sagt sinngemäß:

Was Du willst, das Dir Menschen tun – tue Ihnen ***zuvor!***

Die Betonung liegt also auf *zuvor*.

Überlegen Sie doch einmal, was Sie anderen Menschen *zuvor* Gutes Tun können, ohne einen Dank usw. zu erwarten.

Aufgabe Nr. 31:

Person/Name	*Was kann ich dieser Person GUTES tun?*

Abb. 25: Checkliste II – Gutes »zuvor« tun

Der siebte Punkt unseres Kreises lautet:

AKTION!

Bei diesem Punkt begegnen uns wieder unsere Freunde:

- **T – U – N**
- **T – A – S – T – E**

Aktionen müssen Sie mit einer heiteren Gelassenheit angehen, wobei wir dabei nicht ein *dickes* Fell meinen, sondern die *seelische Gelassenheit.* Je gelassener Sie Ihre Aktionen umsetzen, desto klarer kann Ihr Bewusstsein *einwirken.*

Gelassenheit hat demnach mit der richtigen geistigen Einstellung zu tun. Vergessen Sie vor allem das Ärgern. An dieser Stelle verweisen wir auf die entsprechende Vorarbeit im Kapitel »Mentale Übungen«. Um die Aktionen in heiterer Gelassenheit durchzuführen, ist der optimale Einstieg in den Tag wichtig.

Hierzu erhalten Sie eine Anleitung:

Psychohygiene	**=**	**Nach Erwachen den Tag vorbereiten!**
Aufstehen	**=**	**Körper aufwecken durch Gymnastik!**
Waschen	**=**	**Bewusste Reinigung!**
Anziehen	**=**	**Bewusst und zweckmäßig Kleidung auswählen!**
Frühstücken	**=**	**Mindestens ein Schluck Wasser; das Essen richtig kauen!**
Der Beginn	**=**	**Prioritäten – geistige Haltung – Bewusstsein!**

Bereiten Sie den Tag auch gründlich nach und zwar nach folgendem Muster:

Was ist mir in Bezug auf meine Ziele besonders gut gelungen?

Dafür belohne ich mich!

Was hätte besser ablaufen können?

Warum?

Wie vermeide ich dies in Zukunft?

Ich bedanke mich für den Tag!

Ich drehe mich um und schlafe bewusst ein!

Mit dieser Methode haben Sie eine bewusste Einleitung und einen bewussten Abschluss des Tages. Dazwischen *geschieht* Leben.

Versuchen Sie in einem weiteren Schritt von Fall zu Fall festzustellen, welche Rolle Sie im Leben spielen. Achten Sie sorgfältig auf diese Einfälle. Prüfen Sie aber stets alles mit Hilfe der Vernunft! Dadurch vermeiden Sie *Irrwege* und *Sackgassen.* Tun Sie deshalb auch einiges für Ihre Gesundheit. Sie ist Ihr wertvollstes Gut; leben Sie absolut gesundheitsbewusst!

Der achte Punkt des Kreises lautet:

NUTZEN BIETEN!

Dieser Punkt ist eng mit dem dritten Punkt verknüpft. Lassen Sie sich im Nutzen-bieten von niemandem übertreffen – egal ob als Privatperson oder als Unternehmen/Organisation. Niemand kann ohne den anderen existieren.

Wir verkümmern, wenn wir stets alleine sind. Den größten Nutzen haben wir von unseren Eltern bzw. Erziehern geerntet. Sie haben uns angeleitet zu lernen und sich der eigenen Existenz bewusst zu werden.

Eine gute Übung ist es, sich umzuschauen, wie viele Menschen ständig für uns etwas tun.

Listen Sie doch diese Personen einmal auf!

Aufgabe Nr. 32:

Personen, die etwas für mich tun (Name):	*Was tun diese Personen für mich?*	*Welchen Nutzen habe ich daraus?*

Abb. 26: Nutzen

Der neunte Punkt des Kreises lautet:

BELOHNUNG!

Bei allem »TUN« und »TASTE« – vergessen Sie in Ihrem Leben niemals, Ihre Ergebnisse zu genießen!

Wenn Sie sich belohnen, werden Sie auf natürliche Weise Freude erzeugen. Dabei geht es uns weniger darum, große Ereignisse und Ergebnisse zu genießen, sondern es geht uns vielmehr darum, auch kleine Ergebnisse zu genießen.

Belohnen Sie sich jeden Tag für etwas, das Ihnen besonders gut gelungen ist! Sie stärken damit Ihre richtige Geisteshaltung!

Versuchen Sie einmal nach folgender Arbeitsweise zu entdecken, wie Sie sich belohnen wollen.

Aufgabe Nr. 33:

Was ist mir heute besonders gut gelungen?	*Warum?*	*Meine Belohnung dafür ist …*

Abb. 27: Belohnung

Noch ein Tipp: Wenn Sie den Tag vorbereiten, dann setzen Sie für sich einmal eine Belohnung aus, wenn Sie eine eventuell heikle Sache zu Ihrer Zufriedenheit lösen werden. Die Vorfreude auf die Belohnung wird neue Energien freisetzen, sodass Sie mit wesentlich mehr Engagement an diese Sache herangehen werden.

Wir kommen jetzt zum zehnten Punkt unseres Kreises, der da lautet:

TEILEN!

Wie heißt es so schön: *Geteilte Freude ist doppelte Freude!*

Erwarten Sie beim Teilen nichts – vor allem nicht von Personen, mit denen Sie teilen. Wenn Sie in der Lage sind zu teilen, dann haben Sie Erfolg gehabt, und dieser verleiht Ihnen *Macht.* Nur wer beim Teilen *stille Freude* empfindet, beschenkt andere Menschen!

Wer *Haben-wollen* und *Horten* als Lebensmaxime hat, ist ein bedauernswerter und armer Mensch. Wer die Freude des Teilens einmal wirklich richtig empfunden hat, weiß um die Kraft, die von diesem Teilen ausgeht.

Diese Kraft hilft uns, unser Leben immer besser und nutzbringender zu gestalten. Diese Kraft entspringt dem Energiestrom der Freude. Aber nur echte Freude bringt den Energiestrom zum Fließen und verleiht uns Kraft!

Überlegen Sie einmal, wie Sie zukünftig *teilen* werden!

Aufgabe Nr. 34:

Was gilt es zu teilen?	*Wie?*	*Mit wem?*

Was gilt es zu teilen?	*Wie?*	*Mit wem?*

Abb. 28: Teilen

Der Teilende und Gebende ist in Wirklichkeit der Reiche, denn

TEILEN bedeutet, frei zu sein!

Teilen Sie aber nicht nur materiell, sondern vielmehr auf der emotionalen Seite des Lebens. Dazu reichen unter Umständen bereits freundliche, aufbauende Wort. Noch besser ist es, liebevolle Gedanken zu erzeugen und weiterzugeben. Dies sind Botschaften des Herzens und der Liebe an alles, was Leben bedeutet.

Um recht zu leben, achten Sie auf folgende Gesichtspunkte der Entwicklung und Entfaltung:

Rechtes Wahrnehmen!

Rechtes Distanzieren von Negativem!

Rechtes Bejahen!

Rechtes Lebensprinzip!

Rechtes Verzeihen!

Rechtes Atmen!

Rechtes Essen!

Rechter Einsatz im Leben und rechtes Teilen!

Rechtes Beten bzw. Meditation!

Fassen wir das bisher Gesagte dieses Kapitels nochmals zusammen und fügen wir den Zahlen des Kreises unsere Begriffe hinten:

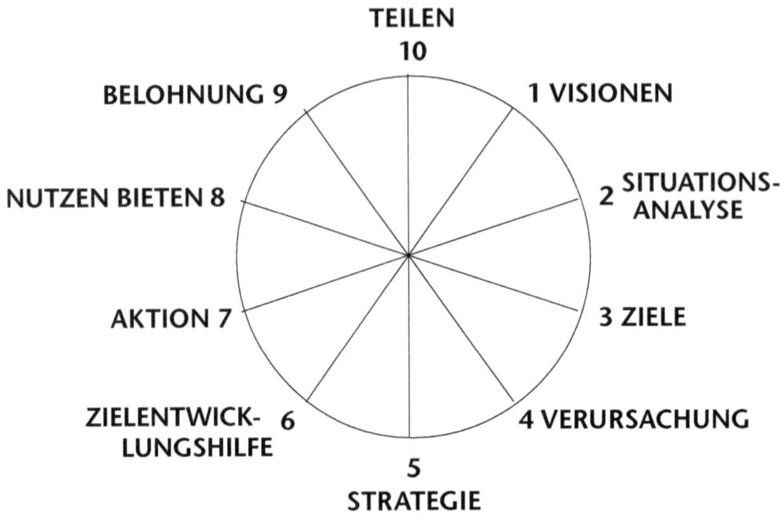

Abb. 29: Leben »leben«

Leben Sie im Rhythmus des Lebens, beachten Sie unsere Hinweise und Anregungen, setzen Sie diese stets im Alltag ein, lernen Sie und bereiten Sie sich den

---

Erfolg durch Souveränität mit

ATLANTIS Management!

Toi; Toi; Toi!!!

Was noch zu sagen ist …

Sie haben jetzt ein komplettes Arbeitsbuch für Ihre Lebensgestaltung unter meiner Anleitung entwickelt.

Betrachten Sie dieses Buch als Ihren Begleiter, der Ihnen zur Seite steht, wenn es gilt, den Rhythmus des Lebens wieder in Gang zu bringen.

Denken Sie dabei stets daran, dass *Erfolg* am besten durch *Souveränität* erreicht wird und dass ATLANTIS Management Ihnen dabei den Weg zu sich selbst zeigt.

Mit ATLANTIS Management drücken wir die Tatsache aus, dass Sie alles für Ihr Leben in Ihrem Inneren finden werden. Legen Sie dieses Innere immer mehr frei, und Sie werden ATLANTIS immer mehr entdecken.

Managen Sie sich selbst! – und Sie werden souverän und erfolgreich sein.

Ihr

Willibald Josef Gruber

Abbildungen

Aufgabenverzeichnis:

Abs, Hermann J.: Entscheidungen
A.M.O.R.C.: Fernöstliche Lebensweisheiten
Anand, Margo: Tantra

Baba, Meher: Darlegungen
Becker, Klaus J.: Erfolg ohne Stress
Berlitz, Charles: Der achte Kontinent
Blanchard, Kenneth und Robert Lorber: Die Praxis des Minuten Managers
Blumrich, Josef F.: Kasskara und die sieben Welten
Brunton, Paul: Der Weg nach Innen
Burton, Richard Sir: Kamasutra

Ditfurth, Hoimar von: Zusammenhänge

Eckartshausen, Karl von: Die Wolke über dem Heiligtum

Felder, Hans C.: Von der Person zur Persönlichkeit
Fowkes, Charles (Hsrg.): Kamasutra

Jampolsky, Gerald G.: Lieben heißt Angst verlieren

Kienbaum, J. (Hsrg.): Visionäres Personalmanagement
Kotler, Philip: Marketing Management

Lewis, Ralph M.: Das innere Heiligtum
Lewis, Ralph M.: Mentale Alchemie – Die Metamorphose des Geistes
Lewis, Spencer H.: Selbstmeisterung, Schicksal und Lebensrhythmen
Lewis, Spencer H.: Wohnungen der Seele

Mann, Rudolf: Der ganzheitliche Mensch
Mann, Rudolf: Das ganzheitliche Unternehmen

Paracelsus: Mikrokosmos und Makrokosmos
Porter, Michael E.: Competitive Strategy

Rauprich, Herbert: Cheops

Schmidt, Josef: Lehrwerk »Unternehmer Energie«
Schuler, Randall S.: Personnel and Human Resource Management
Schwerin, Hans E. (Hsrg.): Kybalion
Stähli, Albert: Harvard Anti Case

Stähli, Albert: Europäische Lösung: Genetisch wachsende Fallstudie

Tepperwein, Kurt: Die geistigen Gesetze
Tsu Sun: Wahrhaft siegt, wer nicht kämpft

Wedemeyer, Inge von: Pythagoras – Weisheitslehrer des Abendlandes
Wilson, Onslow H.: »Drüsen« – Hüter unseres Seins
Wöhe, Günter: Einführung in die Allgemeine Betriebswirtschaftslehre

Ying-Ming Huang: Vom weisen Umgang mit der Welt

Angaben zum Autor/Kontakt:

Sollten Sie noch Fragen zu den dargelegten Ausführungen haben, dann wenden Sie sich bitte direkt an den Autor:

Willibald Josef Gruber
c/o ATLANTIS Management GmbH Unternehmensberatung
Riedbachweg 12, D-87746 Erkheim

Telefon: 08336-80336 oder 0700 – atlantis (Vanity-Nummer)
Telefax: 08336-80338

www.atlantis-management.de
info@atlantis-management.de

Außerdem erhalten Sie Informationen in Bezug auf Einsatz und Anwendung der

ERKENNTOGRAMM®-Analyse/Methode,
ZYKLOGRAMM®-Analyse/Methode und
STRATEGOGRAMM®-Analyse/Methode

für Unternehmens- und Personalberatung, Training, Coaching und Meditation.